湖南古代佛教寺院建筑

李 旭 著

中国建筑工业出版社

图书在版编目（CIP）数据

湖南古代佛教寺院建筑 / 李旭著. —北京：中国建筑工业出版社，2017.8
ISBN 978-7-112-21051-0

Ⅰ.①湖… Ⅱ.①李… Ⅲ.①佛教—寺庙—宗教建筑—古建筑—研究—湖南 Ⅳ.① TU-098.3

中国版本图书馆CIP数据核字（2017）第182488号

本书以多元文化影响下的湖南古代佛教寺院建筑为研究对象，探讨了湖南佛教及寺院的发展概况，研究了多元文化与湖南古代寺院空间形态的对应关系，重点分析了多元文化影响下的湖南古代寺院选址环境、空间形态、建筑形制与装饰艺术，并结合实例，分析了湖南不同地区的典型寺院，最后论述了湖南佛教及寺院的现代适应性问题，提出了顺应现代信众礼佛需求的建筑宗教空间模式，并为古代寺院建筑的保护和再利用提供了可行性建议。

本书可供古建筑研究保护人员、建筑设计人员及其他有兴趣的读者参考。

责任编辑：许顺法　陈　桦
责任校对：李美娜　关　健

湖南古代佛教寺院建筑
李　旭　著
＊
中国建筑工业出版社出版、发行（北京海淀三里河路9号）
各地新华书店、建筑书店经销
北京京点图文设计有限公司制版
廊坊市海涛印刷有限公司印刷
＊
开本：787×1092毫米　1/16　印张：23½　字数：500千字
2017年12月第一版　2017年12月第一次印刷
定价：58.00元
ISBN 978-7-112-21051-0
　　（30692）

    我的博士生李旭最初选择研究湖南的佛教建筑的时候我就觉得这是一个很有意义的课题，不仅是因为过去还没有人系统地从理论上来研究湖南地区古代佛教建筑的问题，更因为湖南在中国佛教的历史上有着特殊的意义和作用。

    上古时代湖南这块地方属于南蛮之地，是一个相对落后的，有别于礼仪教化的中原文明之外的蛮荒地域。西晋泰始四年（公元 268 年），长沙岳麓山上出现了第一座寺院——麓山寺，标志着佛教传播进入湖南，距今已有 1700 多年的历史。自此佛教在湖南各地传播，与此同时文化也加快了发展。到唐宋时期，湖南地区的经济和文化得到长足的发展，迅速成为发达的区域。尤其到宋代以后，北方地区基本上被异族入侵，整个国家的政治、经济、文化中心南移，湖南更是成为国内最繁荣发达的地区之一。南岳衡山则成为整个南方地区的宗教文化中心，衡山及其周边地区寺庙建筑星罗棋布，很多重要的宗教分支派别都产生于这里。南岳大庙更是由西边八座佛寺和东边八座道观共同拱卫中央的南岳圣帝，成为中国宗教建筑中绝无仅有的一个特例。这些都足以说明湖南在整个中国佛教历史上的特殊地位。湖南的佛教建筑是和湖南地区古代政治、经济、文化的发展同步的，是湖南地区古代宗教文化发展的缩影。

    另外，由于上古时代这里就是南蛮之地，虽然随着中原汉文化的逐渐影响和文明开化，发展成为繁荣发达地区。但是它仍然是汉文化与南方少数民族文化交叉的边缘地带，带有原始文化特征的民族的地域的文化遗存，与中原汉文化的交流融合，产生了带有多文化奇异特征的文化艺术，又是湖南地区宗教文化的一大特点。这一点甚至直接影响到湖南地区佛教寺院的空间布局和建筑形式。

    "建筑是石头的史书"，是比文字历史更真实的历史。湖南古代的佛教建筑一方面显示了湖南地区古代宗教文化的发展过程，同时也是南方地区本土原始信仰和外来宗教相融合的历史证物。今天李旭从建筑的角度把它总结出来，这对于中国古代佛教在南方的传播发展这段历史无疑有着比较重要的意义。

柳肃

2017 年 6 月

写于岳麓山下

前言

　　湖南佛教起源于西晋泰始四年（公元268年）竺法崇创建的长沙麓山寺，距今已有1700多年历史。在这段历史中，湖南佛教衍生出一批颇具影响力的寺院，其中长沙麓山寺等6所被定为国家重点寺院，南岳南台寺等4所则是中日佛教史上公认的禅宗祖庭。湖南佛教文化在东亚佛教乃至世界佛教中占有重要地位。然而在经历多次战乱和灭佛事件后，湖南地区遗存下来的古代寺院并不多，更为遗憾的是，多年来针对它们开展的系统性研究亦很少。此外，湖南古代寺院受到佛教、儒家、道教等多元传统文化不同程度的影响，以致佛道同处、儒释道文化共生的现象普遍出现。从显性层面来看，道观与寺院相互转换、寺院与书院合并的情况很多。因此，本书以多元文化影响下的湖南古代佛教寺院建筑为研究对象，通过广泛调研和系统分析，力图针对湖南古代佛教寺院在建筑层面上得出合理结论，并为古代寺院建筑的保护和再利用提供可行性建议。

　　本书根据湖南省内32所保存较为完整的古代寺院的调研结果和其中24所的详细测绘资料，绘制出200余张平面图、立面图及相关分析图，结合近万张自摄照片和各地志书，对湖南古代寺院的空间形态、建筑形制及装饰艺术等进行了详细分析，着重研究多元文化与湖南古代寺院建筑间的关系并取得了相关成果。在寺院分布方面，统计出湘南地区特别是南岳地区的寺院最多且分布密集，湘中地区次之，湘西地区最少的结论。在选址与环境方面，分析出寺院建筑普遍注重与周边建筑的平等关系。在整体格局方面，得出了寺院否定永恒与固有的整体建筑格局，不遵循单一营建模式的结论。在空间形态方面，归纳出寺院基本遵循"佛"、"法"、"僧"的功能组成，兼具各朝寺院建筑风格的特点，同时湖南的道教宫观与寺院经历了功能上互相转变与共存的过程。祭祀文化使部分寺院存在一定的祭祀关帝和南岳圣帝的空间。在建筑形制方面，从历史渊源、总体分析、主要塑像、平面分析、尺度规模、立面形态等六方面进行详细剖析，深入分析了钟鼓楼、天王殿、弥勒殿、大雄宝殿等12种寺院建筑。在装饰艺术方面，总结出寺院建筑普遍选择自然装饰题材，其建筑色彩处理得低调朴素，对自然界中材料的使用也尽可能注重其可循环性。全面总结出湖南地区（包括少数民族）宗教文化在佛教寺院建筑装饰艺术上的呈现。以上六个方面立足多元文化对寺院建筑的影响，同时结合467所古代寺院的规模统计表、30份现存寺院现状评估表和36份寺院建筑图，部分形成了湖南寺院数字化信息档案，为今后的湖南省内文物古建筑的保护与宗教文化管理提供了信息化依据，弥补了湖南古代寺院建筑评估和数字化保护的不足。

全书分 10 章进行阐述：第 1 章为绪论部分，包括研究的背景、意义、文献综述、内容与框架等；第 2 章阐述了佛教、道教、儒家等多元文化的基础内容；第 3 章探讨了湖南佛教及寺院的发展概况；第 4、5 章研究了多元文化与湖南古代寺院空间形态的对应性；第 6 ~ 8 章重点分析了多元文化影响下的湖南古代寺院选址环境、空间形态、建筑形制与装饰艺术；第 9 章分析了湖南不同地区的典型寺院案例；第 10 章论述了湖南佛教及寺院的现代适应性，最终提出了顺应现代信众礼佛需求的建筑宗教空间模式。

目录

第1章 绪论

1.1 研究背景与意义

1.1.1 研究背景

梁思成曾在《中国的佛教建筑》一文中指出："（新建筑）作为民族文化的一部分，必须是从他们的旧文化、旧建筑的基础上发展而来的。在这个旧建筑的尊贵传统中，佛教以及佛教建筑也有很大的一份贡献。"❶

佛教作为一种外来文化，发源自印度，鼎盛于中国的汉唐时期。在中国历史的发展过程中，佛教与儒家、道教等传统文化密切结合并逐渐形成具有中国特色的佛教文化。与此同时，佛教思想本身不断渗透和影响着整个中国社会与传统文化。因此，若要研究中国的传统文化和哲学，佛教文化是不可或缺的一部分。就物质层面而言，寺院是佛教文化的物质载体；从显性层面而言，寺院又是佛教文化在建筑上的表达，寺院的变迁从一定层面无疑反映了佛教与中国传统文化的关系由对立冲突到逐渐融合的过程；就文化层面而言，寺院对中国建筑文化的发展起着重要作用。同时，佛教文化与寺院对民众的生活也产生了重要影响。如今，随着社会经济与文化的快速发展，各种传统文化受到了重大冲击。而由于佛教文化的式微，相较于中国古代寺院，近代寺院无论从数量还是建筑艺术上均难以企及。因此，本书将以古代寺院作为研究重点，近代寺院仅在讨论文化遗产保护和再利用时有所涉及。

本书以佛教文化为研究重点，由点及面逐步涉及其他文化的范畴。在中国特有的多元文化中，儒家文化的涉及范围与理论研究较为庞杂，道教现状如今甚为衰落，所遗存的道观远不及佛教寺院，针对道家与道教的研究因此较为零散，而佛教寺院的历史遗存比较丰富，佛教文化也一直具有较为清晰的典籍体系和思想体系。由于民众对心灵层面的追求愈加重视，如今的佛教信众越来越多，各地佛教界亦不断开展各种宗教活动，因此需要大量寺院作为承载对象。同时，为拉动旅游业的发展，各地政府针对寺院的建设投入了大量人力与物力，甚至将寺院建设作为地区旅游的重点。因此，寺院如今遍布城镇与乡村，有些甚至成为地域性宗教建筑的集中体现。虽然目前大量寺院的建设正蓬勃展开，但关于佛教建筑及文化的理论研究却仍显得相当匮乏，这在一定程度上使得寺院

---

❶ 梁思成. 中国的佛教建筑 [J]. 清华大学学报（自然科学版），1961（2）：51-74.

与佛教文化的发展止步不前。该情况表明，从佛教寺院入手研究湖南传统建筑及文化的发展与演化问题具有很强的可操作性，作为博士论文的尺度也较为适宜，具有一定的理论价值和研究意义。

1.1.2 研究范围的限定

1.1.2.1 研究对象

湖南佛教历史悠久，自竺法崇于西晋武帝泰始四年（公元 268 年）创建湖南第一座寺院——长沙麓山寺开始，至今已有 1700 多年的历史。从南北朝至唐代，湖南逐渐成为佛教禅宗的重要基地，颇有影响力的第一流禅僧如怀让、道一、希迁、灵佑等都曾在此传法。晚唐时期的高僧怀让和石头希迁在南岳福严寺、南台寺开宗传法，相继创立了南禅五家，史称"一花五叶"，这使湖南成为禅宗发源地之一。近现代时期湖南地区名寺层出不穷，其中麓山寺、开福寺、祝圣寺、南台寺、福严寺、上封寺 6 处被定为国家重点寺院，有 20 处被定为湖南省重点宗教活动场所。此外，宁乡密印寺、浏阳石霜寺、南岳南台寺、南岳福严寺还是中日佛教史上公认的禅宗祖庭。现存至今始建于唐代的寺院有浏阳石霜寺、衡山祝圣寺、石门夹山寺、宁乡密印寺、沅陵龙兴寺、慈利兴国寺、永州高山寺等。笔者所调研的寺院中，虽始建年代多为唐宋，但现今遗存的多为明清时重新修复或扩建。

就寺院而言，由于受到多元文化的影响，在历代的发展变迁中，出现过儒佛同寺，或道观转成寺院，儒释道同处一地的情形也不少见。例如南岳庙在湖南佛教建筑史上亦具有非常重要的地位，虽然南岳庙主要以祭祀为主，并非纯粹的寺院，但考虑到其中重要的历史原因以及南岳庙中也包含 8 个寺院，本书因此将南岳庙归于寺院建筑的研究当中，特在此做出说明。

历史上的三次灭佛致使寺院的大面积毁坏，而完整保存下来的数目并不多，本书的研究对象主要包括以下几种情况:（1）保存相对完整的寺院群;（2）针对部分保存完整，部分为遗址的情况，研究将尽可能从地方志书、历史典籍中还原原有格局;（3）针对损毁较为严重或只剩下殿堂部分的情况，研究将酌情把最为重要的部分梳理出来，并进行单体建筑内部空间的分析。考虑到少数民族宗教如藏传佛教的特殊性，且其并非湖南佛教的主体，因此本书仅以湖南省内汉传佛教寺院为研究对象。

1.1.2.2 时间范围

就整个中国佛教文化发展历史而言，自唐代以来，佛教逐渐繁盛起来，此时有不少道观也改成了寺院。南唐五代时期，中国社会文化遭受严重破坏，佛教文化与寺院亦遭受巨大的损毁。在赵宋王朝完成统一大业后，政治上相对稳定，社会文化整体处于复兴阶段，业已衰微的佛教文化逐渐有复兴之势。经过北宋 100 余年的建设，佛教文化总体处于上升期，不但原有文化得到了复兴，还发展得颇具特色。当时佛教极其兴盛，尤其是禅宗，在湖南相对于其他各宗占了压倒性优势，几乎成了宋朝时期中国佛教的代名词。宋室南迁后，国家的政治、文化中心随之南移，禅宗寺院亦多集中在江南一带，江南寺院也因此得到了空前的发展❶。当时南岳衡山的宗教及其建筑也随之前所未有地兴盛起来。由于宋代湖南佛教占主导地位，南岳成为湖南乃至长江流域佛教文化的中心，湖南寺院的地位也由此得以确立。当时中国思想界呈现出儒、佛、道"三教合一"的大趋势，湖南也不例外。其中最主要是儒佛的融合，宋代理学思想体系的创立。宋代佛教与前代有所不同，其与道教、儒学相融合，禅宗成为三教合流时的佛教代表。同时，佛教内部也出现了融合的趋势。

论述时间范围确定为古代，即从两晋南北朝时期至清代，约 1500 多年的历史。在此段历史发展的过程中，湖南佛教寺院呈现出动态变化的特征。但由于历史典籍的考究相当复杂，此将是一项庞大的工作。因此，笔者仅就可考历史，针对现存古代佛寺，其中包括古建筑部分和新建部分综合进行研究。

1.1.2.3　空间范围

本书研究的地域范围确定为湖南地区。由于朝代更替，湖南省域的范围有所变化。为了方便起见，本书仅调研位于湖南省现域境内的寺院。湖南地区的寺院主要包括禅宗寺院、净土宗寺院以及禅净双修寺院。因此，本书的研究对象也多以此类寺院为主（图1-1）。

在湖南佛教文化和寺院的发展过程中，南岳的地位举足轻重。佛教初入南岳比道教迟约 200 多年，但其发展却远比道教兴盛。最初到南岳的是梁天监年间（公元 502–519年）的惠海、希遁。后通过历史的发展演变，衡山成为中国最有影响的禅宗五大分支的发祥地。衡山宗教文化的主体是佛教文化，我

图 1-1　湖南现状省域图 ❷

国南方各地和日本、朝鲜及东南亚诸国都受到其影响。在笔者调研的 32 所寺院中，南岳占到近 1/3。其他地区，包括湘西地区、湘中北地区，也随着南岳佛教文化及寺院的发展而发展。在这 32 所寺院中，长沙的铁炉寺和南岳的寿佛寺由于均为新建，故在后期的分析中，除装饰艺术部分外，主要分析其余 30 所寺院的调研情况。本着就近调研的原则，

---

❶　徐孙铭，王传宗.湖南佛教史 [M].长沙：湖南人民出版社，2002.

❷　杨慎初.湖南传统建筑 [M].长沙：湖南教育出版社，1993.

笔者调研范围主要为现域范围的湖南省，包括湘南、湘西及湘中北地区。具体调研分布情况将在3.3.2中详述。

1.1.2.4　多元文化

中国传统文化博大精深，佛教文化作为一种外来文化，在和中国传统文化对立与融合的过程中逐渐发展壮大。多元文化范围很广泛，笔者所选择研究的部分均与湖南古代寺院建筑相关。书中所涉及的多元文化包括佛教文化、儒家文化、道教文化以及湖南地区的民间信仰。总而言之，主要涉及儒释道文化，其他文化则作为辅助部分进行补充研究。此外，主要研究的对象是佛教寺院，因此，文化研究层面主要以佛教文化为主，其他文化则针对其与佛教文化的关系来讨论。有关多元文化的基础内容将在第2章中详细论述。

1.1.3　研究意义

本书选择湖南古代寺院作为研究对象的意义在于，既在实践层面上满足对古代寺院建筑的研究探讨，又在理论上探索中国传统建筑文化的继承与创新。

（1）时至今日，现代化、全球化的大潮席卷中国，作为传统文化的主要部分，佛教文化承担了融合外来文化并创新的任务。佛教在传入与发展的过程中充分体现了这一特色。因此，选择佛教寺院作为研究对象具有一定的现实意义。

（2）湖南佛教文化不仅涉及范围相对集中，还一直具有相对清晰的典籍体系和思想体系。同时，湖南古代寺院的历史遗存较为丰富。如今国内已经呈现佛教新建筑复苏的迹象，相关的实践正蓬勃展开，然而关于古代寺院的理论研究仍显得相当匮乏，相关建筑的实践研究也较少。该情况表明，从寺院入手研究湖南传统建筑的发展与保护问题，具有很强的实践性和明显的理论价值。

（3）本书拟从动态、发展演变的角度，引入宗教学、社会学、建筑类型学、建筑现象学等理论以及统计学等方法对湖南古代佛教的历史、文化和寺院建筑的形成与发展规律进行研究，旨在研究多元文化与湖南古代寺院建筑的关系，同时也为我国寺院的研究提供可行性的理论及研究方法。

1.2　相关文献研究及总结

有关佛教文化及中国传统文化的经典典籍浩如烟海，相关论著种类繁多，不可能全部阅览。在阅读国内外相关文献后，笔者仅就自己涉猎的典籍当中抽取若干，从多元文化、中国古代佛教及寺院以及湖南古代佛教及寺院三个方面的相关研究文献进行相应整理，并分析现有研究所存在的问题。

1.2.1　多元文化研究

1.2.1.1　佛教文化研究

方立天先生在《中国佛教文化》和《中国佛教哲学要义》中分述了中国佛教哲学思想的具体研究方法，总结了中国佛教哲学理论思维的成果，同时对佛教哲学进行了现代化研究和对佛教文化进行了中国化探索。赖永海先生在《中国佛教文化论》中探讨了佛教与中国传统文化的相互关系，并从王道政治、人生伦理、诗文书画、雕塑建筑等方面进行了比较全面和系统的论述。圣严法师在《佛学入门》、《正信的佛教》和《学佛群疑》中讲述了佛教的基本教义、修持方法和佛教的基本思想。梁启超先生在《佛学研究十八篇》中对佛学的主要典籍进行了相关研究。

1.2.1.2　中国传统文化研究

柳肃先生在《营建的文明——中国传统文化与传统建筑》中论述了中国古代建筑与各种文化形态的关系，解说了建筑间的各种文化现象和建筑的文化内涵与文化背景。楼庆西先生在《中国传统建筑文化》中将中国传统文化在各种建筑中的体现与影响做了全面详细的论述。杨荣国先生在《中国古代思想史》中将儒家、道家与法家的哲学思想做了全面细微的剖析。柳肃先生在《礼的精神——礼乐文化与中国政治》中从儒家礼制精神着手，细致阐述了礼与中国民族精神、宗教观、家族与政治等方面的内容。麻天祥先生在《中国宗教哲学史》中对于中国各个时期的宗教哲学的模式和系统思维做出分析和研究。张应杭先生在《中国传统文化概论》中论述了中国古代哲学及宗教文化。

1.2.2　中国古代佛教及寺院研究

梁思成先生率先在《中国的佛教建筑》和《图像中国建筑史》中对中国寺院的历史演变做了系统归纳和叙述。现代的如萧默先生所著的《敦煌建筑研究》也属此类。此类作为基础资料具有重要价值，但是一般不涉及佛教文化的内部，仅讨论历史上寺院的客观情况。此类思路的还有一些深入到建筑技术层面的研究，如张十庆先生在《中国江南禅宗寺院建筑》一书中，在研究唐宋木结构建筑的形制做法方面占了大量的篇幅，禅宗修行的内容很少，涉及禅宗的文化象征的内容也较少。主要篇幅还是注重在技术与结构层面的研究。涉及寺院布局演变为题的论文，如戴俭先生的《禅与禅宗寺院建筑布局研究》，对佛教活动的内容与建筑布局的关系有较多阐述，不过很少涉及当代的寺院，主要篇幅落在古代寺院。傅熹年先生在《中国古代城市规划、建筑群布局及建筑设计方法研究》一书中继续了陈明达先生的研究，倒是深入探讨了设计方法层面的问题，但所论述内容仅限于古代寺院，并且不涉及佛教文化内涵和寺院修行生活，有所欠缺。王贵祥先生在《东西方的建筑空间》中，主要从文化层面对寺院做了探讨，其中涉及佛教建筑文化和主要观点，并将儒教、基督教与佛教做了比较，且较为深入。文中将早期的印度佛教和中国早期佛教作为重点论述的对象，而对佛教传入中国后的情况论述较少。文中涉及的部分也仅为早期的中国佛教部分。这些对本书的佛教文化的理论部分有所帮助。方立天先生的《中国佛教哲学要义》是国内对佛教思想加以整理的最重要的著作，对本书也有着重要的参考价值。杜继文先生所著的《佛教史》也是基本的参考书目。此外，任继愈先生的《中国佛教史》系统地将中国社会从西晋开始，对历朝的佛教文化发展的历史进行了全面的论述。陈兵先生、邓子美先生在《二十世纪中国佛教》中则对当代佛教的发展进行了深入的研究，对把握当代佛教修行功能现代化的价值很大。其他的如王永会先生的《中国佛教僧团发展及其管理研究》等，则从僧团的管理角度进行了论述。在佛教美学方面，佛教文化的研究当中美学并不受到重视，而主要关注哲学和伦理方面。佛教美学专著很少出现在作者所研究的佛典当中。大量的佛教艺术，如雕塑、诗歌、建筑等是佛教文化传播和发展过程所出现的必不可少的物质载体。佛教美学连通了佛教哲学与建筑艺术，是两者之间的媒介。在中国美学历史和艺术史上，跟佛教文化有关的具有重要地位的便是禅宗美学。其中，张节末先生的《禅宗美学》对禅宗美学的研究脉络和在美学史中的贡献做了精彩论述。皮朝纲先生的《禅宗美学思想的嬗变轨迹》、吴言生先生的《禅学三书》、张法先生的《询问佛境》、祁志祥先生的《似花非花·佛教美学观》也都对佛教美学有较多的探讨。

1.2.3 湖南古代佛教及寺院研究

1.2.3.1 书籍

徐孙铭先生在《湖南佛教史》中阐述了湖南佛教的发展脉络和规律，同时论述了湖南佛教与湖湘学派、湖南道家和道教、文学艺术和民间习俗的关系，并对湖南佛教发展的趋势做出了展望。《湖南省志·宗教志》中的佛教篇则从湖南佛教宗派、寺院、历代著名寺院、社团和事业机构、丛林制度、佛教人物等方面对湖南佛教起源与发展做了较为全面的论述。刘国强先生所著的《湖南佛教寺院志》客观准确地记载现存湖南境内主要寺院及史籍上著名寺院的历史与现状。《湖南宗教志》中的佛教篇对湖南佛教的宗派源流、寺院和宗教活动、社团及事业机构、社会活动及涉外交往等方面均作了详尽准确的阐述。

1.2.3.2 学位论文

院芳在《湖南现存明清楼阁式古塔研究》中基于湖南省域人文历史、佛教文化背景以及地理环境，对已有明清时期楼阁式古塔进行了详细总结，同时深入分析了楼阁式古塔的诸多艺术意蕴和文化内涵。赵邵华在《湘潭市区寺院研究》中从社会学与寺院艺术的角度对湘潭市区的寺院进行了深入剖析，同时指出了湘潭市区寺院存在的问题和社会影响因素，最后提出了寺院设计的宗旨。解明镜在《南岳宗教建筑历史及保护的研究》一文中分析了南岳宗教建筑的特点，主要通过建筑符号学的方法。同时在分析南岳宗教建筑的文化方面，则主要通过宗教文化学的方法。而且通过一定的实例分析，从实践层面提炼出南岳宗教建筑的设计方法。

1.2.3.3　专业论文

在佛教的发展历史研究方面，曹旅宁在《古代湖南佛教的传播及发展》中采用统计学理论研究了湖南佛教的传入时间与传播路线。李映辉在《东晋至唐代衡山佛教的发展》中针对衡山净土宗、律宗和禅宗与天台宗的关系做了深入论述。王立新在《湖湘学派与佛教》中以湖湘学派与佛教的关系为个案，阐明了宋明理学与佛教的一般关系。张伟然在《东晋南朝时期湖南佛教的流布》中着重论述东晋南北朝时期湖南佛教的发展历史。在寺院建造研究方面，张齐政在《南岳寺庙建筑论》中针对南岳寺庙的格局、规划选址、佛道同寺等情况进行了详细论述。龙自立在《张家界普光寺的建筑艺术多样性分析》中针对普光禅寺集寺观阁祠于一体的建筑多样性进行了研究。在佛教文化研究方面，胡健生在《南岳的寿文化》中针对南岳的福寿文化进行了研究。谢守红在《衡山宗教文化与旅游开发中》中就衡山开发过程如何处理好衡山宗教文化与旅游开发的关系做了深入阐述。

1.2.4　研究现状中存在的问题

由以上文献综述可知，国内外学者针对寺院及多元文化做了一定程度的研究，但尚未形成完整体系，尤其在湖南古代寺院方面，至今未见系统性文献研究，具体体现在以下几个方面：

（1）研究内容：中国古代建筑遗存中很大比例均与寺院有关，且相关建筑史的研究也很丰富，但大多是研究历史事实而非建筑设计方法，且较多从传统建造技术而非建筑创作角度探索佛教文化和修行生活与建筑的关系。同时，虽然涉及中国传统文化的著作较多，但论述多元文化与佛教建筑之间关系的研究很少。

（2）研究对象：从全国范围来看，现有成果的研究对象多集中在藏传佛教、南传佛教与北传佛教寺院，呈现出地域分布不均衡的特点。从湖南省内来看，研究对象也较为分散，尚未形成对湖南古代寺院建筑的理论性研究。

（3）研究方法：目前已然形成以历史学、考古学、宗教学为主，建筑学、社会学、经济学、环境学、心理学、生态学等学科积极参与的研究局面。大多数学者从各自学科的角度对古代寺院进行解析，缺少学科间的交叉综合研究，尤其缺少基于宗教学、社会学、城市设计学、建筑学、符号学、类型学等多学科全方位的系统性研究，即散论性研究较多，系统性和学科交叉研究较少。

综上所述，目前针对湖南古代寺院的研究主要存在以下两点不足：第一，湖南古代寺院的遗存中关于建筑史的研究比较丰富，但大多是研究历史事实而非建筑设计方法或空间形态；第二，研究多从传统建造技术的角度，而非从建筑创作和文化传承的角度探索佛教文化的发展与寺院的关系。另外，其涉及文化层面的内容甚少，所用方法多为散点式研究，因此并未形成对湖南古代寺院的系统研究。从研究内容层面，本书首次进行了多元文化与寺院建筑的对应性关系研究。

1.3 研究视角和研究方法

1.3.1 研究视角

（1）基于田野调查、资料统计和数据分析，引入统计学方法进行研究，并取得相应结论：①湖南古代佛教的起源、传播与发展，包括人物、流派等；②多元文化对湖南古代寺院建筑的影响；③湖南古代寺院建筑空间形态、建筑形制和装饰艺术分析。

（2）拟引入城市设计学、文化传播学、建筑类型学、建筑现象学和统计学等方法对湖南古代佛教及寺院建筑进行研究，旨在寻找历史发展过程中湖南古代寺院建筑与多元文化之间的对应性关系。

（3）基于湖南古代寺院遗存现状的第一手资料和数据，对湖南境内重要寺院的历史背景、保存现状、空间形态、建筑形制、建筑装饰艺术等进行系统的研究，以形成较全面及完整的湖南省古代寺院建筑的数据资料库。

1.3.2 研究方法

本书拟从文化影响及发展的角度出发，重点探讨多元文化对湖南古代寺院建筑的影响，为我国现代寺院的理论研究与实践设计提供可行性的理论及方法。主要研究内容包括湖南古代寺院建筑的空间形态、建筑形制与建筑装饰艺术等方面的具体做法及特征。

（1）宗教学的运用：考虑到寺院建筑类型的典型性与特征性，宗教学方法主要运用在与佛教教义和佛教理论相关的研究上。主要内容涉及多元文化特别是佛教文化的内容。

（2）城市设计学、地域性建筑理论的运用：主要对寺院的选址及总体布局进行分析。将通过图底理论对寺院整体空间形态和庭院空间的部分进行详细论述。

（3）建筑类型学、建筑符号学、现象学的运用：主要针对寺院建筑的空间形态、建筑形制与装饰方面的理论和实践研究。

（4）统计学及图像数据化的运用：从实地调研所测绘的资料及拍摄的图片以及大量的参考文献中，运用数据分析和图像抽象的方法，对建筑的空间形态、建筑形制及装饰艺术的特征模式进行研究，将具体指标量化出来，形成较为完整的湖南古代寺院建筑的数据统计库。

1.4 研究主要内容及框架

1.4.1 研究主要内容

本书引入统计学等方法对湖南古代佛教及寺院建筑的形成与历史发展进行研究，并分析湖南寺院建筑的多元影响因素，力图构建"多元文化 – 寺院建筑"的对应性模型。同时，基于建筑类型学、建筑现象学等理论方法寻找湖南古代寺院在历史发展过程中的动态特征。主要包括以下几部分：

第一部分主要涉及多元文化与湖南佛教及寺院的相关基础内容。基础内容主要包括多元文化背景下的佛教、佛教与道教的冲突与融合、佛教与儒家及民间信仰等三个部分。湖南佛教及寺院概述则包括湖南佛教发展简史、湖南佛教主要流派与分布、湖南佛教的传播影响以及湖南古代寺院的发展概述等四个方面，梳理出湖南佛教及古代寺院发展的历史渊源。并将所调研的 32 所湖南古代寺院的总体情况及现存分布现状进行总结（第2章、第3章）。

第二部分论述多元文化对湖南古代寺院建筑的影响。主要从佛教的不同宗派、核心思想、佛教伦理观、审美观以及学修体系等五个主要方面来阐述其对湖南古代寺院空间形态、建筑形式、建筑装饰与材料等的影响。其他多元文化则从传统风水思想、湖湘儒家思想、道教思想、祭祀文化等四个方面阐述其对湖南古代寺院建筑的影响。此外，还包括对"伽蓝七堂"之说的研究和湖南少数民族宗教信仰与相关宗教建筑等两方面的内容（第4章、第5章）。

第三部分通过比较分析 32 所湖南古代寺院的测绘调研资料和 200 余张湖南古代寺院分析图，对湖南古代寺院的整体空间形态、庭院空间形态、功能构成、建筑形制与建筑装饰艺术等五个方面进行分析研究，整理出其特有的建筑空间模式和形式语言。最后选取了湖南各地区典型寺院建筑进行详细分析（第6章 ~ 第9章）。其中，古代寺院建筑的内容当中本应包含其结构及构造做法。由于笔者主要从文化层面的视角出发来研究寺院建筑，就文化影响的角度而言，建筑结构和构造方面相对于空间形态、建筑形制与装饰艺术所受的影响较小，由于篇幅的限制再加上笔者在该方面的造诣有限，因此将寺院建筑的构造和结构研究放到后续的研究当中，本书没有涉及这一方面。

第四部分论述湖南佛教及当代寺院的现代适应性，通过详细调研及测绘的 32 所寺院的现状，以及对现代佛教的状况的认识，梳理出当代湖南寺院所面临的过度利用与旅游开发以及管理的问题。提出对湖南古代寺院建筑再利用的可能模式，为传统佛教建筑的再利用提供了一条可供参考的途径（第10章）。

1.4.2 研究框架

研究框架如图所示（图1-2）。

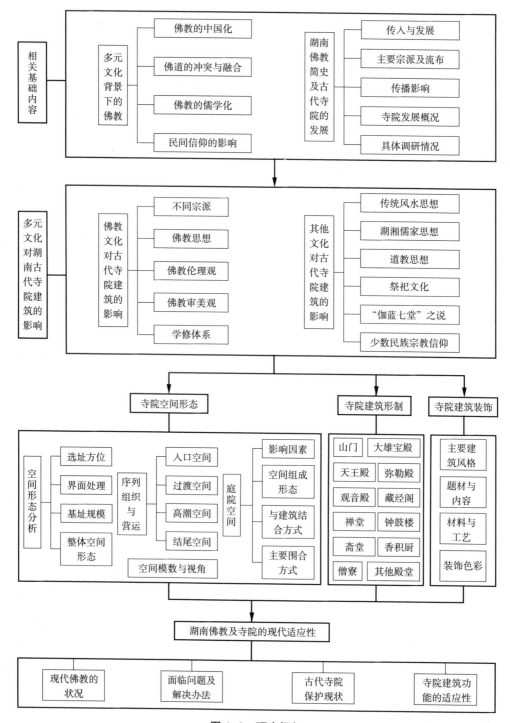

图 1-2　研究框架

图片来源：作者自绘

第2章 多元文化背景下的佛教

本章主要论述佛教的中国化以及佛教文化与道教文化、儒家文化之间从冲突对立到逐渐融合的过程，同时略微涉及民间信仰对佛教文化的影响。其他与湖南古代寺院有关的多元文化的内容将在第5章中详细论述。

2.1 佛教的中国化

2.1.1 佛教在中国的传播概况

2.1.1.1 佛教的创立

作为世界三大宗教之一，佛教的思想观念密切影响着社会与文化的发展。然而，不少民众认为佛教并非宗教而是一种伦理或哲学，其主要依据是：但凡宗教都建立在人格神的基础之上。例如，基督教以上帝为神，伊斯兰教崇尚真主，而佛教仅起源于释迦牟尼在菩提树下开悟及尔后开始的49年传经说法经历，此外释迦牟尼本人亦否认自己是神而仅是个领悟到宇宙人生实相的开悟者。然而值得注意的是，佛教是在反对婆罗门教的基础上建立起来的，它从开始就反对创世主，否认人格神的存在。佛教注重的是"般若"，即智慧，强调开悟和提倡"缘起性空"，认为万事万物都是因缘和合而成，事物的实体是空相，而任何事情的发生都有因果，强调轮回的概念。从这些方面来看，佛教的确与一般宗教有不同之处，甚至被相当一部分人称作无神论宗教。

佛教的创始人是乔达摩·悉达多。有关资料显示，乔达摩·悉达多约公元前565年出生在古印度迦毗罗（现尼泊尔境内），卒于公元前485年，其生活的时间大体相当于中国的春秋时期。他是当时净饭王之子，却在29岁时偷偷出家修行，后称释迦牟尼。在出家后，他学习古老的《吠陀经》和《奥义书》并逐渐掌握了苦行术，然而几年的苦修丝毫没有让他有得道的迹象，于是他放弃了苦修生活。此时，随释迦牟尼苦修的侍者见其放弃苦修，便以为他生出退心，因此都离开他到鹿野苑苦修去了。于是释迦牟尼接受牧女的供养，独自在菩提树下打坐，并发誓"不成正觉，誓不起坐"，如此过了七七四十九天终于悟道："奇哉奇哉，众生皆有如来智慧德相，但因妄想执着，不能证得。若离妄想执着，一切智、无师智、自然智，即得现前。"释迦牟尼觉悟到世间万物都由因缘和合而成，是在一定条件下产生的结果，一旦这些条件发生变化或不复存在，这些事物也将消失。此后，释迦牟尼开始传法，并形成一定规模的僧团组织，这便是佛教的创立。

2.1.1.2　佛教的传入及传播

早在秦汉时期，中印传统文化便有了交流，当时多为印度婆罗门教及瑜伽术士与中国道家方士之间的沟通。据旧史记载，佛教传入中国时应为汉末时期，当时汉明帝遣使者西去求经，迎回迦叶摩腾、竺法兰两位法师，并将他们安置于洛阳白马寺翻译《四十二章经》，此即为佛教初入中国。长期的战乱使民众普遍具有悲观厌世情绪，佛教的"因果报应"、"六道轮回"学说给动乱时局中的民众带来身心的安慰，而当时知识分子所信奉的老庄学说与佛教中的"般若性空"学说异曲同工。由于当时的民众与士大夫都极为推崇佛教，佛教因此得以在中国普遍传播开来。然而真正让佛教在中国奠定基础的，还是姚秦时期的鸠摩罗什和道安、慧远等高僧，他们翻译佛经，使佛教思想逐渐传播发展 ❶。

从传播路线的角度来看，佛教在中国的传播大体上可分为三条路线与派别：

（1）藏传佛教：公元 7 世纪，佛教传入西藏地区，在西藏各地普遍传播的时期则是公元 10 世纪左右。统治西藏各地最大的教派是 15 世纪兴起的格鲁派，由于该派喇嘛着黄衣带黄帽，也被称为黄教。达赖、班禅两大首领即是由格鲁派发展而成，属于西藏最大的佛教宗派。清朝时期藏传佛教被奉为国教，西北和华北地区为其主要势力范围。清朝以后，其范围则转移到内蒙古、西藏、青海等地区。

（2）南传佛教：自西汉末年佛教传入中原本土后，小乘佛教在汉族地区的声名不及大乘佛教显赫，直到唐朝后期，小乘佛教在中原内地逐渐灭迹。然而在东南亚地区和我国云南部分地区，小乘佛教得到了迅速传播。当时，我国云南省除傣族外的少数民族如佤族、布朗族、阿昌族和德昂族等都曾普遍信奉小乘佛教。直至 11 世纪后，佛教再度由勐润（今泰国清边一带）经缅甸景栋传入西双版纳。在公元 1569 年（明隆庆三年）缅甸国王派僧团到云南传教并在景洪地区兴建大批塔寺，不久便传教至德宏、耿马、孟连等地。此后，上座部佛教便在这些地区的傣族民众中盛行。

（3）北传佛教：公元 1 世纪，佛教经中亚细亚到新疆传入中国，并于三国两晋时期逐渐流传开来。经过魏晋南北朝时的急剧发展，隋唐时期的汉传佛教分为数宗，即天台宗、三论宗、法相唯识宗、律宗、华严宗、禅宗等门派。其中禅宗因与中国传统文化融合较好，在唐以后成为汉传佛教的最主要流派，因此禅宗又被称为中国化的佛教。此外，禅宗的传播和发展亦与南岳衡山有着密切联系。

从历史发展的角度来看，汉末魏晋南北朝以来，学术思想普遍追求形而上，因此佛教得以迅速发展。在南朝时期，因梁武帝对佛教有偏好，当时建立了许多寺院，杜牧的《江南春》中"南朝四百八十寺，多少楼台烟雨中"便是描述此般境况。同时，净土宗地位的确立和高僧如鸠摩罗什等的弘法使得南朝佛教得以日益兴盛。在梁朝和北魏武帝时期，禅宗第二十八代祖师菩提达摩由广东至少林寺，禅宗因此传入中国。初唐时期，禅

---

❶　南怀瑾. 中国佛教发展史略 [M]. 上海：复旦大学出版社，1996.

宗开始发展并逐渐中国化。在唐朝至五代的很长一段时间里，禅宗对中国哲学、文化、书画艺术及生活都有很大的影响，同时还衍生出临济、曹洞、云门、法眼、沩仰五宗。在宋朝时期，禅宗结合儒学形成了宋明理学，这是中国文化史上的必然演变，也是佛教文化与中国文化融合的成果。历经汉、魏晋南北朝、唐、五代之后，佛教便彻底中国化了。在南宋时期，佛儒交替影响的现象已经非常普遍。但到了明朝之后，佛教却日渐没落，直至清朝推崇密教，佛教之前在中国的兴盛局面便难再续。

2.1.2　佛教的中国化

佛教自印度传入中国，在与本土传统文化交流过程中，主要涉及外来与本土文化、印度与中国文化、宗教与世俗文化、出世与入世文化等多方面的冲突与融合。佛教首先依附于汉代流行的神仙道术，继而又与魏晋时期的玄学合流，后经过南北朝时期对佛教思想和理论的系统清理而进一步儒学化，至隋唐发展为与中国儒道二教相鼎立而又合流的盛大气势。天台、华严、禅、净土四宗的出现，标志着佛教在中国本土化的完成。宋明理学的产生，则标志着在更深的层面上实现了佛教文化与儒家文化的相互融合[1]。

从两千多年的中国佛教发展史来看，佛教之所以能融入中国社会并成为主流文化之一，主要归因于以下三点：（1）佛教能被中国的多数统治阶层接纳。不少朝代的帝王均将佛教视为国教，如武则天笃信佛教，清朝政府将藏传佛教作为国教。（2）佛教能与中国固有文化相融合。初入中国时，佛教受到道教和儒家的联合冲击与排斥，但佛教在冲突过程中不断适应，并在壮大后使道教和儒家汲取了不少的佛教思想。（3）佛教善于创新。汉传佛教被分为数宗，这些宗派都是在中国创立的，它们保留原有佛教思想的同时，根据信众慧根的不同衍生出不同法门以供修行。

随着历史的不断发展，佛教逐渐融入了中国社会的思想意识与社会生活，取得了与本土社会政治和思想文化的一致性，并对中国文化及文化艺术活动产生了深远影响。例如，明清理学的代表人物周敦颐、程颢、程颐、朱熹、陆九渊、王阳明、李贽，以及龚自珍、魏源、康有为、严复、梁启超、章太炎等人的思想观念与学说或多或少都受到佛教文化的影响。也就是说，佛教的很多思想观念甚至是词语概念都被当时儒学与宋明理学吸取并运用了。这种现象表明中国封建社会后期鼎立的儒、佛、道三教已经是相互渗透、相互交织、相互依存的了。作为中国封建文化的组成部分，佛教与其他传统文化一样，其意识观念及来自佛经的语言文字直到今天依然存在于中国社会和文化生活之中。

佛教中国化的过程，主要体现在与其他多元文化的关系当中。佛教与儒家的融合主要体现为宋明理学思想，与道教的交集主要体现在禅宗的部分，祭祀文化则是体现了儒家礼制文化和道家黄老学说的融合。而儒佛道三者的共通点则体现在三者都对自然的信

❶　张晓华.佛教文化传播论 [M].北京：人民出版社，2006.

仰与尊崇，即自然观的形成 ❶。笔者对三者的关系进行了简要示意分析（如图2-1）。

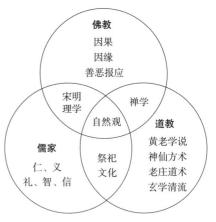

图2-1 多元文化关系分析图

图片来源：作者自绘

2.1.3 中国佛教的发展

2.1.3.1 佛教思想的演变

德国学者卡尔·雅斯贝尔斯认为，在公元前500年前后的数百年内，人类古代文明在中国、印度、巴勒斯坦和希腊这些互不知晓的地区不约而同地经历了"超越的突破"，由文化的原始阶段一跃发展为高级阶段，形成了各自特殊的文化传统。他将人类文明发展的这一时期称为人类文明史上的"轴心时代"，并认为直至近代，人类一直靠轴心时代所产生的思考和创造的一切而生存，每一次新的飞跃都回顾这一时期。在谈及中国时，他说："在中国，孔子和老子非常活跃，中国所有的哲学流派，包括墨子、庄子、列子和诸子百家都出现了。" ❷ 事实确实如此，中国在春秋战国时期便形成了百家争鸣的文化繁荣局面，这时期的文化成果亦成为中国文化发展的"轴心"。因此，包括佛教文化在内的任何外来文化若在中土传播发展，都不能避免受到以孔孟儒家为主流包括黄老之学在内的传统文化的影响，并且还会与之产生冲突、借鉴乃至融合。

佛教传入中国后，当时中国本土的传统文化如儒家和道家遭遇了佛教这种外来文化的刺激，并与之产生激烈的碰撞 ❸。当时的民众通常将佛教与中国本土道家的黄老学说相提并论。因此，佛教在传入中国后相当长的时间里被贴上了"有神论"的标签。隋唐以后，佛教与中国的传统文化相融合，才逐步形成了中国化的宗教 ❹。以下为佛教思想演变的主要阶段：

（1）两汉时期

统治阶层独尊儒学，同时推崇黄老，因此佛教传入中国之初遭到了有力排斥，还被视为与尧舜周孔之道相对立的"夷狄之术"。不过，佛教很快就在黄老之学和道教方术中找到了相通之处，以道家的"清虚"、"无为"作切入点，依附神仙道术而立足。自东汉以来，中国传统文化逐渐形成以儒家为主、道家（含道教）和佛教为辅的三教鼎立局面。从三种文化的思想架构和文化内涵来看，儒家以宣扬政治伦理为主，道家以追求道法自然、天人合一的境界为主，佛教以超脱生死关为主，可见在一定程度上道家与佛教具备"出

❶ 洪修平. 儒佛道三教关系与中国佛教的发展 [J]. 南京大学学报（社会科学版），2002（3）：81-93.
❷ 卡尔·雅斯贝尔斯. 历史的起源和目标 [M]. 北京：华夏出版社，1989.
❸ 南怀瑾. 道家、密宗与东方神秘学 [M]. 上海：复旦大学出版社，2003.
❹ 彭自强. 佛教与儒道的冲突与融合——以汉魏两晋时期为中心 [M]. 成都：巴蜀书社，2000.

生入死"的关系❶。

（2）汉魏小乘佛教与魏晋大乘佛教

东汉末年，随着佛教进一步的流传与发展，许多经典传入中国。佛经翻译在当时包括安译和支译两大体系。"安译"即安士高系，属于小乘佛教，注重修行者自我精神的修炼。"支译"即支娄迦谶系，属于大乘佛教，主要注重大乘般若学。

汉魏时期，由安士高系所传的禅学属于南传上座部佛教"说一切有部"理论。其主要内容包括"禅"和"阿毗昙"，因"阿毗昙"有"数理"之意，结合起来即为"禅数"学。其中"数"的部分包括印度佛教中的"十二因缘"、"五蕴"等传统理论，而"禅"的部分则与民间的呼吸吐纳、食气养生等气功接近。此外，安系另一个重要特征是"求神通"。当时经文有云："得神足者能飞行故，言生死当断也"、"得四神足，可久在世间"。这与道家的神仙方术非常接近，而渐渐偏离了印度佛经上所言的"神通"，可见佛教当时便逐渐中国化了。

般若学缘起于支娄迦谶所译的《般若经》，由鸠摩罗什和僧肇高僧将其真正发展起来。鸠摩罗什所译的《摩诃般若波罗蜜经》后来为流传最广的《般若经》，他所译的《中论》、《百论》、《十二门论》主要依据印度的般若学，并未遭受过多的中国化。魏晋时期，文人逃避现实，偏好注解《老子》、《庄子》、《周易》等书，因此当时中国的学术思想主要以玄学为主。《晋书·王衍传》曰："何晏、王弼立论，天地万物皆以无为本"，王弼注《老子》曰："人能反乎天理之本以无为用，则无穷而不载矣"。这种形而上之谈对当时的佛教产生深远的影响，例如佛教中的"涅槃"、"真如"、"空"等与老庄的"道"、"无"意义相似，介于玄学之间❷。汤用彤在《汉魏两晋南北朝佛教史》中指出，魏晋南北朝时期的佛教，无论行事风格抑或研读书籍及所用名词术语方面，均与玄学家没有多少区别。在思想内容方面，则是玄佛互证，以"无"谈"空"、"涅槃"、"本无"。当时的"六家七宗"集中反映了这种状况。所谓"六家"指的是魏晋时期般若学的六个佛学派别，包括本无、心无、即色、识含、幻化、缘会。其中，本无又可分出"本无异"宗，合称七宗。

总之，魏晋时期佛教的般若学依附玄学演化成一种游玄清谈的学说。究其原因可列出以下两点：①一种外来宗教如若被人接受，必须依附当地传统文化建立一定的基础，否则极难传播下去。②民众常用自己的文化传统解读外来文化，在注解和融合的过程中，本土文化会与外来文化互相影响。因此，魏晋南北朝时期的般若学被打上了玄学的深刻印记，这是该时期般若学的最大特点。同时，佛教的般若学也影响和发展着玄学。在这种彼此影响和融合的过程中，佛教的般若学确立了自身地位，为进一步的发展奠定了基础❸。

❶　丁钢. 中国佛教教育——儒佛道教育比较研究 [M]. 成都：四川教育出版社，2010.
❷　李翔海."境界形上学"的初步形态——论魏晋玄学的基础理论特质 [J]. 哲学研究，2003，（5）：19-24 + 96-97.
❸　方立天. 佛教传统与当代文化 [M]. 北京：中华书局，2006.

这一时期给佛教提供了较好的发展机会，佛教的"虚无"、"空寂"、"出世"、"超生"、"因果"、"因缘"、"善恶报应"等观念正迎合了社会世俗意识的需要，并弥补了玄学空谈之不足。同时，统治阶级也认识到佛学对维持封建统治和社会秩序的有利作用，因此佛学得到了统治阶级和上层士人的大力扶持。北魏文成帝和孝文帝都曾花费大量财力人力在大同云冈、洛阳龙门开石窟、雕佛像。总之，佛学在魏晋时期与玄学黄老之术互补融合，到了南北朝后则走上独立发展之路，并逐渐成为中国封建社会上层建筑的组成部分。

（3）六朝"灵魂不灭"论与"因果轮回"说

在魏晋南北朝时期，以慧远大师和梁武帝为代表的中国思想界根据中国传统的"灵魂不灭"观念去理解和接受佛教的轮回之说，认为人之所以在轮回中兜转是因为灵魂不灭，而能得到解脱轮回是因为他不灭的神性，因此当时的中国佛教都是以"神不灭"为根本要义的。

"因果轮回"之说是佛教思想的基础，佛教思想都是围绕这一主要观点展开的。"因果轮回"说与"灵魂不灭"论相结合，从而形成了具有中国特色的"因果报应"学说。业报轮回本是印度佛教的基本教义之一，但它仅是佛教从先前印度教中吸取的思想。中国古代文化一直就有祸福报应的思想，早在《周易》里就有"积善之家，必有余庆；积不善之家，必有余殃"的说法，而在民间关于福祸报应的说法更是层出不穷。于是，佛教的业报轮回之说便被杂糅在一起，形成了中国化佛教的"因果报应"之说，即"三报论"、"三业"等。"三报论"是指三报，一是现报，二是生报，三是后报。而佛教《三世因果经》是这样叙述的：一是人的命是自己造就的；二是怎样为自己造一个好命；三是行善积德与行凶作恶干坏事的因果循环报应规律。这些思想很快就得到当时底层民众的认可。

六朝时期，普通民众主要是通过"因果报应"论去理解和接受佛教的，而当时的佛教徒则是通过中国传统的"灵魂不灭"论去理解和解释"轮回报应"之说。由此可见，佛教在传播和发展过程中逐步中国化，最终演变成具有中国特色的佛教。然而中国化的佛教依然是佛教，当时在核心思想上仍保留了印度佛教的原有观点。最终的结果便是从"心神"与"本体"两个方面去理解佛性，这便是盛行于隋唐时期业已完全中国化了的佛教思想（图2-2）。

（4）隋唐时期完全中国化的佛教

由于长期的传播发展和教派的衍生变化，佛教的内容十分庞杂浩繁。大体上说，佛教可分为经藏、律藏、论藏三部分，即所谓佛教之"三藏"。经藏是指释迦牟尼本人所说的教义，律藏是指由佛陀制定的佛徒必须遵守的戒律和说明，论藏是

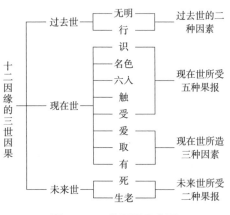

图2-2　三世因果示意图
图片来源：作者自绘

针对经藏律藏所作的理论研究与演绎。有关佛教的教义经籍统称佛经，在中国传播的佛经十分繁杂，最具代表性的有《般若经》、《般若波罗蜜经》、《华严经》、《法华经》、《金刚经》、《楞伽经》、《大智度论》等。由于佛教经典十分繁杂，不同信徒领悟的佛经宗旨就不尽相同，因此出现了众多佛教派别。

隋唐时期是中国佛教的鼎盛期，也是印度佛教中国化的典型化时期。当时中国佛教出现了诸多宗派如天台宗、华严宗、禅宗等。从此，中国佛教哲学的发展便不再依赖于印度佛典的翻译，各宗派的创始人大都通过对佛典的注释来阐述自己的思想，组织自己的思想体系。在融合中外思想的基础上，各宗派建构了自己富有特色的宗教哲学体系。同时，在社会财产方面，寺院经济空前发达，以至历史上有"天下名山僧占多"、"天下之财，佛有七八"的说法。

总体上说，佛教传入中国以后，先依附黄老之学、神仙方术，再与老庄道术、玄学清流融合，直至隋唐时期才完全独立发展成中国化的宗派并逐渐达到巅峰状态。然而在中国封建社会后期的宋元明清时代，随着社会政治、经济条件和社会思想意识的变化，中国佛教逐渐由盛转衰。特别是宋明理学的兴起与发展，儒家的伦理纲常此时受到很大的重视，从北宋到明清的数百年间，儒家成为中国封建社会具有压倒优势的正宗思想文化。

2.1.3.2　佛教主要宗派

中国汉族地区的佛教，在流传过程中，先后形成了一些宗派和学派，有"六师"、"八宗"、"一教"。隋唐两代，佛教先后已经形成了十门较为完整的宗派。具体流派如表所示（表 2-1）。

唐朝中国佛教的主要宗派　　　　　表 2-1

宗派	印度宗师	中国宗师	创立时期	所宗经论	宗旨
净土宗	马鸣、龙树、世亲菩萨等	慧远法师	东晋时期	《无量寿经》、《观无量寿经》、《阿弥陀经》、《往生论》	一心念佛，希求往生西方极乐世界
律宗	优波离尊者为始祖	昙柯迦罗	曹魏嘉平二年	《四分律》、《五分律》、《十诵律》等	兼摄大小乘律学，以持戒证圣为宗旨
天台宗	—	慧文禅师、智凯大师	北齐、隋代	《妙法莲花经》、《大智度论》、《涅槃经》、《大品经》	以一乘成佛为宗旨，三种止观为修正法门
成实宗	师子铠	鸠摩罗什	姚秦弘始十三年	《成实论》	以《成实论》为宗旨
三论宗	龙树菩萨	鸠摩罗什	姚秦时代	《中论》、《百论》、《十二门论》	破真俗二谛之执，显空、有不住之事理
俱舍宗	世亲菩萨、安慧论师	真谛三藏、玄奘法师	陈文帝天嘉四年	《四阿含经》、《俱舍论》	以《俱舍论》为宗旨，立七十五位法以摄心色等事理
禅宗	迦叶尊者	菩提达摩	梁隋时期	《楞伽经》、《金刚经》	教外别传、不立文字、直指人心、见性成佛
华严宗	—	杜顺和尚	陈隋时期	《华严经》	以《华严经》四法界、十玄门为宗旨

续表

宗派	印度宗师	中国宗师	创立时期	所宗经论	宗旨
法相宗	弥勒菩萨、无著菩萨	玄奘法师	唐太宗贞观年间	五论十三宗为主	明万法为时之妙理
密宗	龙猛菩萨	莲花生大师	初唐时期	《大日经》、《金刚顶经》	立十住心统率诸教，建立曼荼罗，身口意三密相应，即可由凡入圣

表格来源：作者根据南怀瑾著作有关内容改绘❶

（1）天台宗

佛教传入中国后，在修行方法上出现了南义北禅的局面，即南方重义理，重智慧，北方重止观，重禅定。这一局面在慧思大师提倡"定慧双修"后有所转变，而真正统一南义北禅局面的则是天台宗的智颉（yi）大师。智颉大师在浙江天台山创立了天台宗，该宗以《妙法莲花经》（即《法华经》）为主要经典，主张"止观并重"、"定慧双修"的学说。

一直以来，佛教都有佛性至善至纯之说。然而天台宗一反常态提出了关于佛性的"性本恶"说。该宗将众生分为十界，包括佛、菩萨、缘觉、声闻、天、人、阿修罗、鬼、畜生、地狱，其中前四位是"四圣"，后六位是"六凡"。智颉大师认为这十界同时存在于佛性中，故佛性中亦有恶性。

此外，天台宗还创造性地提出了"一念三千"理论。北齐时期，慧文禅师根据《大智度论》和《中论》提出了"一心三观"的观点。其后，天台宗三祖慧思大师将"一心三观"说与《法华经》中的"十如是"说结合起来。最终由智颉大师提出了"一念三千"的思想理论。该思想认为，人的每一个起心动念都圆满地具足一切诸法，心即一切法。这是"唯心论"的重要表现。

综上可知，智颉大师全面地将南北佛法统一起来，综合各代理论，形成了具有"唯心论"显著特点的天台宗特有理论体系。

（2）唯识宗

唯识宗由传译印度佛法的玄奘大师创立，该宗主要宣扬印度佛教中的法相唯识学，其思想理论玄妙高扬，经院哲学较为繁琐高深。因此，虽然唯识宗来源于正统印度佛教，但因为水土不服仅存在了30多年便消沉下去。

相较其他宗派而言，唯识宗最大的特点就是"五种种姓说"，它在思想内容上将人分为五类，认为其中一类人并无佛性，因而永远不能成佛。但当时的主流佛性论认为人皆有佛性，其他各宗如天台、华严、禅宗皆如是说。因此，唯识宗提出的"五种种姓说"也成为它消沉没落的一个原因。

唯识宗的另一个重要理论是"阿赖耶识说"，即第八识。该宗认为八个心法是眼识、耳识、鼻识、舌识、身识、意识、末那识、阿赖耶识，其中前六识为一类，主要是感觉，

---

❶ 南怀瑾.中国佛教发展史略[M].上海：复旦大学出版社，1996.

第八识为一切的种子，决定了万物最根本的东西，末那识以"阿赖耶识"为依据，进而产生前六识。

（3）华严宗

华严宗由唐代高僧法藏所创立，因依据《华严经》教义立宗而得名。又因华严三祖释法藏曾被女皇帝武则天赐名贤首大师，故华严宗可称作贤首宗。由于"法界缘起"是此宗理论的出发点，故又称法界宗。华严宗的传法世系是"华严五祖"，即杜顺 – 智俨 – 法藏 – 澄观 – 宗密。杜顺、智俨是华严宗的思想先驱，华严宗的实际创建人却为法藏，而澄观和宗密主张融合华严宗和禅宗，提倡教禅一致，进一步发展了华严宗的学说。宗密之后，恰逢唐武宗灭佛，华严宗便开始衰落，但在唐宋时期仍有传人。

华严宗虽主要依据《华严经》立宗，但对《般若》、《涅槃》、《梵网》诸经以及《大乘起信论》等佛教经典亦兼收并蓄。此宗针对佛教经典并不照本宣科，拘泥原义，它既远承地论、摄论诸师的学说，又批判地吸收天台宗、法相宗的有关思想，经过调和糅合自成一个庞大完整的理论体系，因此其中国化的程度很高。

华严宗的理论核心主要包括"法界缘起"和"圆融无碍"两方面。"法界缘起"认为，精神性的"一真法界"或"一心法界"是物质世界的本质和本原，客观世界中的一切现象均由"清净心""随缘"而起，离开"一心"，别无他物。所谓"圆融无碍"，即此事即彼事，此法即彼法，事事无碍，法法平等。在"圆融无碍"思想的支配下，华严宗对内调和佛教各派思想，对外则主张融合佛儒道三家。这种圆融一切的思想，正是盛唐大一统局面的一种反映。此外，也充分反映在寺院的空间布局中❶。

（4）禅宗

据佛史记载，禅宗的创始人是印度僧人菩提达摩。南朝梁武帝时期，菩提达摩来到广东，然后隐居少林寺面壁九年，禅宗自此传入中国。菩提达摩之后传慧可、僧璨、道信、弘忍，弘忍之后禅宗分为南北两宗。北宗领袖是神秀，他强调经教，主张渐悟。南宗以慧能为代表，其主要思想是即心见佛，强调顿悟。现今民众通常所说的禅宗大都以南宗为主。之后慧能弟子马祖道一与其弟子百丈禅师创立了中国的"百丈丛林"制度，即提倡"一日不作，一日不食"。该规制至今仍为国内外寺院所仿效，深刻影响着中国社会和政治体制。

慧能对禅宗进行了一系列的改革，使禅宗完全替代了原有的印度佛教，成为真正的中国化佛教，同时成为伟大中华文明的重要组成部分。在中国佛教史上，民众常把慧能改革禅宗的贡献，比之为孟子之兴儒学、庄子之兴道学。禅宗的思想内容主要集中于记录六祖慧能传教活动及言行的《坛经》一书中。禅宗的"教外别传"、"不立文字"、"直指人心"、"立地成佛"等理念符合中国人朴素的人文观和唐代学风朴实的要求。同时，

❶　赖永海．中国佛教文化论 [M]．北京：中国青年出版社，1999.

禅宗又与传统儒家文化思想中的"性善论"、"人皆可为尧舜"、"仁义之心人皆有之"等理念相融合，从而实现了佛教与儒学的结合❶。

在修行的方法上，禅宗认为成佛不在出家为僧、研习佛教经典、拜佛求神、打坐诵经、遵守教规苦行修炼，而是强调日常生活中处处是禅，时时有道，是心是性，是佛是禅，举手投足皆为道场，均含禅机，只要内心领会，一念至此而觉悟，便可成佛得道，即所谓"禅本无言，禅本无相，禅本无门"，"佛语心为宗，无门为法门"，"万法唯心造，万境由心生"，"自性而自渡"，"一念净心，顿超佛地"。这样一来便彻底破除了佛教原有的各种清规戒律，也解除了原来佛教的深奥烦琐，使学佛参禅变得简易可行且不脱离世俗生活，因而禅宗能为大众所接受。正因如此，唐五代时期出现了诗僧、艺僧、茶僧、酒僧等。在之后佛教传播与信奉过程中，禅宗彻底消除了人们在社会阶级和社会地位上的差别与歧视，否定了少数僧侣贵族和统治阶级对"成佛"的垄断与"佛教话语权"的专有，这也是禅宗能够成为中国最普及最主流佛教的原因。

（5）净土宗

东晋时期，慧远大师深通《周易》、《老》、《庄》之说及道家方术，结合佛教中《无量寿经》、《阿弥陀经》的思想后在庐山东林寺建立莲社，提倡专修往生净土的念佛法门，又称莲宗。净土法门的实际创始人是唐代的道绰和善导，其所依据的是"三经一论"，即《阿弥陀经》、《无量寿经》、《观无量寿经》和《往生论》。此宗以"信受弥陀救度，专称弥陀佛名，愿生弥陀净土，广度十方众生"为宗旨，即"信、愿、行"，其修行方法主要是念佛号"南无阿弥陀佛"，以求临终时往生西方净土。

净土宗的创立可以说是中国佛教真正意义上的开始，其宗教信仰是佛教的基本信仰。净土宗历代祖师并无传承法统，很多还是宗门教下的大祖师，均为后人据弘扬净土贡献推戴而来（图2-3）。中国净土宗十三祖分别是：慧远、善导、承远、法照、少康、延寿、省常、袾宏、智旭、行策、实贤、际醒及印光大师。

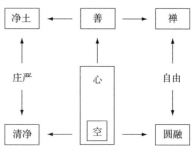

图2-3 禅宗和净土宗比较示意图
图片来源：作者自绘

（6）密宗

密宗综合了佛教后期的学说，与婆罗门教、瑜伽法结合，形成了独特的修持方法。密宗在初唐时期从北印度传入西藏，中唐时期从南印度传入中国其他地方。由于密宗的传入，西藏成为政教合一的特别地区，历经各个朝代而传承不绝，并分化成宁玛派（红教）、噶举派（白教）和萨迦派（花教）等流派。明朝永乐年间，宗喀巴大师创建了格鲁派（黄教）。当时的中国社会，除了禅宗，最为神秘的莫过于密宗了。

---

❶ 洪修平．禅宗思想的形成与发展[M]．南昌：江苏古籍出版社，2000.

2.1.3.3　禅宗丛林制度

禅宗是佛教中国化最彻底的宗派，中国寺院大部分都是禅宗寺院，而禅宗丛林制度对寺院建筑格局的影响很大，以下就禅宗丛林制度做简要论述。

禅宗丛林制度由百丈禅师创立，故又称百丈丛林制度，该制度是在佛教与中国社会相融合后产生的，对中国封建社会中佛教禅宗的发展演变和壮大有着非同寻常的意义，同时对寺院整体格局和空间形态有着重大影响。古代印度寺院的僧众多以乞食为生，广大信众也很愿意提供食物，然而佛教传入中国后，僧众乞食的行为受到了不少质疑。究其原因，主要有以下两点：首先中国作为传统农业社会，提倡自力更生、自给自足的劳作方式，僧众们若要乞食，则会被视作不劳而获。其次，在印度的炎热气候下，僧众们很方便外出乞食，然而中国幅员辽阔，气候较为分明，特别是北方冬季严寒，并不利于外出乞食。因此，禅宗丛林制度随着佛教传入中国特别是禅宗兴起后，越来越规范化和制度化。

"丛林"本是禅宗僧众集团的特称，泛指修行大众，后来寺院中并未修行禅宗的也可统称为"丛林"。丛林中的规矩主要包括：①集体同住、身份平等。但凡已受戒且常住的僧众，无论住持还是执劳役的僧众，在衣食住行方面都要严守戒律和丛林清规。②一日不作、一日不食。③信仰平等、严守戒律。④众生平等、天下为家。原始的佛教戒律规定，出家人不可耕田种植，以免伤害生命。这种规定在印度某些地方尚能推行，但在以农耕文化为主的中国社会是万万行不通的。因此，百丈禅师主张"一日不作、一日不食"，开垦山林农田自耕自食，改变了出家人专靠乞食为生的制度。

禅宗丛林制度的特点主要有：①改变僧众乞食的行为，以集中参与农业生产达到自给自足的目的。②集中学习以实证禅宗佛学。③消除刻板的宗教仪轨，以实修为主要方式，改变了佛教修学长期主张的"言大于行"境地。④创立适合中国文化的规制，与中国传统儒学结合，对僧众自身修养要求甚高。

（1）禅堂里的修行

佛教禅堂光线明暗适中，适合简单的生活起居，只是古代建筑不太注重通风，空气对流效果相对差些。禅堂四面都做成铺位，中间则完全是个大空庭，可作大众集团踱步行走之用。这种踱步便是修禅定者的适当活动，佛经中称为"经行"，而在丛林里便改称行香与跑香了。禅堂中心的大空庭能容纳数百甚至千余人踱步。行香与跑香都应照圆形活动，不过必要时还可分成两三层圈子，年老体弱者常走内圈，少壮健康者常走外圈。

（2）禅堂里的和尚

禅堂是禅宗丛林的中心，相当于现代语所说的教育中心。原本禅堂里是不供佛像的，因为禅宗宗旨是"心即是佛"，即"心、佛、众生，三无差别"，又即"不是心，不是佛，也不是物"。那它究竟是什么呢？可以说它是教人们明白觉悟自己的身心性命之体用，所谓本来面目，道在眼前，却在寻常日用之间，并不是向外求得的。然而后世渐在禅堂中

间供奉一尊迦叶尊者或达摩祖师的像。禅堂上位
（与大门正对）安置一个大座位，这便是住持和尚
的位置（图2-4）。住持和尚应随时领导大家修行
禅坐，间或早晚说法指导修持，因此为能正确指
导大家修证的大善知识，住持和尚须选任已经悟
道得法的过来人。心即是佛，和尚便是今佛，住
持也便是中心，所以有时可称其为"堂头和尚"。
倘若住持和尚因故不能到禅堂参加指导，辅助住
持督导修持之责便由禅堂的堂主与后堂西堂等承
担，他们的位置设于左排进门之首。此外，禅堂
内还有手执香板负责督察修持的，称作"监香"，
与禅堂里的"悦众"可由数人任之，他们均是负
责监督修持用功的。在佛教旧制，常用竹杖以作

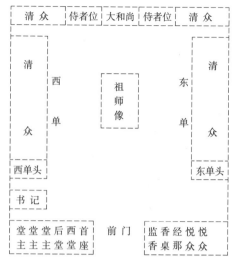

图 2-4　近代禅堂座位图
图片来源：作者改绘 ❶

警策，又称"禅杖"。后世改用木板做成剑形，称为"香板"。另外，还有几位专供茶水
的执役僧，有时或由新出家的沙弥们担任。

（3）禅堂的生活

但凡住在禅堂里的人，饮食起居生活一律严守清规戒律。清晨三四点钟就要起床盥
漱方便，然后上座坐禅。由于古代没有时钟，每次坐禅时间就以长香一炷为标准，大约
相当于现代时钟的1.5小时。下座后就须行香，僧众依次排列绕着禅堂中间来回行走，此
时身体虽然放松，但心神不可放逸。这样走完一炷香后，再次上座坐禅。如此行居坐卧
都在习禅，每日总以10支以上长香为度。若逢冬日农事已了，天寒地冻而无其他杂务，
坐禅者便采用克期取证的方法，因以七日为一周，故又称为"打禅七"或"静七"。在禅
七期间，坐禅者每日通常以十三四支长香为用功标准去努力参究，而其睡眠时间昼夜合
计也不过三四小时。在坐禅期间，禅堂门口帘幕深垂，挂有一面止静的牌子，此时外面
经过的人，须轻足轻步，不可高声谈论，以免叨扰坐禅者的清修。直至休息时，门口换
挂一面放参的牌子，这时才可随便一些。

丛林禅堂制定如此风规恰是佛法的真实正途，因此"久坐必有禅"的说法也不是绝
无道理的。鉴于这种苦修方式的完美，后世佛教各宗都兴起各种七会，如念佛七等。到
了两宋以后，许多大儒都向往禅堂规模及教育方式，经过一定程度的接收和融合便有了
儒家理学家们的静坐、讲学、笃行、实践等风气了。

（4）禅堂的演变

元明以后，其他各宗各派都照着禅宗丛林的规矩兴起丛林来。在这些丛林模式中，

❶　洪修平．禅宗思想的形成与发展 [M]．南昌：江苏古籍出版社，2000．

禅堂逐渐变成念佛堂或观堂等。禅寺的丛林因此逐渐走了样，真实的禅堂和禅师们已如凤毛麟角，间或一见而已。民国以来，研究佛学的风气应运而兴，因此针对禅门丛林也有佛学院成立。

2.2 佛道的冲突与融合

佛教作为一种外来宗教，传入中国后受到政治、经济、文化的影响，最终演变成为中国化的佛教。佛教在中国的发展过程在一定程度上说明外来宗教若在当地生根传播就必须与当地文化相融合。因此，研究佛教文化就必须了解其发展演变背后的内容。

在佛教东传之初，道教的神仙方术和黄老学说对其有较为深刻的影响。可以说，在整个中国历史上佛教都是在与道教冲突对立和融合的过程中发展起来的。要讨论佛教如何中国化的问题就不可避免地涉及佛教与道教的关系。

2.2.1 道教概述

东汉顺帝汉安元年，沛国丰（今江苏丰县）人张陵（张道陵）于蜀地鹤鸣山（今四川省成都市大邑县境内）倡导正一盟威之道（俗称五斗米道，亦称天师道），奉老子李耳为教主。以《道德经》为主要经典，神仙方术与黄老学说为思想基础，标志着道教的正式创立。

道教与道家是两种不同概念，很容易被混淆。老子为道教的教主，也是道家思想的创始人，道教的思想也包含了道家的思想，但道教并不等同于道家。道家是一种思想流派，而道教是宗教，它结合了黄老学说、神仙方术、玄学以及老子道家的学说，最终形成具有中国本土特色的宗教组织。

道教以"道"为最高信仰，核心内容是神仙方术，道士们修炼丹道法术，期望通过这样的途径能够得道成仙。道教在中国的政治、经济、文化、民间生活有着重要而深远的影响❶。

就外来佛教与中国传统文化的关系而言，佛教的中国化在思想理论层面上主要表现为方术神灵化、老庄玄学化和儒学化三方面。这三方面是相互联系、并存并进的，但在不同的历史时期、不同的人物和不同的思想体系中又各有侧重。佛教的中国化与传统文化的佛教化是一个双向互动的过程，只有从佛教与传统文化的相互影响中，才能更好地把握中国佛教的特点。本节主要阐述佛教与道教的冲突和融合，即佛教的方术神灵化和玄学化。

---

❶ 南怀瑾. 禅宗与道家 [M]. 上海：复旦大学出版社，2003.

2.2.2　佛道相融

2.2.2.1　佛教中国化的初始——道术化（方术化）阶段

印度佛教传入之初，就开始了中国化的过程，因为这一时期的佛教已有不同于印度佛教的特点，这就是佛教的道术化（方术化）。佛教的道术化（方术化）主要表现为佛教对中土黄老神仙方术的依附，对灵魂不死、鬼神崇拜等宗教观念、迷信思想的融合、吸收，它既符合古代中国人对道术化（方术化）宗教的需要，也是佛教发展自身的一种策略选择。依附于中国原有的神仙道术，借助其在中国的传统地位和影响壮大自己、增强自己的生存机制，是佛教中国化的必然选择。

在中国历史上，比儒道起源更早、流行更广的是神仙思想。作为中国传统文化的一部分，神仙思想由来已久，早在中国先秦战国时代，就作为一种风气，盛行于民间和知识分子中。西汉崇尚黄老之学，神仙思想随之发扬光大，由开始时的自然崇拜、人文崇拜的民俗，逐渐演进为一套观念，不但有群众基础，而且有官方支持。汉武帝"尤敬鬼神之祀"，并重用神仙方士，大搞祀神求仙活动，表明神仙之说在西汉就已被官方认可。道教是在神仙方术基础上发展起来的。东汉于吉造《太平经》，在一切仙术之外，加上了帝王致太平以及善恶报应之说，形成道教正式经典，和神仙思想一起，成为人们的精神信仰，影响中国文化至深且巨。

为了充分适应中国自古以来固有的灵魂不死、鬼神崇拜以及其他迷信思想，佛教汲取了道教黄老学说中的神仙方术。这既与佛教本身的特点相关，也与佛教传入中土后所面临的文化环境相关。神通的思想虽然也出现在印度的佛教当中，但一向不占重要地位，因为修行佛法的初衷是为了解脱轮回，若以神通为目标，那便处于佛教所斥的外道。而中国的鬼神崇拜和方术迷信等行为可谓源远流长。然而，佛教传入中国后往往有意识地将这方面的内容突现出来，借以迎合并依附中土的种种神仙方术，而中国民众恰恰对这些内容特别感兴趣。因此，在传为中土第一部汉译佛典的《四十二章经》中出现了将佛陀描绘为"轻举能飞"的"神人"，将小乘佛教修行的最高果位"阿罗汉"描绘为"能飞行变化，旷劫寿命"的说法。这些说法既消解了人们对外来佛教的拒斥心理，也使佛教迎合了那些祈求神灵福祐和期望长生不死的统治者的欢迎❶。

恩格斯曾说过："辩证的思维——正因为它是以概念本性的研究为前提，只对于人才是可能的，并且只对于较高发展阶段上的人（佛教徒和希腊人）才是可能的。"佛教在发展过程中虽然已经形成了一套精致的思辨哲学，但在传入中国后必须经历中国化才能进入中国传统哲学思想领域。因此，佛教在中土的发展必须经历老庄玄学化的过程，借助老庄道家的玄思阐发佛理，进而加深了与中国传统思辨哲学的会通。

---

❶ 洪修平. 论汉地佛教的方术灵神化、儒学家与老庄玄学化 [J]. 中华佛学学报，1999（12）：303-315.

2.2.2.2 佛教中国化的发展——玄学化阶段

魏晋时期，玄学成为学术文化的主流，佛学与玄学合流，形成般若学，我们可以把它看做是佛教中国化的一个新阶段。佛教大乘理论与玄学有许多相似之处。道安曾说："以斯邦人庄老教行，与方等经兼忘相似，故因风易行也。"这里所谓"庄老教行"即是指玄学。玄学是儒家的老庄化，它所探讨的中心问题是"本末"、"有无"问题。所谓"与方等经兼忘相似"，反映了道安和时人把"空"观和玄学本论相比附等同的看法。所以说，般若学是依附于玄学而流行起来的。初期传译佛典，人们常常使用"格义"方法，即用中土的固有概念翻译佛教名相，如东汉安世高以"无"译"空"，以"无为"译"涅槃"等。般若学与玄学的相似之处，表现最为明显的是对"无"和"空"的解释。玄学认为，"无"就是"道"，无形、无体、"以空为德"、无名都是世界万物的本原和本体。般若学的"空"观认为一切物质现象都不是真实的，精神现象、思想活动也不是真实的，它把宇宙的一切现象都归结为空，空即一切。《放光经》曰："五阴即是空，空则是五阴。……无常是空，空则是无常。"由此可见，玄学的"无"与般若学的"空"在对世界本质的解释上有异曲同工之妙。需要说明的是，佛教的"空"、"无"是"因缘生"的意思，和老庄哲学里那种能够作为天地之始、万物本原的"无"是有本质区别的。但无论怎么讲，初传中国的般若学和玄学一样，都以追求超越物质世界的本体为其理论基础，般若学所具有的精致体系与玄学旨趣相符，因而多为士大夫所激赏与需求。依附于玄理之上的佛教教义像一条无形的纽带，将玄学家与佛教僧侣连在一起，玄学与佛教之间彼此促进、共同发展。在中国佛教史上，玄风的流行为汉魏以来传法艰难、亟待变革的佛教提供了思想契机，极大地激发了知识阶层信徒的理论热情，促使佛教在中国迅速发展起来。

正是通过与玄学的合流，佛教正式登上了中国学术思想的舞台。东晋佛学家僧肇借助鸠摩罗什译出的《中论》、《十二门论》和《百论》等系统发展般若思想的佛典，在批判总结玄佛合流的基础上创立了符合印度佛教原义的中观般若思想体系。然而该思想体系受老庄玄学影响深重，以至现在还有不少日本学者认为僧肇思想"不仅形式，连内容也是老庄思想"。僧肇以后，竺道生基于般若学和佛性论提倡顿悟说，将佛教理论进一步中国化。在佛教中国化过程中，老庄玄学的"道"、"有无"、"自然"等观念和得意妄言、相对主义等方法在各个中国化佛教宗派思想体系中均起着巨大作用，因此佛教理论的老庄玄学化应受到特别关注。

2.3 佛教与儒家

2.3.1 儒家概况

春秋战国时期，儒、法、道、墨诸家雄起，各种思潮纷繁芜杂，出现百家争鸣的境况。一直以来，儒家关注的便是社会人伦问题，它强调政治和伦理的教化，同时继承了古代宗教传统，在内容和形式上做出一定改进。由孔孟创立的儒家经过董仲舒的改进，直至宋明理学的发展和完善，最终变成"儒教"。儒教集礼教性和宗教性为一体，涵盖了生命论、宇宙论、家族论及政治论，符合中国历代封建统治阶级治国的需要，成为最正统的传统文化代表 ❶。

儒学是中国的主流文化，也是西汉以来在中国封建社会中长期占据主导地位的思想意识形态。印度佛教视人生为苦海，主张人出世求解脱，这与中国儒家关注现实社会人生和重视君臣父子之道、仁义孝悌之情以及修齐治平的道德政治理想是极不一致的。另外，佛教徒不娶妻生子，见人无跪拜之礼的出家修行方式更与传统社会伦理不合。因此，佛教初入中国时便受到了以儒学为代表的传统思想文化的排斥和攻击。

2.3.2　佛教的儒学化

2.3.2.1　佛教与儒教的矛盾与冲突

中国佛教不仅有依附、顺应本土文化的一面，也有与本土文化发生矛盾、冲突的一面。这是因为一种文化，无论是宗教的或别的任何文化，都有它相对独立的文化环境和传统。随着佛教传播势力的扩大，它不可避免地要与本土文化发生矛盾或冲突。这种矛盾或冲突的结果导致佛教进一步儒学化。两者的矛盾或冲突具体如下：

（1）出世与入世的矛盾

佛教的重要教义是"苦"与"空"两谛学说。在佛教看来，世间有无量的苦。就人生而言，人生的本质是苦的，苦渗入并主宰人生，人生的一切都沉溺于苦海之中，毫无快乐，即使有快乐，也是短暂的，丝毫不值得留恋。同时佛教又认为世间一切都是空的，主张看破红尘，出家修行，远离爱欲乐触，超脱现实世界，以达到永恒寂静的最安乐的境界——涅槃。说到底，佛教宣扬的是一种出世主义。而中国自西汉以来占统治地位的思想——儒家思想，宣扬的则是治平人世之道，即所谓齐家、治国、平天下之道，重视的是现实社会的治理，关心的是现实人类的生活，以治理好人的现实生活为目标，对人类现实生活采取积极的立场，肯定自然和社会，说到底，它宣扬的是立德、立功、立言的人世主义，而不追求死后或来世的幸福。在这个问题上，佛儒是格格不入的。

（2）出家与儒家伦理道德的矛盾

佛教通过禁欲苦修以求解脱成佛的修行方式对于中国人来说是难以接受的，因为这种方式要求人抛家弃业，削发剃须，不近女色，断子绝孙，使人不去承担赡养父母的责任，这就与中国传统的"孝道"直接发生了抵触。

（3）佛教徒的特权与政权之间的矛盾

佛教的政治观念与伦理观念是紧密联系在一起的。印度佛教经典涉及大量的伦理道

---

❶　张应杭. 中国传统文化概论 [M]. 杭州：浙江大学出版社，2005.

德观念，宣传父子、夫妇、主仆之间的关系是平等的，主张相互尊重、自由对待。这显然和中国儒家所主张的服从支配关系、绝对隶属关系截然不同。

魏晋以后，随着佛教势力的扩大，一些佛教徒自称释子，以为"真理"在手，目空一切享受着种种治外特权。当时不少大臣对此非常反感。到晋安帝隆安年中，太尉桓玄重申东晋初年庚冰之议，主张"沙门应敬王者"。但是这一动议因遭到僧侣们的反对而不果。僧尼开始干预朝政，对皇帝又不行跪拜之礼，这就引起了世俗官僚的不满。这反映了佛教思想与中国传统政治观念之间的矛盾。

上述种种矛盾主要源于佛教的"出世"思想与儒家的"入世"思想的矛盾。在这个问题上，佛儒两家是很难调和的，这是因为自汉以来，儒家思想不仅是中国封建社会的主要精神支柱、历代封建统治者重要的思想工具，也是人们习以为常的正轨，在中国处于正统地位，势力强大。佛入东土，自知难以与之匹敌，于是采取迎合、吸收调和的态度向儒家靠拢。因此佛教在道术化、玄学化的同时，积极调整自己的理论，协调儒家的思想，高唱儒佛一致论，而传统的儒学也当仁不让，以积极主动的姿态对佛教予以改造。

2.3.2.2　佛教的儒学化

由于儒家伦理是中国封建专制制度的重要思想支柱，佛教为了传播发展就必须与之妥协调和，从历史发展上来看，佛教对儒家伦理的妥协调和主要表现在以下三个方面：

（1）寻找两者的相似点，强调本来就具有共通性。例如，佛教徒常把佛教的"五戒"（戒贪、嗔、痴、慢、疑）比同于儒家的"五常"（仁、义、礼、智、信），认为佛教的"五戒"与儒家的"五常"是一致的。

（2）为了充分适应传统中国社会，佛教不惜以改变自身思想，而求得与儒家的伦理观相适应。翻译者在译经过程中会以儒家伦理为标准对经书做出增删，例如去除"众生平等"的论述而加进了"孝养父母"的内容，或者为了迎合儒家伦理而做出修改佛理的事情，甚至在佛教中加入儒家伦理的内容[1]。例如，对于"孝道"的弘扬一向不是佛教重视的内容，虽然印度佛教中也有尊奉父母的思想，但根据轮回转生的教义，这些思想并不占据重要地位。然而在以血缘为纽带、家庭为本位的中国封建社会，孝亲是各种社会和伦理关系的基础，一向受到社会的普遍重视。为与之相适应，中国佛教徒一直很注重用孝的观点来阐释佛经。

（3）沟通不同点，努力从劝善等社会作用角度论证儒佛不二或儒佛互补观点，以强调二者针对社会教化的"殊途而同归"。这是中国佛教徒最常用也是最根本的论证方法，例如晋宋时期的宗炳在《明佛论》中说："孔老如来，虽三训殊路，而习善共辙也。"

随着佛教在中土站稳脚跟并传播发展，佛教的儒学化逐渐从表面层次的对儒家纲常名教的妥协调和发展为深层次的对儒家现世现生的人文精神、思维特点以及思想方法的

---

❶　中村元. 儒教思想对佛典汉译带来的影响 [J]. 世界宗教研究，1982（2）: 56.

融合吸收。作为一种追求出世解脱的宗教，佛教注重对人生苦难的说明和分析，充分否定了当下世界及人性的真实性，同时对彼岸世界作出肯定并最终树立了出离人生苦海、超脱生死轮回的人生理想。然而佛教在传入中国后深受强调人事、心性、主体及修养的儒家思想的影响，通过与人心人性的密切结合形成了中国化的心性学说和佛性论，同时基于对自我的肯定逐步达到了对民众生活的肯定，最终形成了中国佛教"出世不离入世"的基本特色 ❶。在"出世不离入世"的旗号下，佛教出现了像禅宗这样融解理想于当下现实人生中、化修道求佛于日常穿衣吃饭间的典型中国佛教宗派，在禅门中还出现了呵佛骂祖以强调自性解脱的禅风，甚至有些佛教徒直接参与了政治。此外，无论从思想内容还是思想方法上，天台宗的一切众生本具空、假、中三谛性德与儒家的性善论，华严宗的理事说与传统哲学的体用说及"理"范畴，禅宗的"即心即佛"说与儒家的反身而诚等都有相通之处，中国化的佛教理论对宋代儒学的深刻影响更是人所共知的事实。儒佛理论的相互交融构成了中国思想史的重要内容，也是佛教中国化的突出表现。

佛教与中国传统的思想文化相互影响的过程体现了佛教的中国化进程。他们互相影响，互相补充其思想，在不断融合的过程中，又保留其原有的特色。在中国历史上，佛教一直与儒道两家互相影响，此起彼落，形成了中国文化思想上的特色。例如，禅宗等中国化佛教宗派在儒道等传统思想文化的影响下得以建立，而它又推动了宋明理学的形成与发展。从某种意义上说，正是因为禅宗等站在佛教立场与儒道等进行了融合，才对宋明理学产生了巨大影响，而朱熹等宋儒大家们在积极排斥佛教的同时却不能完全远离佛教，这是因为他们所主张的儒学已或多或少受到了佛教的影响。因此，在研究佛教中国化的同时，传统文化的佛教化也是不该忽视的，唯有重视二者双向互动的过程才能很好地总结中国佛教的特点从而分析中国传统文化的发展 ❷。

2.4 佛教与民间信仰

本节主要简述中国民间信仰的概况，涉及湖南地区的民间信仰的内容在 5.4 和 5.6 节中论述。

2.4.1 民间信仰的特征

民间信仰一词是相对于官方信仰而存在的，它是一种非组织的民众自发的一种信仰。大多源于民众对于原始力量和超自然力量的崇拜。民间信仰涉及的范围较广，主要以图腾崇拜、祖先崇拜、自然崇拜以及地方神灵崇拜为主，也包括一定内容的民俗文化。民

---

❶ 蔺熙民 . 隋唐时期儒释道的冲突与融合 [D]. 西安：陕西师范大学，2011.
❷ 韩嘉为 . 汉地佛教建筑世俗化研究 [D]. 天津：同济大学，2003.

间信仰有自己的仪式和象征，具有地域性、分散性和自发性等特征。中国的民间信仰自古以来就存在，比佛教、道教等宗教信仰存在的年代更为久远。

民间信仰是否是宗教，还有待研究，但它是有关于"神灵、鬼魂、圣贤、祖先"等的崇拜。其本身就有双重特性：其一，是民俗生活和原始巫术及玄学的杂糅；其二，又有一定的宗教特性，有一定的仪式，但缺少一定组织化和规律性。

2.4.2　佛教与民间信仰

2.4.2.1　民间信仰对佛教的影响

民间信仰对佛教的影响主要体现在：其一，民间的祭祀和巫术活动仪式的影响。原始佛教并不强调对于仪式感的追求，但传入中国以来，在这方面受到儒家礼制、民间信仰等的影响，也逐渐将仪式规范化。其二，民间信仰中象征化的影响。佛教强调"空"，对于有形的象征并不太关注，但受到民间信仰中对于有形象征物强调的影响，便逐渐开始修建塔寺、塑造佛像等。

2.4.2.2　学理型佛教的衰退与民俗型佛教的发展

当代学术界对中国佛教的类型做出一种新的划分，即学理型佛教和民俗型佛教。所谓学理型佛教是指以经典为中心，对教义有全面切实理解和把握，在知识程度较高的教徒中信奉流行的佛教。宋代以前，占据主流地位的是学理型佛教。所谓民俗型佛教，则是指以偶像崇拜和求神、求运为主要特征，在知识程度较低的教徒中信奉流行的佛教。隋唐时代，中国封建社会发展至高峰，国力强盛、文化繁荣，以寺院经济的膨胀、佛教中国化的完成、佛教各宗派的繁荣为标志，学理型佛教在中国进入了鼎盛时期。9世纪"会昌法难"的发生，导致学理型佛教衰落，宋以后获得重大发展的是民俗型佛教。经过"会昌法难"，学理型佛教再也没能恢复原初的锐气，但从民俗佛教的立场上看，中国佛教实际上很快恢复了元气，各地香火旺盛。两宋以后，佛教愈加切近民间社会，日益与道教、民间原始信仰相杂，成为普通百姓日常生活无法游离的组成部分。

对绝大多数崇信佛教的百姓来讲，他们接受佛教的课堂是神殿而不是藏经楼，他们的宗教情感源于对佛祖的皈依而不是对教义的理解，他们的宗教知识只限于神的故事而不是对经典的研读，他们的宗教实践就是有形的烧香磕头、布施持戒、礼敬三宝而不是无形的看破一切。在普通民众看来，信佛不是一种非常高深神秘的境界，而是一种非常实际的生活方式，见佛就拜，遇仙即求，甚至只要听到僧尼的诵经唱赞声，他们就会联想到功德、福报、消灾等。人们经常看到这样的情景：堂前孔子，屋后观音，左如来，右老君，敬关公，接财神，信龙王，供土地等。菩萨与祖先齐餐，鬼怪与神仙共祭，一切神仙菩萨都会保佑他们。这种不能被学理型佛教所接受的浅薄、开放及功利的行为，常常使佛教在民间社会生活中产生更为真切的影响，其开放性和适应性使它获得了更大的普及性，其传播范围和速度及其对民众的吸引力都是学理型佛教无法比拟的，从根本上讲，它体现了古代宗教发展、传播的需要。

2.5　本章小结

　　本章主要论述了以佛教为主的多元文化的基础内容。包括佛教的中国化、佛教与道教及儒家之间从冲突对立到逐渐融合的过程。总体上，佛教传入中国以后，通过依附黄老之学、神仙方术，再与老庄道术、玄学清流融合，直至隋唐时期才完全独立发展成中国化的佛教并逐渐达到巅峰状态。然而在中国封建社会后期的宋元明清时代，随着社会政治、经济条件和社会思想意识形态的变化，中国佛教逐渐由盛转衰。从北宋到明清的数百年间，儒家成为中国封建社会具有压倒优势的正宗思想文化。民间信仰对于佛教的影响主要体现在仪式和有形象征物方面。

　　在多元文化的关系当中，佛教与儒家的融合主要体现为宋明理学，与道教的交集主要体现在禅宗的部分，祭祀文化则是体现了儒家礼制文化和道家黄老学说的融合。儒佛道三者的共通部分则集中体现在三者都对自然的信仰与尊崇，即自然观的形成。

第3章　湖南佛教简史及古代寺院的发展

3.1　湖南佛教简史

3.1.1　佛教的传入及发展

"三国时期湖南属吴，设有 10 郡 62 县，西晋因之，东晋又增 2 郡，共 60 县，南朝各代又有所增多，至陈时为 23 州郡，65 县，基本确立湖南省行政区划和城镇格局。"❶

据南朝梁宝唱编著的《名僧传抄》、梁慧皎的《高僧传》及宋朝志磐著的《佛祖统纪》记载，西晋武帝泰始四年（公元 268 年），一位名为竺法崇的沙门从浙江嵊县附近葛砚山至荆州辖地长沙郡（今长沙市）创建麓山寺，佛教就此传入湖南，也就是说湖南佛教的起点始于麓山寺的建立❷。

两晋南北朝时，湖南出现了地论师、涅槃师、摄论师、成实师等，但并未形成具体的宗派❸。自陈太建二年（公元 568 年）慧思禅师于南岳创建了般若寺（今福严寺），其弟子智顗大师最终创建了天台宗，以南岳衡山、长沙岳麓山为中心的湖南佛教才逐渐发展起来（图 3-1 ~ 图 3-3）。

由于历史发展和地理位置等多种原因，古代湖南长期处于较为落后的状态。直至宋代，由于中原地区民族矛盾的不断突出，致使北方游牧民族南下，北宋和南宋政权因而相继覆灭。汉人不断逃亡到南方，使得整个国家的政治、文化和经济重心逐渐南

图 3-1　长沙山水洲城图 ❹

图 3-2　南岳山图 ❺

图 3-3　岳麓山图

---

❶　杨慎初 . 湖南传统建筑 [M]. 长沙：湖南教育出版社，1993.

❷　湖南省地方志编纂委员会 . 湖南宗教志 [M]. 长沙：湖南人民出版社，2012.

❸　徐孙铭，王传宗 . 湖南佛教史 [M]. 湖南人民出版社，2002.

❹　顾庆丰 . 长沙的传说——民间记忆中的历史与文化 [M]. 北京：中国工人出版社，2009.

❺　图 3-2、图 3-3 均源自：刘昕，刘志盛 . 湖南方志图汇编 [M]. 长沙：湖南美术出版社，2009.

移。当时中国思想界呈现出儒、佛、道"三教合一"的大趋势，并因此形成了宋代理学思想体系。与前代有所不同的是，宋代佛教在"三教合一"思潮的影响下与道教、儒教密切融合，同时佛教内部也出现了融合趋势，因此禅宗便成为三教合流的佛教代表。当时南岳衡山的宗教得到了从未有过的大发展，湖南由此成为发展的中心地区。通常来讲，寺院大体上可分为三种，即禅寺、教寺、律寺，南岳则融教、禅、律三位于一体，在积极宣扬禅宗的同时，又在教内提倡教禅合一之学，在教外提倡三教一致思想。总而言之，南岳在当时是整个长江流域的宗教中心，也影响了整个长江流域的佛教文化。

佛教最初是由梁天监年间（公元502–519年）的惠海、希遁传入南岳的。随后，慧思于陈光大二年至南岳传弟子智凯，再传至章安灌顶、法华天宫、荆溪湛然等，徒众日盛，形成天台宗，慧思亦被尊为天台三祖。南禅七祖怀让于唐先天二年（公元713年）至南岳般若寺（今福严寺）开宗传法，传马祖道一后创立沩仰、临济两宗。希迁于唐天宝初（公元742年）至南岳南台寺，传法而成曹洞宗，另传道悟，经崇信、宣鉴、义存，再传弟子文偃、文益，分别形成云门宗和法眼宗 ❶。至此，南岳成为中国最具影响力的禅宗五大分支的发祥地，有"一花开五叶，五叶各流芳"之美誉（图3-4）。佛教文化成为衡山宗教文化的主体，其影响力遍及我国南方各地甚至日本、朝鲜及东南亚诸国。

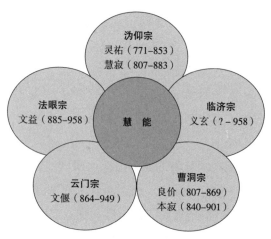

图3-4　湖南禅宗"一花五叶"示意图

图片来源：作者自绘

佛教在湖南传入始于麓山寺，集中的发展和兴盛则以南岳为核心辐射到其他地区。寺院是佛教文化的物质载体，湖南寺院与佛教的发展紧密相连，具体内容将在3.2.2中论述。

3.1.2　主要宗派及流布

3.1.2.1　主要宗派

湖南佛教以禅宗、天台宗、净土宗、律宗为盛。其中从南北朝至唐代，湖南逐渐成为佛教禅宗的重要基地，在晚唐时期高僧怀让和石头希迁分别在南岳福严寺和南台寺开宗传法，相继创立了南禅五家。在宋元时期，湖南地区的天台宗、律宗、净土宗都有一定的发展，但仍以禅宗为盛，特别是禅宗临济宗下衍生的杨歧、黄龙两派。明朝以前，

❶ 李映辉 . 东晋至唐代衡山佛教的发展 [J]. 求索，2004（4）：146-148.

湖南佛教主要集中在衡山以北地区，明朝以后则向南发展❶。

3.1.2.2　主要宗派及代表人物

湖南地区较为盛行的佛教宗派以天台宗、净土宗和禅宗为主。

（1）天台宗

天台宗的代表人物包括南北朝的慧思、智颛、僧照、大善、玄光，隋唐时期的灌顶、行简、慧稠，宋代的陈瓘，明代的真清，清代的默庵、天然等，他们均在湖南境内活动过。天台宗代表人物在湖南活动的情况如下：

在得到当时陈宣帝的大力支持后，慧思大师在南岳创建了般若寺（今福严寺），又在南岳赤帝峰下建小般若寺（今藏经殿）。最终慧思于陈宣帝太建九年（公元 577 年）卒于般若寺，其所传弟子中智颛最为杰出（图 3-5、图 3-6）。虽然天台宗的思想起源于北齐慧文和南陈慧思，天台宗的实际创始者却是智颛。智颛于湘州（今长沙）果愿寺出家，隋文帝开皇九年（公元 589 年）在长沙麓山寺讲《法华经》。开皇十三年（公元 593 年）到岳州为刺史王武请授大乘戒法，随后率众弟子赴南岳扫慧思塔。隋开皇十七年（公元 597 年）卒于天台，世称"天台大师"，传业弟子包括灌顶、智越等人。

图 3-5　南岳藏经殿

图片来源：作者自摄

图 3-6　南岳福严寺山门

图片来源：作者自摄

在教义方面，天台宗主张一切事项都是法性真如的表现，并用"一念三千"、"三谛圆融"加以发挥。在禅观修习方面，天台宗则相应地提倡"一心三观"。湖南与天台宗有关系的人物均活动在隋代的长沙郡、巴陵郡和唐代的潭州、衡州及岳州一代。

（2）净土宗

净土宗，亦称为莲宗，实为唐代僧人善导所创，该宗主要依据《无量寿经》、《观无量寿经》、《阿弥陀经》以及《往生论》，世称"三经一论"，以专称阿弥陀佛名号，死后

❶ 刘国强. 湖南佛教寺院志 [M]. 上海：天马图书有限公司，2003.

往生西方净土为修行法门。中国汉地佛教净土宗不仅流行于中国，还盛行于日本，当时源空和尚便是根据善导的学说开创了日本净土宗。湖南地区净土宗甚为流行，其中的著名僧人有唐代的承远、法照，元代的楚石，明代的法祥，清代的衍义、正真等。净土宗代表人物在湖南活动的情况如下：

承远，唐代僧人，剃度后至南岳天柱峰，后又到广州传承念佛法门。唐玄宗天宝初年（公元 742 年）在南岳西南岩石下苦修，唐代宗国师法照赐其居所为"般舟道场"（今祝圣寺），后又赐名弥陀寺。殁于唐德宗贞元十八年（公元 802 年）。

法照，唐代僧人，中国佛教净土宗第四代祖师。大历二年（公元 767 年），在衡州（今湖南衡阳市）云峰寺师从承远长老。大历四年（公元 769 年）在衡州湖东寺，开"五会念佛"法门，作五会念佛法事，念佛修净土法门。大历五年（公元 770 年）四月五日，至五台山（今山西五台县境）参修佛法，修习念佛三昧。十二月初，入华严寺念佛道场。其后，在五台山建大圣竹林寺，供奉文殊、普贤菩萨。大历十二年（公元 777 年）以后，回洋县故里，在念佛岩庵居泉饮日夜专念阿弥陀佛。久之，唐代宗李豫以礼迎至宫中，赐号"供奉大德念佛和尚"、"五会念佛法事般若道场主国师"，居长安章敬寺。唐德宗李适赞法照曰："性入圆妙，得念正真，悟常罕测，诸佛了因。"公元 821 年，法照在长安圆寂，后被谥为大悟禅师。

（3）禅宗

禅宗属于湖南主要佛教宗派，因主张用禅定概括佛教的全部修习而得名，又因其以觉悟众生本有佛性为目的，又名佛心宗。禅宗的开创者为印度来华僧人菩提达摩（?-528），下传慧可、僧璨、道情、弘忍为早期五祖。弘忍的主要弟子有 10 人，其中最著名的是神秀（?-706）和慧能（638-713），分别是北宗和南宗的创始人，时称"南能北秀"❶。

慧能行教于南方，其基本思想为神会（688-762）所继承，中唐以后，南宗取得禅宗正统地位并逐渐扩展到全国。南宗以《金刚经》《六祖坛经》为重要典籍，慧能门下主要以青原行思（?-740）、南岳怀让（677-744）、菏泽神会（686-760）为代表形成南宗三大系统。晚唐五代时，所有禅宗派别最终汇集为青原系和南岳系。

1）南岳系：慧能弟子怀让传马祖道一，道一传百丈怀海，怀海传沩山灵祐，灵祐传仰山慧寂进而创建沩仰宗。此外，怀海另传弟子黄檗希运，希运再传临济义玄进而创建临济宗，因义玄居镇州（今河北正定）临济院而得名。临济宗创立以后，义玄传兴化存奖，存奖传南院慧颙，慧颙传风穴延沼，延沼传首山省念，省念传汾阳善昭，善昭传石霜楚圆。楚圆之后又分两派，其中一弟子杨歧方会创建杨歧派，因住杨岐山（今江西萍乡市北）而得名。方会再传白云守端，守端传五祖法演，法演传佛果克勤，克勤传大慧宗杲，创大慧派，同时克勤又传虎丘绍隆，创虎丘派。此外，楚圆另一弟子黄龙慧南创建黄龙派，

❶ 印顺 . 中国禅宗史 [M]. 南昌 : 江西人民出版社, 1999.

因其住黄龙山（江西省修永县）而得名。

2）青原系：慧能另一弟子青原行思传石头希迁，希迁传药山惟俨，惟俨传云岩昙晟，昙晟传洞山良价，良价传曹山本寂，进而创建曹洞宗。石头希迁又传弟子天皇道悟，道悟传龙潭崇信，崇信传德山宣鉴，宣鉴传雪峰义存，义存传门下云门文偃，进而创建云门宗，因文偃住韶州云门山（今广东乳源县北）光孝禅院而得名。义存又传另一弟子玄沙师备，师备传地藏桂琛，桂琛传清凉文益，进而创建法眼宗，因南唐中主李璟赐谥大法眼禅师而得名。以上沩仰、临济、曹洞、云门、法眼五宗以及杨岐、黄龙两派（宗）合称"五家七宗"。禅宗五派的思想实际上相差无几，仅根据门庭施设、接引学人方式的不同进而形成不同宗风。"五家七宗"以后，禅风有所改变，渐有"颂古"、"评唱"等偈颂行世，其中克勤所作的《碧岩录》影响很大。克勤弟子大慧宗杲铺毁此书刻版，

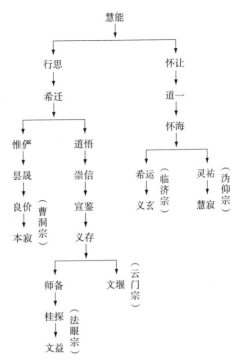

图 3-7　禅宗传承法系示意图
图片来源：作者自绘

试图杜绝不明根本专尚语言的禅病，然而不久又有刻版重出。宗杲提倡"看话头禅"而反对正觉倡导的"默照禅"，并称"默照禅"为"邪禅"，不求妙语而只以默照。自宋以后，这两家学说至今不绝（图 3-7）。

从唐至北宋时期，湖南作为中国禅宗的中心时一向禅僧辈出，道场遍布，今衡阳市、南岳区、衡山县、长沙市、望城县、宁乡县、浏阳市、醴陵市、攸县、常德市、澧县、津市市、临澧县、石门县、湘潭县、益阳市、桃江县、汨罗市等地，整个湖南皆有著名禅宗寺院，可谓盛极一时。直至禅宗中心转移至江浙才逐渐衰落。湖南初期的禅宗几乎都在南岳地区。作为五岳之一，南岳衡山是中国历代王朝的圣山，道教、佛教很早进入此地，信仰混然并存。中岳嵩山，北宗兴盛，南岳衡山，南宗繁荣，足显禅宗气势。

3.1.3　传播影响

在以上分析的基础上，笔者针对湖南佛教进行纵向分析，认为湖南佛教在佛教史上的影响主要有以下四个方面：

（1）在东亚佛教乃至世界佛教中的重要地位

自唐以来，宁乡沩山密印寺、南岳南台寺、南岳福严寺、津市药山寺、长沙开福寺、浏阳石霜寺、醴陵云岩寺等均是禅宗、沩仰宗、曹洞宗、临济宗的重要祖庭，长沙麓山寺、南岳祝圣寺则是临济宗及净土宗的道场。此外，南岳南台寺、长沙开福寺、宁乡沩山密

印寺、浏阳石霜寺、津市药山寺更是日本和韩国曹洞宗和禅宗的祖庭，石头希迁所著的《参同契》亦为日本曹洞宗僧人早晚课必诵经典。这些都说明湖南佛教对东亚佛教有较为重要的影响。

（2）在江西湖南禅宗网络中的重要地位

中国佛教禅宗的发展以江西和湖南地区为盛，当时便形成了以六祖慧能弟子道一、希迁为代表，南岳、吉安为活动中心，浏阳石霜寺、攸县宝宁寺为主的禅宗网络。许多修行者常在两省之间来回问道参禅，江湖一词指的便是"江西"和"湖南"。王船山认为，"禅分五叶，其茎二也。南岳、江西，既两相峙立，抑互相印契，交错以纬之，五茎二，二茎一也。"此一番话既肯定南岳、江西为禅宗五叶的基干地位，又强调二者的统一。

（3）一流禅僧、诗僧、西行求法僧、艺僧人才辈出

自隋唐以来，湖南佛教人才辈出，各朝代僧人如怀让、石头希迁、惟俨、昙晟、慧寂、崇信、克勤、楚圆、杨歧方会、慈明、铁牛、持定、太虚、虚云等都对中国佛教有一定程度的推动作用。另外，长沙岳麓山禅僧摩诃衍还在西藏与印度僧人莲花戒大师展开关于顿悟与渐悟的争论，这充分反映了内地高僧与藏族僧人间的交流。此外，智颉、乘远、法证、日悟、惠开、法照等在天台、净土、律宗等方面都有很高的造诣，诗僧齐己、寄禅、怀素等人的书法在全国也都是首屈一指的。

（4）诸多佛教论著的呈现

湖南佛教人才辈出，毫无疑问关于佛教的论著也是数不胜数的。其中慧思所著的《南岳思大禅师立誓愿文》、《诸法无诤三昧法门》，智颉的《法华玄义》、《法华文句》、《摩诃文句》，希迁的《参同契》，克勤的《碧岩录》等均为世人所传颂。王夫之的《相宗络索》，道阶与喻谦主编的《新续高僧传》，陈健民的《曲肱斋文集》以及谭嗣同的《仁学》等有关论著在佛教内外都有重大影响。

3.2 寺院发展概述

3.2.1 中国寺院简述

3.2.1.1 寺院的创建

佛教自西汉时期传入中国后，原本仅由宫廷崇尚佛教，后来随着出家僧众的增加，政府和民间逐渐形成了兴建寺院、佛塔及石窟的风气。如山西大同的云冈石窟（图3-8）。

根据佛教的传播路线与派别，中国佛教建筑可分为三类：第一类为汉传寺院，这类寺院数量较多、分布较广；第二类为藏传寺院，主要分布

图3-8　山西大同云冈石窟

图片来源：作者自摄

在西藏、内蒙古、青海、甘肃、四川、云南等地；第三类
为南传上座部寺院，主要分布在云南省西南部。考虑到
藏传佛教和南传上座部佛教的特殊性，且其并非湖南佛
教的主体，本书仅以汉传佛教建筑寺院的发展进程作为研
究重点。

　　寺原本是中国古代官署的名称，如大理寺、鸿胪寺，
后因中国最早寺院白马寺由汉明帝时的鸿胪寺改建而得名。
由于一寺之中可具有若干院，其后建筑规模较大的寺便叫
作"院"，或合称为"寺院"。随着佛教的传播，佛教僧众
愈来愈多，其饮食起居、诵经说法、拜佛礼佛都需要大量
房屋，不少人便舍宅为寺以供出家人和大量信徒顶礼朝拜、
进香供佛甚至举行宗教仪式，并以此为荣。因此，寺院发

图 3-9　洛阳白马寺山门

图片来源：作者自摄

展的基础主要源自民间住宅，其空间形制也与宅院有很大关系（图 3-9）。我国现存最早
的寺院木构建筑是建于唐代的五台山南禅寺和佛光寺大殿（图 3-10 ～ 图 3-12）❶。

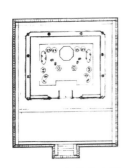

图 3-10　南禅寺大殿
　　　　　平面图

图 3-11　南禅寺大殿立面图

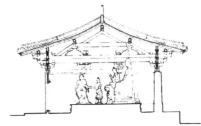

图 3-12　南禅寺大殿剖面图

　　中国古代一般将祭祀神灵、祖先和前代贤哲的场所统称为庙，佛教的庙宇用以奉祀
神佛，或与寺院连称，统称为寺院。湖南衡山的南岳庙与寺院相连，笔者将其在本书的
定义中归于寺院范畴。为此，宗教界有些人士持不同看法，从建筑的角度而言，笔者认
为对于寺院的界定无需太过严格。

　　中国古代建筑崇尚礼制，尤其是以民宅为基础发展起来的寺院。在平面布局上，寺
院多采用中轴对称，建筑前低后高，结合地形，主次分明。大雄宝殿一般处于中心位置，
周围以廊或房屋连接，钟鼓楼位于整体布局的前院部分，而楼阁多在后部。经过分析，
可将寺院建筑布局的基本特点概括成以下几点：（1）因受礼制影响，寺院整体布局多以中

---

❶　图 3-10 ～ 图 3-12 均源自：傅熹年 . 中国古代建筑史 [M]. 北京：中国建筑工业出版社，2001.

轴线对称布局，主体建筑多位于中轴线上。（2）建筑整体布局主次分明。（3）寺院基本依照"佛"、"法"、"僧"三部分进行整体布局。此外，寺院中伽蓝七堂的关系和伽蓝七堂的形制是否合理也是本书所需要探讨的观点，这一点将在5.5节中详细论述。

事实上这些特点基本都体现在中国传统建筑当中，佛教虽从印度传入，但也入乡随俗，根据中国的具体情况创建了具有中国特色的寺院。从两汉到明清，寺院历经2000多年的发展，经历了从无到有，从简单到金碧辉煌的过程。

3.2.1.2 中国寺院发展概述

（1）两汉时期

佛教初入中国大致在西汉年间，距今已有2000多年的历史。两汉时期寺院处于初创阶段，遗存至今的并不多，历史上留有记载的仅西安大兴善寺和嵩山法王寺等。公元1世纪，佛教经中亚细亚从新疆再次传入中国，因此现今在新疆地区发现了一些早期土塔。据文物部门考察，这些土塔遗迹位于当时的寺院中，有的规模还比较大，甚至延伸到内蒙古境内。新疆地区保存下来的土塔大概有十来处，这都是研究寺院最早的珍贵文物。

（2）三国两晋南北朝时期

三国时期比较著名的寺院有南京建初寺，是孙权于公元247年为康僧会修建的。在南北朝500多年的历史中，统治阶级普遍崇尚佛教，并因此修建了大量寺院，然而大部分都没能保存下来。以下为北魏时期洛阳寺院列表（表3-1）。

北魏时期洛阳寺院列表

表3-1

寺院名称	地点	寺内有无塔	备注
永宁寺	洛阳城内	—	—
建中寺	西阳门北	—	舍宅为寺
长秋寺	西阳门内	设有三层塔	—
瑶光寺	阊阖门内	设有五级浮屠	—
景乐寺	阊阖门内	—	—
昭仪尼寺	东阳门内	—	—
胡统寺	永宁寺南一里	设有五层塔	—
修梵寺	清阳门内	—	—
景林寺	开阳门内	—	—
明悬尼寺	建春门外	设有三层塔	—
龙华寺	建春门内	设有台、精舍	—
宗圣寺	—	—	—
攫路寺	建春门内	—	—
魏昌尼寺	里东南角	—	—
景兴尼寺	—	—	—
泰太上居寺	东阳门外	—	—

续表

寺院名称	地点	寺内有无塔	备注
正始寺	东阳门外	—	—
平等寺	清阳门外	—	舍宅为寺
景宁寺	清阳门外	—	—
景明寺	宣阳门外	设有七级浮屠	—
大统寺	景明寺西	设有五级浮屠	—
报德寺	开阳门外	—	—
龙华寺	宣阳门外	—	—
追圣寺	—	—	—
报恩寺	—	—	—
菩提寺	慕义里	—	胡人所建
高阳王寺	津阳门外	—	舍宅为寺
崇虚寺	城西	—	—
冲觉寺	西阳门外	—	舍宅为寺
宣忠寺	西阳门外	设有浮屠一～三层	—
宝光寺	西阳门外	设有浮屠一～三层	—
法云寺	宝光寺西	—	尚书之宅
追光寺	—	—	舍宅为寺
融觉寺	闾阖门外街道南	设有五层塔	—
大觉寺	—	—	舍宅为寺
永明寺	大觉寺之东	—	—
禅虚寺	大夏门西	—	—

表格来源：作者根据张驭寰书中有关内容绘制 ❶

　　由表 3-1 可知，当时寺院大多是舍宅为寺，部分寺院内建有佛塔。此外，寺院多位于城市中，也就是说佛教的传播和发展多集中在城市，这与当时统治阶级崇尚佛教的现实情况相符合。

　　（3）隋唐时期

　　隋朝时期所建的寺院并不少，统治阶层还在全国 80 个州建设大量舍利塔，其中有 240 座塔均建在寺院中。唐朝时期社会经济文化蓬勃发展，人民生活水平大幅提高，社会整体上处于国泰民安的局面。这一切大好局面毫无疑问带动了佛教的发展，当时政府与民众也因此建造了大量寺院，其中有不少寺院历经朝代更替保存至今，如山西五台山的佛光寺、南禅寺等。

　　唐朝寺院的格局基本依照礼制制度而建，其最典型的特征是一般寺院会在大雄宝殿

❶　张驭寰 . 中国佛教建筑寺院讲座 [M]. 北京：当代中国出版社，2008.

前建有佛塔（如图3-13、图3-14）。当时佛塔源于印度的佛教建筑"宰堵坡"，代表着"佛"的概念，塔内也供奉着佛像。在当时人们心目中，塔就代表了佛，佛即是塔❶。然而到了宋朝以后，人们开始将寺院视为祭祀场所，并把佛像搬入寺殿内，佛塔移至寺院后边（图3-15）。这也是区别唐朝和宋朝寺院建筑的一个重要标志。

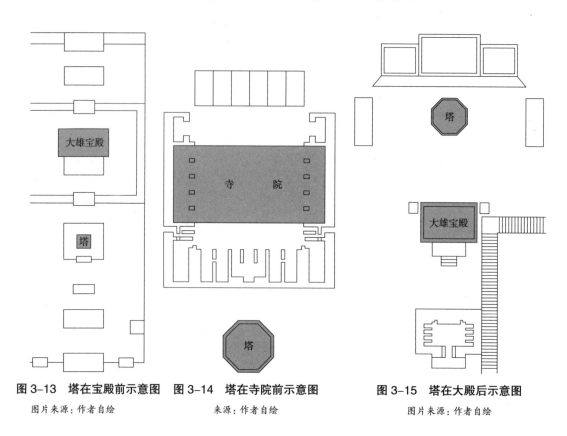

图3-13　塔在宝殿前示意图　图3-14　塔在寺院前示意图　　图3-15　塔在大殿后示意图

图片来源：作者自绘　　　　　来源：作者自绘　　　　　　　图片来源：作者自绘

（4）宋朝时期

宋朝寺院基本遵从中国礼制制度进行布局，在整体格局上遵循中轴对称原则。寺院的殿堂设计前低后高，排列有序，左祖右社，整体格局以大雄宝殿为中心按照三宝的位置而定，即分为"佛"、"法"、"僧"三部分。寺院从前到后均以山门、天王殿、大雄宝殿、法堂、藏经阁、大佛殿为序。佛的部分包括天王殿、大雄宝殿等供佛礼佛建筑，法的部分包括法堂、讲经堂、藏经阁等建筑，僧的部分则安排在寺院的后部，这也都是依照中国寺院整体状况而定的。佛教从印度传入后，在和中国本土文化冲突和融合的过程中，从整体格局到寺院建筑都呈现出明显的中国化特色。

遗存至今的宋代寺院包括定州开元寺、正定隆兴寺、苏州罗汉院、苏州报国寺等，江南流域一带较多。这也和南宋时期，国家的政治文化中心南移有较大的关系。由于地

---

❶　王贵祥. 佛塔的原型、意义与流变[J]. 建筑师，1998（3）：52.

域和地形条件的不同，这些寺院在空间格局上有所不同，但基本上都遵循佛、法、僧三宝的基本格局。

（5）元明清时期

1）元朝时期

据统计，元朝在 160 多年的历史中建寺达 160 多所，其中有 50 多所分布在陕西境内。张驭寰在《中国佛教建筑寺院讲座》一书中针对山西境内 50 多所寺院进行了详细调研，他认为山西境内的元朝寺院规模虽不大，但木构技术发展得非常成熟。元代木构可分为两大类，第一类是仿照唐宋期间的样式建造的，第二类是元代创造的结构，名曰大额式。这两种结构并列发展，其中大额式还影响着明代建筑[1]。

宋朝时期，为使室内空间更加开阔和灵活，建筑内部开始使用减柱法。到了元朝，大额式的结构样式不仅运用了减柱法还创造了移柱法，即在维持原有柱数的前提下将需要大空间内的部分柱子移至旁边。如河北高碑店市开善寺大殿采用减柱法，扩大了室内空间（图3-16）。元代创造的大额式结构方式虽然增大了建筑的可使用空间，但也增加了木料的使用量，使结构显得颇为厚重。因此，大额式结构虽兴盛一时，但并没能长远地发展下去。总的来说，元代大额式结构为中国木结构的发展做出了重要贡献。

图 3-16　河北高碑店市开善寺大殿
图片来源：陈思慧旼

2）明朝时期

明朝统治长达 230 年，其政治经济文化较为繁荣，但佛教文化却远远不及唐宋时期。在建筑格局方面，明代建筑继承了汉唐风格，所建寺院庙宇遍及全国，包括著名的开封大相国寺、太原永祚寺等。此外，佛塔建造在明代颇为兴盛，特别是楼阁式塔，在明代达到了鼎盛。

3）清朝时期

清朝是满族人统治的朝代，在长达 250 多年的时间里，统治阶级大多崇尚佛教中的密教（喇嘛教），因此建设了不少喇嘛寺院。反之，汉传佛教在这一阶段却是比较混乱的，当时竟出现同一寺院里供奉着各路菩萨甚至道教的关公和神仙的现象。显然，当时寺院也没有太多发展，在一些时候与庙宇书院等建筑混淆在一起。

傅熹年先生曾指出："寺院中国化的特点就是以佛塔为中心转变为以佛殿为中心，向着中国传统宫殿、贵邸的形式发展。……它实际上是寺院布局逐步中国化和向着中国宫殿、

---

❶ 张驭寰 . 图解中国著名寺院 [M]. 北京：当代中国出版社，2012：4-9.

贵邸体制演变的过程。这个过程开始于南北朝，完成于隋和唐前期。"

3.2.2 湖南古代寺院的发展

3.2.2.1 基本情况

唐中叶以后，佛教达到了鼎盛时期，以致不少道观都改成了寺院。湖南现存寺院中始建于唐朝的有浏阳石霜寺、衡山祝圣寺、石门夹山寺、宁乡密印寺、沅陵龙兴寺、慈利兴国寺、永州高山寺等，这些寺院历经战乱和朝代的更替，不断地修复更新，但大体形制并未改变。

随着历史的发展，湖南存在许多佛道诸神同处、儒释道文化共生的现象。这种一山之中多种宗教共处的现象在衡山的南岳庙中体现最为明显，南岳庙东侧设八个道观，西侧设八个寺院，中轴线上则是祭祀建筑（图3-17）。而一地之中宗教建筑共存最为典型的便属长沙岳麓山，岳麓山山脚设有宋朝建立的岳麓书院，书院左边供奉大成至圣先师孔子像，山腰处的麓山寺是湖南最早的寺院，山顶的云麓宫则为道观（图3-18）。除开这两处，湖南别处仍有许多集多种文化为一体的建筑，如大庸（现张家界市，下同）普光寺、武庙与文昌祠等建筑为一体，湘乡的云门寺与土地祠、龙王庙并列，沅陵的龙兴讲寺与古老学院并举，永顺祖师殿玉皇大帝与观音像同处一室，永州的柳子庙供奉着财神等。另外，道观改成寺院，或寺院改成道观，寺院包括书院，或书院改成寺院的现象屡见不鲜。同时，寺院、道观、祠庙等宗教建筑在建筑样式上并无很大区别。具体情况将在第4、第5章中论述。

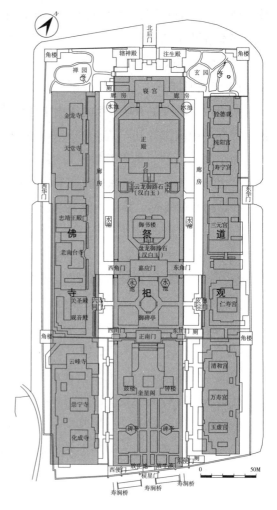

图3-17 南岳庙儒佛道共存图

图片来源：作者自绘

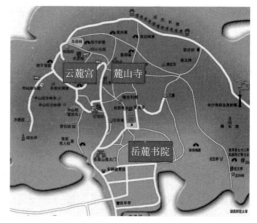

图3-18 岳麓山儒佛道共存图

图片来源：作者自绘

3.2.2.2　发展演变脉络

作为佛教文化的物质载体，寺院的建设在任何朝代都与当时佛教文化的发展及其他文化的影响有很大关系。以下针对湖南省寺院的发展演变情况展开论述。

（1）萌芽期——西晋传教建寺

湖南佛教大致在两晋时期（265–420 年）萌芽并逐渐发展起来。当时以麓山寺为起点，先后有八座寺院陆续建立起来，其中包括麓山寺，巴陵县（今岳阳市）的圆通寺、慈氏寺、楚兴寺（又名君山寺），刘阳县（今浏阳市）的普济寺，武陵郡龙阳县（今汉寿县）的香积寺，衡阳郡重安县（今衡阳县）的云龙寺、伊山寺。

（2）发展期——南北朝时的寺院

在南北朝时期，南朝的宋、齐、梁、陈四个王朝因崇尚佛教都曾在朝中设立僧官，此时佛教发展比起东晋时期风气更盛。南北朝时期（420–589 年）也是湖南佛教迅速发展的一段时间。在梁朝，湖南佛教以南岳为中心，逐渐向武冈、茶陵、攸县发展，创立了不少寺院。这段时间湖南所建的著名寺院包括湘东郡临丞县（今衡阳市）的乘云寺，长沙郡的道林寺，衡阳郡湘乡县（今湘乡市）的东山寺、云溪寺，衡阳郡衡阳县（今衡阳市南岳区）的善果寺、方广寺、般若寺（又名福严寺）、南台寺、天台寺等（图 3-19）。

（3）高潮期——隋唐五代、宋辽金西夏时期的寺院

隋朝（581–618 年）是湖南佛教蓬勃发展的朝代。当时隋文帝和隋炀帝极为崇信和提倡佛教，故在全国范围内大量建造佛塔与寺院。隋文帝时期，政府便遣人在所属 33 州建立佛塔，衡州衡岳、潭州（今长沙市）麓山寺附近的隋舍利塔就此建成。嗣后，公元 604 年在国内 30 州建设佛塔，其中湖南也有一处（不详）（图 3-20）。

唐代（618–907 年）是湖南佛教发展曲折而最为迅速的朝代，尤其以禅宗的发展最为突出。唐朝在此期间，除唐武宗坚决反佛以外，其他统治者大多对儒释道采取兼收并蓄的态度。开元二十六年（738 年）唐玄宗遣人在全国诸郡建立龙兴寺、开元寺，其中包括当时的永

图 3-19　南岳南台寺庭院

图片来源：作者自摄

图 3-20　长沙麓山寺隋舍利塔

图片来源：作者自摄

州零陵郡。至德二年（757 年）唐肃宗遣人在
五岳建寺以供帝王祭祀所用。广德二年（764
年）唐代宗立大明寺于南岳衡山，三年后衡
阳节度使张昭用赤金铸高 49 尺大像并安置于
其中。开成元年（836 年）唐文宗昭天下寺院
立观音像。这些均在一定程度上发展了湖南
寺院。当时在湖南发展起来的著名寺院有：衡
州衡山县清凉寺、祝圣寺、大明寺、横龙寺；
岳州巴陵县白鹤寺、永庆寺；永州零陵县法严

图 3-21　南岳祝圣寺山门

图片来源：作者自摄

寺、绿天庵、龙兴寺；澧州石门县夹山寺；澧
州澧阳县钦山寺、药山寺；潭州宁乡县密印寺、同庆寺、白云寺；潭州浏阳县石霜寺、道吾
寺；潭州湘潭县石塔寺等。值得注意的是，这些寺院大多为禅宗寺院（图 3-21）。

　　五代十国时期（907–979 年），湖南佛教继续发展，当时的楚国（今湖南境内）的统
治者马殷父子崇尚佛教并因此建立了具有影响力的开福寺（今长沙市内）。

　　宋朝（960–1279 年），湖南佛教仍以禅宗最为盛行。宋王朝在佛教政策方面针对湖南
主要做了以下四件大事：1）开宝四年（971 年）宋太祖遣人雕刻"大藏经"，历经十三年
终成，然后分赐各地，当时的岳州巴陵县乾明寺便得赐一部。2）太平兴国三年（978 年）
宋太宗赐天下无名寺额，称太平兴国寺或乾明寺，澧州澧阳县钦山寺和岳州巴陵县永庆
寺因此被改名乾明寺。3）大观元年（1107 年），宋徽宗崇道抑佛，致使当时道士地位居
于僧人之上，许多僧人因不服而被逮捕或流放。4）宣和元年（1119 年）宋徽宗下诏改寺
院为宫观，并改佛为大觉金仙，服天尊服，菩萨为大士，僧为德士，尼为女德士。同年，
下诏大建神宵殿，衡山县南岳报国寺（今祝圣寺）因此被改名神霄宫（后恢复为寺）。这
一时期湖南仍以禅宗最为突出，从禅宗临济宗分出的黄龙派、杨岐派和曹洞宗比较盛行。
宋代全国知名的高僧或生长在湖南，或在湖南活动。新建寺院有潭州湘阴县资圣寺，衡
州衡阳县西禅寺、花药寺。常德府武陵县文殊院、潭州益阳县龙牙寺在当时都小有名气。

图 3-22　浏阳石霜寺山门

图片来源：作者自摄

宋代，湖南禅宗也开始向国外发展，主要是
禅宗临济宗向日本发展。当时，湖南的禅宗
僧人和禅宗寺院如浏阳石霜寺是中日禅宗史
上公认的祖庭（图 3-22）。

　　（4）衰退期——元明清时期的寺院

　　元朝（1279–1368 年）的建立是湖南佛
教发展的一个转折点。自此时起，湖南佛教
便逐渐衰落下去。元明时期的高僧铁牛、楚
石、五峰等，都与湖南有一定的关系。当时

在湖南新建的著名寺院并不多，仅有耒阳市金钱寺，沅陵县正道寺等。

明朝（1368–1644 年）相对于元朝，湖南佛教在一定程度上得到了恢复和发展。洪武元年（1368 年）明太祖设"善世院"以统一管理僧众。嗣后，明朝政府利用礼部对佛教实行行政领导并提出了各项管理措施，如将寺院分为禅寺、讲寺、教寺三类，把应赴僧称为瑜伽僧等。永乐十八年（1420 年）明成祖诏令南北两京各刻大藏经一部，称前者为《南藏》、后者为《北藏》，随后分赐各地，当时衡阳花药寺、南岳方广寺、临湘至源寺均受赐一部。总体来说，当时明王朝比较重视佛教，许多毁于战火的寺院均得以重建。到了明朝后期，僧众大兴建寺，当时新建的著名寺院包括岳州府临湘县至源寺，长沙府湘潭县海会寺，衡州府衡山县护国寺、慈贤寺，长沙府湘乡县白云寺等。

清朝（1644–1911 年）关于佛教的行政管理制度与明代大致相同，但湖南佛教却在两百多年时间里从勉强维持的状态到逐渐衰退。清朝前期以禅宗为主的佛教尚能勉强发展，乾隆三年（公元 1738 年）清高宗重刻汉文大藏经并称之为《龙藏》散至天下寺院，南岳福严寺、岐山仁瑞寺曾各受赐一部。乾隆十九年（1754年）废止僧道度牒制度，准许僧道自由传戒挂搭（图 3–23）。

图 3-23　南岳福严寺庭院

图片来源：作者自摄

清代前期，湖南佛教尚可维持局面，禅宗也在佛教宗派中占据明显优势。此时湖南佛教逐渐从衡山向南发展，其中净衲主持常宁县大义山，智依开创耒阳县云山，懒放开创清泉县（今衡南县）便是典型的代表。清朝后期尤其是鸦片战争（1840 年）以后，湖南佛教便日渐衰落。不过当时著名的几位思想家，如邵阳的魏源、浏阳的谭嗣同都曾受到佛教思想很大的影响。另外，"居士佛教"也基本是在清代末年出现的。

3.2.2.3　历史数据分析

（1）历史年代数据

笔者根据刘国强的《湖南佛教寺院志》整理出来的资料显示，在他所调研的 467 所湖南古代寺院中，始建年代笔者统计为汉代 7 所，两晋为 13 所，南北朝 18 所，隋唐 107 所，五代十国 5 所，宋代 37 所，元代 7 所，明代 61 所，清代 51 所，年代不详 105 所。如图可见湖南古代寺院数量的整体发展脉络。寺院数量的多少直接跟佛教的发展成正比，由此也可见湖南佛教文化的兴衰进程（图 3–24）。

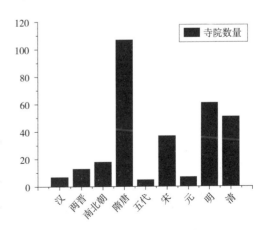

图 3-24　湖南古代寺院数量分析图

图片来源：作者自绘

（2）地域数据统计

在《湖南佛教寺院志》中，湘中北地区主要包括长沙、株洲、湘潭、岳阳、邵阳、益阳、娄底的寺院，湘南地区主要包括衡阳、常德、郴州以及永州等地区的寺院，湘西地区则主要包括张家界、怀化、沅陵以及湘西自治州等的寺院。其中湘中北地区有226所，湘南地区210所，湘西地区65所，具体情况如表3-2所示。

<table>
<tr><td colspan="3" style="text-align:center">湖南省古代寺院地区分布数量统计表</td><td style="text-align:right">表3-2</td></tr>
<tr><td>地区</td><td>地点</td><td colspan="2">寺院数量（所）</td></tr>
<tr><td rowspan="7">湘中北地区</td><td>长沙</td><td colspan="2">72</td></tr>
<tr><td>株洲</td><td colspan="2">27</td></tr>
<tr><td>湘潭</td><td colspan="2">32</td></tr>
<tr><td>岳阳</td><td colspan="2">28</td></tr>
<tr><td>邵阳</td><td colspan="2">37</td></tr>
<tr><td>益阳</td><td colspan="2">37</td></tr>
<tr><td>娄底</td><td colspan="2">25</td></tr>
<tr><td rowspan="4">湘南地区</td><td>衡阳</td><td colspan="2">102</td></tr>
<tr><td>常德</td><td colspan="2">36</td></tr>
<tr><td>郴州</td><td colspan="2">44</td></tr>
<tr><td>永州</td><td colspan="2">37</td></tr>
<tr><td rowspan="3">湘西地区</td><td>张家界</td><td colspan="2">19</td></tr>
<tr><td>怀化</td><td colspan="2">33</td></tr>
<tr><td>湘西自治州</td><td colspan="2">23</td></tr>
</table>

表格来源：作者自绘

从表中可以看出，湘中北地区各城市除长沙外，各地方寺院数量分布较均匀。湘南地区的数量分布不均匀；南岳地区的寺院数量最多，高达102所，其他地方则较少。湘西地区数量最少，分布较均匀（图3-25）。

3.3 现状调研情况

3.3.1 总体情况

目前省内保存较好的寺院有南岳庙、南岳南台寺、长沙开福寺、古麓山寺、湘乡云门寺、沅陵龙兴讲寺等。

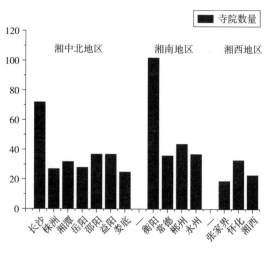

图3-25 湖南古代寺院地区分布分析图

图片来源：作者自绘

笔者在湖南省域内细致调研了 32 所具有代表性的寺院，并详细测绘了其中保存较为完好的 24 所。这些寺院建筑特点鲜明，有部分还是湖南省文物保护建筑或者全国汉族重点寺院。调研基本情况如表 3-3 所示。

湖南省古代寺院调研基本情况表　　　　　　　　　　　　　　　　　　表 3-3

地区	寺名	地址	始建年代	建筑结构特征
湘南地区	南岳庙	衡阳南岳古镇北街尽头	唐开元十三年（726）	砖木结构
	祝圣寺	衡阳南岳区南岳镇东街	唐代	砖木结构
	南台寺	衡阳市南岳区瑞应峰下	南朝梁天监光大年间（502–519）	石木结构
	福严寺	衡阳南岳掷钵峰东麓	南北朝时期（568）	石木结构
	上封寺	衡阳南岳祝融峰下	隋大业年间（605–617）	砖木结构
	大善寺	衡阳南岳古镇北支街	南朝陈光大元年（567）	砖木结构
	祝融殿	衡阳南岳衡山祝融峰顶	明万历年间	砖木结构
	藏经殿	衡阳南岳衡山祥光峰下	南朝陈光大元年（568）	砖木结构
	广济寺	衡阳南岳毗卢洞盆谷中，原名清凉寺	明万历二十三年（1595）	石木结构
	高台寺	衡阳南岳碧萝峰千米高台之上	重修于宋、元末毁	砖木结构
	塔下寺	永州蓝山城郊回龙江，原名净住寺	唐代	石木结构
	铁佛寺	衡阳南岳烟霞峰下祝高岭	南宋宝庆年间（1225–1227）	砖木结构
	湘南寺	衡阳南岳芙蓉峰南天门祖师殿	唐代	砖木结构
	丹霞寺	衡阳南岳芙蓉峰下	唐贞元年间（735–804）	砖木结构
	仁瑞寺	衡阳衡南县歧山乡	清顺治五年（1648）	木结构
湘中地区	麓山寺	长沙岳麓山山腰	西晋秦始四年（268）	观音阁单层歇山顶砖木结构
	开福寺	长沙城北开福寺路	后唐天成二年（927）	砖木结构
	密印寺	长沙宁乡西 75 公里沩山之腰毗卢峰下	唐元和元年（806）	砖木结构
	石霜寺	长沙浏阳金刚乡石庄村双华山	唐代	砖木结构
	宝宁寺	株洲攸县城东北 50 公里黄峰镇圣寿山	唐元和三年（808）	砖木结构
	云门寺	湘潭湘乡城关区	宋皇祐二年（1050）	砖木结构
	昭山寺	湘潭昭山顶峰	唐代	石木结构
	栖霞寺	益阳会龙公园	东晋宁康元年（373）	木结构
	夹山寺	常德石门县城东 15 公里夹山顶上	唐咸通十一年（870）	砖木结构
湘西地区	龙兴寺	怀化沅陵县城西虎溪山南麓	唐太宗贞观二年（628）	砖木结构、重檐山顶
	普光寺	张家界解放路关庙巷内	明永乐十一年（1413）	正殿为木结构、单檐歇山顶
	凤凰寺	怀化沅陵城南郊凤凰山顶	明万历二十八年（1600）	砖木结构、上作单檐重山顶
	兴国寺	张家界慈利江娅镇	唐代	砖木结构、分正寺、横寺两部分
	江东寺	怀化辰溪西南方田	唐代	木结构、上中下三层正方形

表格来源：作者自绘

由表 3-3 可以看出，湖南省内寺院以湘南地区特别是南岳为主，湘中地区次之，湘西地区最少，这与佛教在湖南地区的分布和发展情况是一致的。从修建年代来看，这些寺院大多修建于唐朝，但不乏始建于西晋的早期寺院和明朝所建的晚期寺院。从所处位置来看，寺院大多位于山林之中，城市寺院的数量较少。另外，寺院多以砖木结构或砖石结构为主，保存较为完好，但也有寺院仅保存部分甚至单栋建筑。

3.3.2 现存分布状况

3.3.2.1 现状调研遗存统计

在调研的 32 所寺院中，长沙的铁炉寺和南岳的寿佛寺由于均为新建，故在后期的分析中，除装饰艺术部分外，主要分析其余 30 所寺院的调研情况。从表 3-4 可以看出，湖南古代寺院的保护等级较高，有 8 所全国汉族地区佛教重点寺院，7 所省级重点保护寺院，其余也多为市级或县级文保单位。建造地点以山地或平地居多。

湖南省古代寺院保存现状表　　　　　　　　　　　　　　　表 3-4

地区	寺院名称	保存现状	有无佛塔	类型（平地、山地、坡地）	所处位置	保护类型
湘南地区	南岳庙	历经 6 次大火和 17 次重修，现存为清光绪年间建筑，采用故宫式样修建，保存完整	无	平地	城市	全国汉族地区佛教重点寺院
	祝圣寺	原名弥陀寺，保存完整	无	平地、微坡地	城市	全国汉族地区佛教重点寺院
	南台寺	现为清代光绪年间建筑，保存完整	48m 浮屠金刚舍利塔	山地	山林	全国汉族地区佛教重点寺院
	福严寺	原名般若寺，现为清代建筑，保存完整	无	山地	山林	全国汉族地区佛教重点寺院
	上封寺	隋朝之前为道教宫观，现为清代建筑，保存完整	无	平地	山林	全国汉族地区佛教重点寺院
	大善寺	唐初重建，后为清代南岳五大丛林之一，现存为清代建筑	无	平地	城市	无
	藏经殿	明代损毁，清代重修，1936 年又重新修建	无	平地	山林	无
	祝融殿	原为祭祀火神祝融之用，清乾隆年间改为殿，现为清代建筑，保存完整	无	山地	山林	无
	广济寺	原名清凉寺，现代新建寺院	无	平地	山林	无
	高台寺	重修于宋，元末被毁，现为清代建筑	无	山地	山林	无
	塔下寺	原名净住寺，湖南唯一塔寺合一的寺院，保存完整	40m 佛塔	坡地	城市	省级文物保护单位
湘中地区	麓山寺	保存完整	无	山地	城市	全国汉族地区佛教重点寺院
	开福寺	保存完整	无	平地	城市	全国汉族地区佛教重点寺院

地区	寺院名称	保存现状	有无佛塔	类型（平地、山地、坡地）	所处位置	保护类型
湘中地区	密印寺	历经战火，多次重建，现有建筑多为民国时建，保存完整	新建千手观音塔	坡地	山林	省级重点寺院
	石霜寺	历经修缮	无	坡地	山林	省级重点寺院
	宝宁寺	宝宁寺现存的寺院殿宇，是清光绪二年修复的模式，前后有三进，殿、堂、楼、阁、台共24所	无	无	无	县级文物保护单位
	云门寺	经宋、明、清历代修葺，现存建筑为清道光年间重修。由前殿、大雄殿、观音阁等三部分组成	无	平地	城市	省级重点寺院
	昭山禅寺	所有佛像尽毁，现为清乾隆年间建筑	无	山地	山林	无
	夹山寺	历经五代、宋、元、明，不断修复，现为清代格局	无	山地	山林	省级文物保护寺院
湘西地区	龙兴寺	保存完整	无	山地	城市	国家级文物保护寺院
	普光禅寺	现为清乾隆年间建筑	无	坡地	城市	省级文物保护寺院
	凤凰寺	现为清道光年间建筑	无	山地	山林	县级文物保护单位
	兴国寺 梅花殿	原为兴国寺，现仅剩梅花殿	无	平地	城市	县级文物保护单位

表格来源：作者自绘

3.3.2.2　地点及年代索引

由表 3-5 可以看出，湖南大部分寺院都经历了历朝历代的修缮，也就是说现存建筑属于各朝修缮后的遗存。其中，寺院建筑主要以清代遗存为主。因此，在经历朝代更替的同时，湖南古代寺院亦结合了各朝代的建筑风格呈现出形式多样化的特征。从建筑规模上来看，湖南寺院也是大小不一，占地面积从数百平方米到近 10 万平方米不等，此外材料结构与屋顶形式都各有特点，基本延续了中国传统建筑的特点和寺院的风格。具体情况将在后续章节进行详述。

3.3.2.3　寺院主要建筑形制概述

早期寺院大多根据官署改建而成，其总体布局特征是前有寺门，门内建塔，塔后再建佛殿。其中佛塔位于寺院正中央，成为寺院中心。至北朝，贵族施舍宅邸作为寺院成为一时风尚，当时众多寺院因系私人住宅，很少再重建佛塔，而是以正厅供奉代替佛塔，最终逐步形成了中国式寺院的基本形式。因此，汉族寺院在演变过程中大体采用了中国传统院落的基本形式，基于南北向中轴线左右对称，进而形成了较为齐全的殿、堂、楼、阁、亭等建筑部分的空间组合❶。寺内常有数十个院落，层层深入，回廊周匝，廊内壁画鲜丽，

---

❶ 王维仁，徐翥.中国早期寺院配置的形态演变初探：塔·金堂·法堂·阁的建筑形制 [A].第五届中国建筑史学国际研讨会会议论文集.中国建筑学会建筑史学分会、华南理工大学建筑学院，2010: 32.

表 3-5

湖南省古代寺院年代地点索引表

名称	地点	历史沿革	建筑材料及结构	规模	文保等级	涉及古建筑名
南岳庙	衡阳南岳镇北街尽头	始建于唐，经历六次大火和十六次重修建，现为清光绪年形制，属佛道儒制	中轴线上建筑均为石木结构，两侧八寺八观均为砖道结构	占地约 10 万 m²	国保	重檐歇山、八观八寺、黄色琉璃瓦
麓山寺	长沙岳麓山腰	始建于西晋泰始四年（268 年），在清代经历数次修葺，1944 年遭日军轰炸以致仅存山门和观音阁，现有建筑于 1982 至 1988 年间修建	三开间，单檐歇山顶，面阔七间，进深六间，施黄琉璃瓦	占地 848m²	国保	仿唐建筑风格，重檐歇山顶，黄流璃瓦
南台寺	衡阳南岳瑞应峰下	始建于南朝梁天监大年间，现为清光绪年间重建	多为硬山式建筑，采用小青瓦屋面砌筑而成	占地面积不详，主体建筑包括四部分，采用中轴对称式布局，但不与山门在同一轴线上	国保	小青瓦屋面，人字形封火山墙
开福寺	长沙城北开福寺路	始建于五代时期，现存中轴线上主体建筑为清代所修葺，余者为 1990 年后新建	大雄宝殿面阔三间，四周围廊，殿内檐柱、金柱全为上半截木柱，下半截石柱	占地面积约 16 万 m²	国保	四周围廊，单檐歇山顶，黄色琉璃瓦
云门寺	湘潭湘乡城关区	始建于北宋皇佑二年（1050 年），经宋、明、清历代修葺，现存建筑为清道光九年（1829 年）和同治四年（1865 年）重修	山门外左侧龙王庙，右侧土地祠为硬山式，小青瓦屋面，封火山墙有湖南地方建筑特色。大雄宝殿面阔五开间，带前廊，硬山式屋顶	占地约 10 亩，现存前殿、中殿、大雄宝殿和观音阁等建筑	省保	硬山式小青瓦屋面，弓形封火山墙
龙兴寺	怀化沅陵城西虎溪山南麓	始建于唐贞观二年（628 年），寺内保留宋代至清代不同时期的建筑，是湖南省内现存最古老的木构建筑群，也是湘西地区现存最早的寺院	大雄宝殿上层歇山顶，下层左右为硬山式，进而形成歇山与硬山结合的特殊形制。宝殿主体木构梁柱、梁、枋等皆系木元构遗存，柱殿立 8 根直径约 80 多厘米的楠木内柱，柱身呈梭状，上下细中间粗，柱与柱础之间有鼓状木横	占地约 2 万 m²，现存山门、大雄宝殿、观音阁等 10 余座建筑	国保	楠木内柱，柱身呈梭状，重檐三楼歇山顶

续表

名称	地点	历史沿革	建筑材料及结构	规模	文保等级	涉及古建筑名
密印寺	长沙宁乡沩山毗卢峰下	唐宪宗元和二年（807年），灵祐禅师沩山开法，公元847年建此寺院	山门为红色三开牌楼式砖石结构建筑，黄色琉璃瓦，中为拱形大门。正殿万佛殿重檐歇山顶，覆黄色琉璃瓦顶，屋檐下有繁缛的如意斗拱装饰，殿内有38根白色花岗岩石柱	占地9000多 m²，现存山门，大殿（万佛殿）、后殿配殿、禅堂、祖堂等建筑	省保	重檐歇山顶，覆黄色琉璃瓦顶
夹山寺	常德石门城东15km夹山顶上	始建于唐懿通十一年（870年），历经唐懿宗、宋神宗，元世祖"三朝御修"	大雄宝殿为清朝时期重建，采用五架梁，以鳌鱼收尾。	占地50余亩	省保	卷棚、正脊宝葫芦、鳌鱼
祝圣寺	衡阳南岳区南岳镇东街	始建于唐代，五代时楚王改名"报国寺"，宋徽宗时改为"神霄宫"，现为清代重修后格局	石结构	由六进四横的六个院落组成	国保	五龙照壁
普光寺	张家界解放路关庙巷内	始建于唐代明永乐年间（1708年）重修，之后雍正、乾隆、嘉庆、道光、咸丰、同治、光绪各时期均修建过。寺内罗汉殿始建于明景泰七年（1456年），清乾隆四十一年（1776年）重修	罗汉殿紧靠水火二池，供奉十八罗汉，殿内16根大木柱形态各异，造型生动。自古就有"柱由歪斜，梁歪屋斜不斜"的说法，为国内寺院建筑所罕见	占地8618m²，现存大山门，二山门，大雄宝殿，罗汉殿，观音殿、玉皇阁、高贞观等建筑	省保	柱曲梁歪屋斜不斜
宝宁寺	株洲攸县城东北50km外黄峰岭圣寿山	始建于唐天宝十年（751年），是湖南开创最早的禅院之一。唐元和三年（808年），明洪武三年（1397年）、明永乐十五年（1477年）均有复修和增修。最后一次大规模修复在清康熙三年（1663年）	石木、砖木结构	占地约14亩，寺院分三进，前有关圣殿、韦驮殿、钟鼓楼、藏经阁，中有大雄宝殿，左侧寮斋堂，右侧观堂，方丈"千人床"，后有观堂、功德堂	县保	禅师墓塔
塔下寺	永州蓝山县城东回龙山下	始建于唐代，之后历代均有修葺，寺内传有劳芳塔始建于明嘉靖四十二年（1563年），直至万历元年（1578年）才建成	传劳芳塔为七层正八边形建筑，高40m。采用青砖石结构，其中塔基为天然岩石，塔体为青砖。塔底层高9.63m，外壁边宽4.03m，墙体2.34m，从二层起逐渐内收，直至塔顶。塔内有186级内旋式踏梯，直至塔顶	占地20余亩	省保	八角平底、八角灒井顶

表格来源：作者自绘

琳琅满目，花木假山，引人入胜，将整个寺院建筑引入了高潮。另外，一些寺院还具备中国民族传统风格的整套配置，如山门、照壁、钟鼓楼等。直至隋唐时期，寺院的建筑大多以殿堂为中心，许多寺院都不再建设佛塔，即使有塔，其位置也不一定设在寺门与佛殿之间，这基本改变了过去以佛塔为主体的布局（图3-26、图3-27）。

图3-26　长沙麓山寺大雄宝殿

图片来源：作者自摄

图3-27　石门夹山寺大悲殿

图片来源：作者自摄

自宋朝以来禅宗独盛，寺院建筑逐渐发展出"伽蓝七堂"的形制，七堂包括佛殿、法堂、僧堂、库房、山门、西净、浴室，另外较大寺院还建有讲堂、经堂、禅堂等。自明朝以来，伽蓝形制渐成定式，寺院的殿堂配置大致以南北为轴，从南至北正中路以山门为始，山门左右为钟鼓楼，正面为天王殿，后为大雄宝殿、法堂、藏经楼，正中路左右两侧为廊房和东西配殿，包括有祖师殿、观音殿等。此外，较大寺院还有五百罗汉堂，该堂专为一院，田字形布局，内设四个较为精巧的天井。寺院东侧为僧人生活区，有僧房、职事堂（库房）、香积厨（厨房）、斋堂（食堂）、茶堂（接待室）等，西侧主要是云会堂（禅堂），而方丈室等位于寺院后部。基于上述介绍可知，寺院一般是由多个院落组成的（图3-28）。具体建筑形制将在第7章中详述。

湖南寺院建筑以汉传佛教的寺院和佛塔为主，基本建筑形制与中国传统寺院大体相同。但较为明显的特征是，由于深受湖湘文化、道教文化以及传统民俗文化影响，湖南寺院佛、道诸神同处，儒释道文化共生的现象较为明显，其中以南岳衡山、长沙

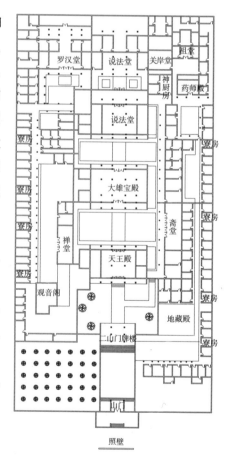

图3-28　祝圣寺总平面图

图片来源：作者自绘

岳麓山为盛。湖南地区的寺院、道观、祠庙等建筑在建筑形制上并没有很大的区别，用
以适应建筑功能的转化（图 3-29）。

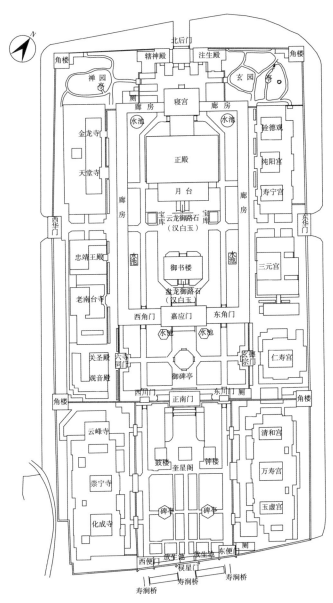

图 3-29　南岳庙总平面图

图片来源：作者自绘

3.3.2.4　分布现状

在调研湖南具有代表性的古代寺院后，笔者绘制出所调研的湖南省古代寺院分布现
状图（图 3-30），共计 41 所，其中 32 所为详细调研和测绘，而其余 9 所根据《湖南佛
教寺院志》列出。并根据寺院的等级、规模、保存完整度及典型性等标示出较为重点的

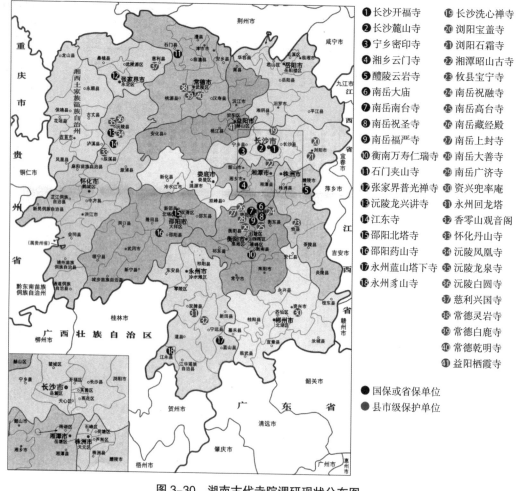

❶长沙开福寺	⓳长沙洗心禅寺
❷长沙麓山寺	⓴浏阳宝盖寺
❸宁乡密印寺	㉑浏阳石霜寺
❹湘乡云门寺	㉒湘潭昭山古寺
❺醴陵云岩寺	㉓攸县宝宁寺
❻南岳大庙	㉔南岳祝融寺
❼南岳南台寺	㉕南岳高台寺
❽南岳祝圣寺	㉖南岳藏经殿
❾南岳福严寺	㉗南岳上封寺
❿衡南万寿仁瑞寺	㉘南岳大善寺
⓫石门夹山寺	㉙南岳广济寺
⓬张家界普光禅寺	㉚资兴兜率庵
⓭沅陵龙兴讲寺	㉛永州回龙塔
⓮江东寺	㉜香零山观音阁
⓯邵阳北塔寺	㉝怀化丹山寺
⓰邵阳药山寺	㉞沅陵凤凰寺
⓱永州蓝山塔下寺	㉟沅陵龙泉寺
⓲永州豸山寺	㊱沅陵白圆寺
	㊲慈利兴国寺
	㊳常德灵岩寺
	㊴常德白鹿寺
	㊵常德乾明寺
	㊶益阳栖霞寺

●国保或省保单位
●县市级保护单位

图 3-30　湖南古代寺院调研现状分布图
图片来源：作者自绘

寺院，很多较小的寺院则尚未标示。

经分析后发现，湘南地区特别是南岳地区的寺院较多且布置较为密集，湘中北地区次之，但布点较为分散。湘西地区数量最少，且寺院主要位于沅陵、张家界等较发达城市，很少位于山林之中。

3.4　本章小结

本章论述了湖南佛教简史及古代寺院发展的基础内容。

在历史发展过程中，中国佛教先后形成了天台、禅宗、净土、律宗、唯识、三论、华严、密宗八宗派。禅宗是中国佛教的典型代表，在湖南的发展尤为繁荣，且具有全国乃至全世界的影响力。宋元时期，湖南佛教在天台、净土、律宗、禅宗等方面都有一定程度的发展，明清时期，湖南佛教才从勉强维持的状态逐渐衰退。当时湖南佛教的主要发展地域也在不断变化：明朝以前湖南佛教主要偏向衡山以北地区发展，明朝以后则向衡山以南地区发展。这一现象主要与各宗派高僧驻锡地的变迁有关。

此外，本章还论述了中国特别是湖南古代寺院从西晋到清朝的发展以及湖南古代寺院的概况及现存分布状况。寺院建筑布局的基本特征主要包括以下三点：（1）因受礼制影响，寺院整体布局多中轴线对称布局，主体建筑位于中轴线上。（2）建筑整体布局主次分明。（3）寺院基本依照"佛"、"法"、"僧"三部分进行整体布局。此外，在多元文化的冲突对立与融合过程中，不少地方都出现了佛、道诸神同处、儒释道文化共生的现象，以南岳衡山和长沙岳麓山最为明显。

在历史演变过程中，湖南寺院遍布全省各地，其建筑类型以汉传佛教的寺院和佛塔为主。笔者重点调研了湖南省域内 32 所具有典型特征和代表性的寺院，并详细测绘了其中的 24 所寺院。湖南省古代寺院分布现状图主要针对寺院的始建年代、地址、地形条件、有无佛塔、保护类型、历史沿革、结构特征、保护等级等方面并根据寺院的等级、规模、保存完整度及典型性等标示出较为重点的寺院。主要表现为湘南地区特别是南岳地区的寺院比较多且分布极为密集，湘中地区的寺院数量次之但布点较为分散，湘西地区寺院最少且主要位于沅陵、张家界等较发达的城市。湖南古代寺院在历经朝代更替和多次整修后，结合了各朝代的建筑特点呈现出形式多样化的特征，其建筑规模从数百平方米到近 10 万平方米不等，所用材料结构与屋顶形式都各有特点，基本延续了中国传统建筑的特点和寺院的风格。

第4章 佛教文化对湖南古代寺院建筑的影响

佛教自印度传入中国，在与中国传统文化对立与磨合过程中逐渐形成了自己的特点。佛教文化与寺院从来都是密切相关的，寺院是佛教文化的传播载体，佛教文化则对寺院建筑有着根本的影响。作为世界三大宗教之一，在经过两千多年的发展演变后，佛教内容博大精深，佛教典籍亦浩如烟海。在传入中国后，佛教形成了不同的宗派，因众多宗派的教义和思想都有差异，与之对应的寺院的做法也不尽相同。本书在分析佛教寺院建筑时不可能将所有佛教思想都融入进来，仅能择取其中的重要相关理论予以研究。

虽然佛教宗派众多且思想体系不尽相同，但其基本教理都是一致的。例如，佛教的核心思想是"因缘"论和"因果"思想，这些根本教义在任何宗派的佛教思想中都是存在的，笔者从不同宗派的寺院中亦能找到这些根本教义对寺院空间形态影响的共同点。基于以上考虑，本书针对湖南古代佛教寺院建筑的选址环境、空间形态、建筑形制、装饰与材料等方面，来探讨佛教思想对寺院建筑的影响。

4.1 不同宗派对寺院建筑的影响

4.1.1 湖南的禅宗和净土宗

经过 500 多年的传播与发展，佛教与以儒家和道家为主的中国传统文化融合甚好，进而形成了具有中国特色的宗教。其中，在湖南影响最大的当属禅宗和净土宗，直至近代中国，寺院 90% 以上均属禅宗。虽有修学天台宗、华严宗和净土宗的僧众，但他们的出身大多与禅宗有关。就湖南省域来看，遗存的古代寺院几乎都属于这两类寺院，因此本节主要围绕这两宗对寺院进行研究，见表 4-1。

湖南禅宗和净土宗寺院简表　　　　　　　　　　　　　　　　　表 4-1

序号	规模类型	寺院名称	宗派
1	大型	南岳庙	佛道并存、禅净双修
2	大型	南岳祝圣寺	净土宗
3	大型	长沙麓山寺	禅宗临济宗
4	大型	长沙开福寺	禅宗临济宗
5	大型	浏阳石霜寺	禅宗临济宗

续表

序号	规模类型	寺院名称	宗派
6	大型	沅陵龙兴讲寺	禅宗
7	大型	大庸普光禅寺	禅宗
8	中型	南岳南台寺	禅宗曹洞、云门、法眼宗
9	中型	南岳福严寺	天台宗、禅宗
10	中型	石门夹山寺	禅宗、净土宗
11	中型	攸县宝宁寺	禅宗曹洞宗
12	小型	南岳上封寺	原为道观，后为禅宗临济宗
13	小型	南岳藏经殿	天台宗
14	小型	南岳方广寺	禅宗
15	小型	南岳高台寺	禅宗
16	小型	南岳铁佛寺	禅宗
17	小型	南岳五岳殿	禅宗
18	小型	南岳湘南寺	禅宗
19	小型	南岳祝融殿	祭祀祝融火神
20	小型	南岳广济寺	禅宗
21	小型	沅陵白圆寺	禅净双修
22	小型	沅陵凤凰寺	禅净双修
23	小型	沅陵龙泉古寺	禅净双修
24	小型	湘潭昭山禅寺	禅净双修
25	小型	南岳大善寺	禅宗，现为女众道场
26	小型	永州蓝山塔下寺	禅净双修
27	小型	南岳寿佛殿	不详
28	中型	浏阳宝盖寺	净土宗
29	中型	宁乡密印寺	禅宗沩仰宗
30	小型	湘乡云门寺	禅宗
31	小型	长沙铁炉寺	禅净双修
32	大型	长沙洗心禅寺	禅宗

表格来源：作者自绘

　　佛教净土宗思想以发愿往生西方极乐世界为根本教义，认为只要发愿修行便能往生西方极乐世界。净土宗正依经典《佛说阿弥陀经》（简称《无量寿经》或《大经》）、《佛说观无量寿经》（简称《观经》）、《阿弥陀经》（简称《小经》）即为净土三经，这些经典皆被用以专门讲述阿弥陀佛极乐净土之事。

　　在大乘佛教的经典中，除西方极乐净土外，还有东方琉璃净土和弥勒净土等。净土世界是佛教经典中详细描述的存在于世俗世界之外的地方，是极为神圣、庄严和理想的。净土宗对净土世界特别是对建筑装饰和细部的描述非常详尽，例如，在鸠摩罗什译的《佛说阿弥陀经》中写道："极乐国土，七重栏楯、七重罗网、七重行树……上有楼阁，亦以金、银、琉璃、玻璃、砗磲、赤珠、玛瑙而严饰之。"从经典中得出的庄严世界被广泛用于寺院建筑中，这毫无疑问也影响着寺院建筑的空间格局以及装饰特征（图4-1）。例如，敦煌壁画中描述西方极乐世界的图案被广泛运用，

图4-1　佛经对净土世界的描绘

唐朝寺院建筑为显示佛教建筑之庄严华美大多以极乐净土为原型进行设计。而在湖南，很多寺院的建设均以体现净土理想世界的现实化为宗旨，这本身与净土宗的经典教义是相符合的。

禅宗虽然是佛教中国化的具体体现，但从释迦牟尼所创立的佛学体系而言，其基本宗旨和最高目的与印度佛教基本相同，并非因与中国文化融合过多就失去原有本色，只是在教授方法以及表达的言辞和方式上借用了儒、道两家的作风，产生了一种中国化的特色❶。释迦牟尼曾说的"教外别传、不立文字"亦成为禅宗的宗旨。佛教注重在修行求证，并非纯粹空谈理论的。而禅宗主张虽然不是着重于离尘遁世，但仍然不离心的出世自在。本书已在3.1.3中详细论述了禅宗在湖南的思想与发展历史，在此不做赘述。

4.1.2　禅宗和净土宗思想对寺院建筑的影响

4.1.2.1　以禅净双修的方式营建

自宋代禅净合流以来，不少禅宗寺院在生活和修行方面都或多或少受到净土宗的影响。在对湖南省32所古代寺院调研后发现，禅宗和禅净双修的寺院占78%以上，净土宗寺院的比重仅占到9.38%，比例很小。从规模和尺度以及影响范围都远不及禅宗寺院。调研的寺院也都为原址上重建或扩建，且多以禅宗寺院结合使用。由此可见，湖南绝大部分的古代寺院均以修禅为主。部分禅宗寺院以念佛为主，坐禅为辅，即禅净双修的方式。有的虽为禅宗寺院，但修行方式也多采用禅净双修（图4-2）。究其原因主要有以下两点：（1）从佛教根本教义来看，

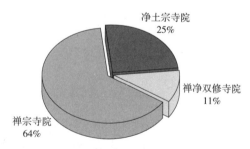

净土宗寺院
25%

禅净双修寺院
11%

禅宗寺院
64%

图4-2　湖南省禅净双修寺院比例分析图
图片来源：作者自绘

---

❶　方立天. 中国佛教哲学要义 [M]. 北京: 中国人民大学出版社，2002.

世人修行净土宗的最终目标是往生西方极乐世界，解脱轮回之苦。而禅宗讲究明心见性，见性后便成佛，这属于个人觉悟，但对人死后的归属问题并未解决。因此，许多禅宗寺院选择念佛为主，修禅为辅。（2）由于禅净两宗思想的差异，为了满足僧众们禅净双修的需要。有的寺院将以前的禅宗道场直接变成净土宗道场，而有的仍保留禅宗道场，增加净土宗修行的空间。例如浏阳宝盖寺以前是曹洞宗道场，现今改为净土宗道场。从表4-2可看出，目前浏阳宝盖寺早晚课主要以净土宗念佛修行为主。但之前修行禅宗时多为打坐。

浏阳宝盖寺修行仪轨时间表 表 4-2

时间	基本作息
4：40	三板，起床
4：50	四板
5：00	五板
5：00 – 5：30	早钟鼓
5：30 – 6：30	早课（静坐）
6：35 – 6：45	早斋
6：45 – 7：45	整理内务
8：00 – 9：00	学习、出坡
9：00 – 11：20	作务
11：30 – 11：45	午斋
11：45 – 13：45	午休
14：00 – 16：00	下午学习、作务
16：00 – 17：00	晚课（念佛）
17：05 – 17：20	晚餐
17：20 – 18：50	整理内务
19：00 – 19：45	晚上念佛
20：00 – 20：30	晚钟鼓
20：30	止静

表格来源：作者自绘

在建筑功能的设置上，许多寺院既设有庄严的佛殿，亦有专修的禅堂与说法堂。例如，攸县宝宁寺是临济宗杨歧派祖庭，宝宁寺在功能布局中将供奉阿弥陀佛的阿弥陀堂和用以禅修的禅堂并列设置，僧人们早晚功课除坐禅外，仍以念佛为主（图4-3）。

从表4-3中可以看出，禅宗和净土宗在信仰、根本教义等各方面有一定差别，修行法门也不同。但是从佛教的以解脱轮回为最终目的的方向来看，禅净双修也不失为一种解脱轮回，到达西方极乐世界较为保险的做法。

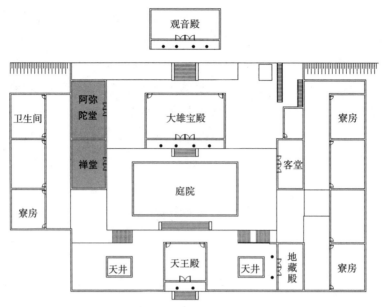

图4-3 攸县宝宁寺禅堂与阿弥陀堂位置关系图

图片来源：作者自绘

净土宗与禅宗比较表   表4-3

内容	净土宗	禅宗
根本信仰	他力	自力
根本教义	往生西方极乐世界	明心见性，见性成佛
审美倾向	华丽庄严	朴素低调
本体论倾向	本体实有	缘起性空
对应社会组织特征	集体主义	个人主义
对应社会制度特征	礼教	个人觉悟
行为特征	公众	个人
世俗代表建筑	官式建筑	乡土民居
印度佛教建筑原型	支提窟	毕柯罗
中国佛教建筑原型	北方皇家寺院	南方山林寺院

表格来源：作者自绘

4.1.2.2 禅宗思想对寺院建筑原型的影响

从研究资料和笔者的实地调研结果来看，湖南古代寺院的建筑格局处于受到禅宗与净土宗共同影响的局面。宋元时期，湖南以禅宗为盛，特别是临济宗下衍生的杨歧、黄龙两派。究其根本，禅宗思想对湖南寺院建筑的影响最大，主要表现在以下几方面：

（1）否定永恒与固有的整体建筑格局

禅宗以鸠摩罗什译的《金刚经》为主要经典，《金刚经》有云："一切有为法，如梦幻泡影，如露亦如电，应作如是观。"这是此经之精髓，亦代表了禅宗的基本思想，即认为大千世界所有事物都因缘而起、因缘而灭，既无固定常态，亦无固有模式，一切都处于变化之中，一旦因缘变化，一切事物都会产生变化。这是从禅宗的角度对佛教"缘起性空"思想的诠释。对佛教建筑来说，禅宗的思想会导致寺院建筑也呈现出相对应的做法。对禅宗思想而言，建筑是因缘和合而成的，它只是暂时存在的事物，因此禅宗不会强求寺院建筑的固有模式与固定做法。禅宗建筑既不会追求诸如皇家建筑般气势恢宏的做法，亦不会像基督教堂般宏伟高大，以体现信仰上帝的建筑之石构永恒。禅宗高僧们既可在茅舍结棚，也可在私家宅院中修行说法。很多禅宗寺院或居于深山，或面朝街市，任何地方都可作为修行道场，这真正体现了因缘流转、不拘一格、法无定法的本质。例如，禅宗临济宗道场长沙麓山寺选址于岳麓山中部，由寺下山则至熙攘大街，上山便处幽静山麓；而南岳大善寺作为禅宗道场则处于闹市之中（图 4-4），真实体现了不拘一格的洒脱。正如梁启超先生所说，中国古代的木构建筑本不求永恒的长存。这些都是禅宗思想对寺院整体格局的影响。

从建筑的平面布局来看，湖南古代寺院建筑的类型特征并不明显，有的呈现出中轴对称的格局，有的随山势而建不拘一格，有的则以独立建筑包含所有功能，除地形不同导致的原因外，禅宗思想中的"凡所有相，皆为虚妄"的理念对整体建筑格局有很大影响。具体将在后述寺院选址部分详析（图 4-5）。

图 4-4　南岳大善寺

图片来源：作者自摄

图 4-5　南岳藏经殿

图片来源：作者自绘

从笔者调研的 32 所寺院可以看出，寺院选址上大致可分为山林、乡村与城市三个区域，其中也有部分交叉的现象，如沅陵凤凰寺既在山林里又处城市中。通过数据统计发现，60.2% 的寺院地处山林，22.3% 的地处乡村或村镇，17.5% 位于城市或城镇。虽然所调研的寺院并不能完全代表湖南古代寺院的整体选址，但也能基本得出湖南寺院大多地处山林，其次位于城镇，乡村最少的结论。这呼应了"天下名山僧占多"的言论，而城市因经济较为发达，寺院众多也在情理之中（图 4-6）。

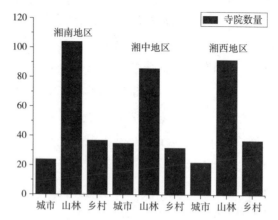

图 4-6　湖南古代寺院乡村、山林、城市分布比例分析图
图片来源：作者自绘

（2）否定单一的建筑营建模式

王鲁民先生在《中国古代建筑思想史纲》中指出，人类古代社会的建筑营建往往与其宇宙模型相对应，以保证建筑物具有通天功能❶。中国古代常用建筑的形式来"梳理社会秩序"。这一点在儒家建筑中表现得最为突出，儒家建筑既出于对礼制与象征性的考虑，也有对天地自然的崇拜与早期原始巫术的表征。然而这些在佛教"缘起性空"思想下都失去了存在的基础。佛教提倡"万事皆空，空无自性"，世界万物的存在本为虚妄，都是因缘而成，世俗间对建筑营建的模式因此失去了根基。佛教或以民宅为寺，或避居山洞，并不一定采用世俗建筑的模式。另外，佛教虽不以建筑体现宇宙秩序，但通过营建建筑的方式提供修行场所。禅宗的修行主要包括坐禅、行禅、参话头等，寺院为满足修行需要必须提供足够的空间。因此从佛教思想层面上，寺院建筑的营建形式可以不拘一格，但从寺院建筑的功能使用上，便不得不满足僧人与信众的使用要求，遵循基本的建筑规律，这体现了宏观层面的佛教思想与微观层面的建筑使用之辩证统一。《六祖坛经》中讲道："外于相离相，内于空离空。"这体现了佛法中的辩证思维与高度的智慧。如何将出世的佛教思想与入世的建筑形式统一起来是灵活对待世俗寺院建筑的态度。南岳南台寺是其中处理得较好的实例。南台寺是禅宗支派曹洞宗、云门宗、法眼宗的共同祖庭，由禅宗南宗僧人石头希迁开创。石头希迁，人称石头和尚，唐贞元六年（公元 790 年）圆寂，卒谥"无际大师"，塔曰"无相"。弟子有道司、慊俨等 21 人，他们宣教弘法，创立曹洞宗、云门宗、法眼宗三派，形成了南宗禅，成为中国佛教史上规模最大、影响最深远的主流。南宋时期，临济、曹洞二宗传到日本，随后日本佛教界曹洞宗一直视南台寺为祖庭。

---

❶　王鲁民.中国古代建筑思想史纲 [M].武汉：湖北教育出版社，2011.

南台寺营建方式结合了禅宗"若见诸相非相，则见如来"的思想。建筑格局不拘一格，不着于相。其所有建筑建于台地上，背山临崖。南台寺建筑整体格局不同于中国传统建筑中的中轴对称模式，进山门后需先横向行走，直至正殿前再转向纵深方向。山门面阔三间，为硬山式小青瓦屋面。寺院主体部分采用中轴对称式布局，大雄宝殿居于中间，面阔三间，方形平面，为硬山小青瓦屋面，檐下无斗栱、卷棚装饰，朴素庄重。前有关帝殿，

图 4-7 南岳南台寺庭院

图片来源：作者自摄

后有方丈室，左有斋堂，右有法堂，与禅堂等组成了院落。寺内设置舍房 100 余间，尺寸均依山形而建，周围建筑均为硬山式样，青瓦屋面，装饰较为朴素，这又与禅宗崇尚自然朴素圆融的理念不谋而合。建筑沿中轴线逐渐升高，两侧建筑按地形高低逐一上收，也很好地处理了周围环境与寺院本身功能需要的关系（图 4-7、图 4-8）。

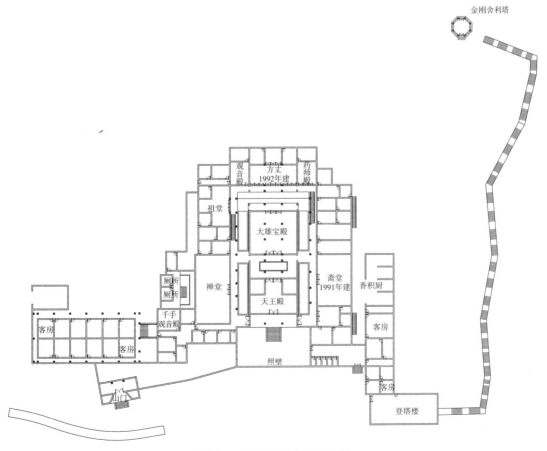

图 4-8 南岳南台寺总平面图

图片来源：作者自绘

4.2 佛教思想对寺院空间格局和选址的影响

4.2.1 佛教核心思想

佛教最主要的核心思想是"缘起"论和"因果"之说。

"缘起"论是佛法的根本要义,"缘起性空",体为因缘,相为空相。佛教讲缘起性空是着重于本质的分析透视,从而警惕我们生存在幻妄的境界中,不要为了幻妄的名利物欲而变成它的牺牲品。这就叫看破,看破的是现象的幻境,放下对名利物欲的贪得无厌,但并不是完全否定现象的存在,而是表达"无所住"之意❶。佛陀所说的"空有"、"无常"、"因果"、"中道"、"三法印"、"四圣谛"、"十二因缘"等教法都是为了诠释"缘起"论的根本教理。佛教的各种宗派和理论均是以"缘起"论为理论基础来阐释自己的宗教观和实践。尽管各宗各派的经典根据、论述说法不大相同,但针对"缘起"论所阐述的核心内容都是一致的。

"因果轮回"之说是基于佛教"三世"学逐渐产生的,它认为一切所作所为及所产生的后果都由自己来承担,进而引导人们"诸恶莫做、众善奉行"。"因果"之说是从心念出发的,意指不管所作所为如何,起心动念皆是"因"。"轮回"则指"六道轮回",包括天、人、阿修罗、畜生、恶鬼、地狱。众生因业报的缘故,如不能解脱生死则须一直停留在六道中受尽轮回之苦。因此,"因果轮回"之说意在引导人们通过修行解脱轮回,从现实生活角度来看,佛教鼓励人们将人的行为与实际利益相结合。因果报应则被儒家认为是"阐发道德与生命关系的理论,是一种强调由行为来改变自我命运与未来生命的理论"。作为跟儒家学说紧密结合的佛教理论,无疑具有很好的现实意义。佛教认为"业报"存在于生命个体生生世世之中,并随着个体的流转永不停止。因此,人可以作为报的客体,也能成为施报的主体。中国传统文化认为"善有善报、恶有恶报"阐述的就是这个道理。佛教以三世因果说的建立摄化众生,从而建立起庞大的宗教团体❷。

4.2.2 "缘起"论与寺院空间格局

从哲学思想层面上看,佛教的基本教义是针对宇宙规律的思考。《易经》有云:"形而上者谓之道,形而下者谓之器。"严格意义上说,佛教教义便属于形而上的思考,它所形成的宇宙模型并不能完全与佛教空间模式对应,究其原因主要有以下两点:(1)宗教对宇宙的理解并不能代表宇宙本身的规律,而寺院的产生与空间模式往往受到当时社会、政治与经济等客观条件的影响。(2)建筑物的建造往往要符合实际使用需求,虽然可作为符合客观规律的物质载体,且具有某种类型建筑的特点,但其根本属于形而下的范畴,

❶ 圣严法师.正信的佛教 [M].西安:陕西师范大学出版社,2008.
❷ 圣严法师.佛学入门 [M].西安:陕西师范大学出版社,2008.

与形而上的宗教思想并不能完全契合❶。

　　虽然寺院空间模式与佛教思想不能完全对应，但在实践层面上还是普遍受到佛教"缘起"论的影响，究其原因主要有以下三点：（1）早期中国社会的信仰多以神仙方术和黄老学说为主，但也不乏一些自然崇拜如巫术等。其中，有部分理念认为人作为自然界的一分子，通过与大自然的连接才能获得某种特殊能力。而建筑作为宇宙的一分子，与山川、河流、地域等必然也有一定联系。显然这种观点与佛教的"缘起"论是相吻合的，因此寺院与"缘起"论有着某种必然联系。（2）从客观上讲，人们修建建筑物时受到了自身对宇宙规律认识的影响。从主观上讲，人们通过建筑物这一联系自然界的纽带获得了对自然的认识，二者是相辅相成的，这属于象征主义的范畴。（3）佛教教义针对如何建造建筑物的限制与界定比较少，但在修行仪轨以及僧人修行的戒律等方面要求甚高。人们的修行活动必须在特定空间内才能进行，因此促进了针对特定修行功能的建筑空间形式的产生。

　　湖南古代寺院中的建筑空间格局基本受到民居合院建筑的影响，而合院的建筑格局除与儒家礼制思想相对应之外，与宇宙自然规律也是相应的。寺院的空间模式与佛教"缘起"论在一定程度上相应。如浏阳石霜寺位于浏阳市金刚村霜华山上，寺坐北朝南，依山而建，呈参差错落之格局。光绪时任两广盐运使的浏阳优贡黄征有《虎爬泉》诗云："几幅袈裟地，禅林托钵初。传闻泉竭绝，曾费虎爬梳。鸿雪犹留印，龙云宛辟畬。名山总神异，不必道凭虚。"石霜寺空间模式与当地的自然环境相适应，采用的是沿山势而建的合院格局（图4-9）。

4.2.3 "因果轮回"思想与寺院选址

　　佛教"因果轮回"之说的重点在于人

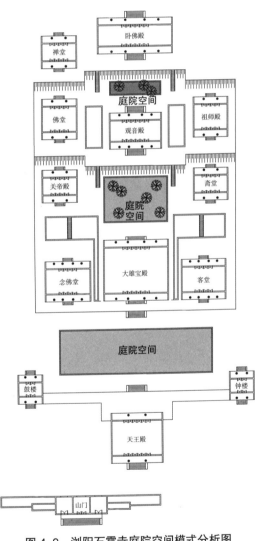

图 4-9　浏阳石霜寺庭院空间模式分析图

图片来源：作者自绘

---

❶ 楼庆西. 中国传统建筑文化 [M]. 北京：中国旅游出版社，2008.

们对于自身与周围环境的联系上，这一点对寺院建筑的选址以及如何处理与环境间的关系有一定程度的影响。从佛教基本理论的角度来看，优化人的道德水平以及协调人与自然环境间的关系显得尤为重要❶。

从刘国强在《湖南佛教建筑志》中关于467所湖南古代寺院选址的调研结果来看，有17.5%的寺院位于城市，60.2%位于山林，22.3%位于乡村。由于这些寺院大部分为遗址重建或仅存遗址，虽然与笔者实际调研的数据有所出入，但结果大体类似，即寺院处于山林的最多，位于乡村和城市的较少。其中同时位于乡村和山林的寺院列入山林寺院进行估算。调研数据显示，位处山林的古代寺院占大多数，其主要原因如下：（1）从佛教观点来看，由于山林地处偏僻，人烟稀少，比较适合作为清修场所，"天下名山僧占多"说的就是这种现象。（2）受"因果"思想的影响，寺院在与周围环境关系的处理上，不刻意凸显建筑的主体地位，多以顺应自然为主，将建筑作为次要部分置于自然之间。（3）寺院选址于山林时，对周围环境所造成的影响相较城市而言会小很多。例如，湘潭昭山寺位于昭山之巅，寺前人迹罕至，视野开阔，可远眺湘江。寺院整体布局沿山势而建，建筑与环境和谐共生，完全没有对当地自然环境造成影响。这与佛教思想中的"因果轮回"理论不谋而合。追求与环境共生的做法，必将带来良性循环的果报。与世俗建筑中的文脉及与自然环境和谐的概念不一样的是，佛教建筑更强调主体性与神圣感，以及作为精神意义的象征性（图4-10）。

图4-10　从湘潭昭山山顶远眺湘江
图片来源：作者自摄

4.3　佛教伦理观对寺院建筑的影响

4.3.1　"众生平等"思想与寺院整体空间形态

4.3.1.1　"众生平等"思想

"众生平等"是佛教中的伦理观之一，佛教经典对其阐述颇多，如《金刚经》中讲到的"是法平等，无有高下"，《往生论》中的"平等是诸法体相"，《大智度论》中的"上从诸佛，下至傍生，平等无所分别"。从这些教义来看，佛教的"众生平等"思想包含四方面内容：（1）佛与人是平等的；（2）人与人之间是平等的；（3）人与动植物是平等的；（4）人与一切有情或无情众生都是平等的。释迦牟尼佛在菩提树下开悟时谈道："奇哉奇哉，众生皆有如来智慧德相，但因妄想贪著，不能证得……。"佛祖开示一切众生皆有佛性，所有众生亦与佛祖平等，同具"佛性"，万物在宇宙间都是平等的。佛教懂得在不缺乏宇

---

❶　王月清.中国佛教伦理研究[M].南京大学出版社，2004.

宙间个体特殊意义的前提下，用绝对相互交融的个体现象与佛家境界来给予所有事物以和谐统一。佛教这种"众生平等"的思想超越了在世俗建筑中如何处理建筑与环境协调融合的范畴，强调人类与环境的平等、与周边动植物的平等乃至建筑与周边环境的平等关系❶。它超越了环境保护论，重视无我，建筑的本体关系在此没有得到彰显，当然环境也没有，一切都自然存在。

4.3.1.2　对寺院整体空间形态的影响

佛教的平等观对寺院建筑整体空间形态的影响是深刻的，具体体现在以下方面：

（1）注重寺院与周围环境的协调关系

寺院处于与环境平等的位置，充分尊重自然环境，无论从建筑形体关系上还是空间格局上都尊重地形与周围景观。例如，南岳福严寺整体建筑依山势而建，诸多连廊穿插其间，形成大小不同的院落空间，很好地将自然环境结合起来（图 4-11、图 4-12）。

图 4-11　南岳福严寺庭院 1
图片来源：作者自摄

图 4-12　南岳福严寺庭院 2
图片来源：作者自摄

（2）注重自身建筑与周边建筑间的平等关系

这种情况主要针对城市中的寺院建筑。不可否认的是，寺院建筑在建造过程中会因选址特点与周边建筑产生一定的关系。从佛教伦理观出发，佛教建筑与周边建筑间的关系应该是平等的。但是随着寺院建设之风日益兴盛，大肆扩张的现象亦不少见。这都是人为因素所致，与佛教中的平等观念是背道而驰的。这种现象在湖南寺院中也是存在的，但更多的是与周边建筑较好地协调的例子。例如沅陵白圆寺于清康熙年间建于沅陵县城宗教一条街上，整条街道融合了基督教、伊斯兰教和佛教建筑，旁边还有商业街巷。白圆寺整体空间结合街道走向，建筑尺度保持低调平等，与周边的清真寺、基督教堂及民宅均能和谐共存，真正体现了佛法中众生平等的理念（图 4-13 ~ 图 4-16）。

---

❶　王路.浙江地区山林寺院的建筑经验和利用 [D]. 北京：清华大学，1986.

图 4-13　沅陵宗教街
白圆寺后门
图片来源：作者自摄

图 4-14　沅陵
宗教街基督教堂
图片来源：作者自摄

图 4-15　沅陵
宗教街清真寺
图片来源：作者自摄

图 4-16　沅陵宗教街
白圆寺前门
图片来源：作者自摄

（3）注重建筑整体空间形态中各建筑间的平等关系

在寺院建筑整体空间形态中，每个建筑的尺寸会因建筑物功能的不同而有差异，这与佛教的平等思想并不冲突。古代寺院的建筑空间形态在形成过程中受当时的礼仪制度和封建等级制度的影响，如南岳庙是仿故宫形制而建的，中轴线上的建筑多为礼制建筑，具有一定等级关系，而周边八寺八观则呈现出平等地位，八所寺院均匀分布在周边，通过连廊连接，在主体建筑旁边自然存在（图 4-17 ~ 图 4-19）。

图 4-17　南岳庙八寺 1
图片来源：作者自摄

图 4-18　南岳庙八寺 2
图片来源：作者自摄

图 4-19　南岳庙八寺 3
图片来源：作者自摄

4.3.2　"慈悲利他"思想与寺院装饰和材料的利用

4.3.2.1　"慈悲利他"思想

"慈悲利他"思想也是佛教伦理观最重要的内容。"慈悲"来源于《大智度论》中的"大慈与一切众生乐，大悲拔一切众生苦"。"慈悲无我，利他至上"是大乘佛教中发"菩提心"的体现。佛教认为，只有在发"菩提心"的基础上人们才能真正关心其他众生，并度众生脱离苦海。《金刚经》有云："所有一切众生之类，若卵生、若胎生、若湿生、若化生……我皆令入无余涅槃而灭度之。"这番话与儒家的"仁爱"观点有一定相似度，然而源于儒家的仁爱是基于血缘关系的，但佛教中慈悲的深度与广度更深远些，它主张"无缘大慈，同体大悲"，即慈悲与人的亲疏远近没有关系，上至佛菩萨下至无情众生都应一视同仁。此外，佛教中"利他"的前提是"无我"，将自身的利益置于最后，乃至只考虑别人不考虑自己，这也是发"菩提心"的体现 ❶。

4.3.2.2 "慈悲利他"思想的影响

佛教中的慈悲情怀作为一种宗教情结衍生至整个自然界，建筑本身与植物和花鸟虫鱼等众生关系平等，在建筑装饰方面的和谐程度尤为突出。湖南古代寺院中最具代表性的便是慈利县兴国寺梅花殿。兴国寺梅花殿原名八卦楼，位于慈利县江娅镇九溪村，该殿以贝壳为材料，取自然界中的梅花作为装饰主题，将宝殿四周全部装饰成梅花雕成的图案，古朴雅致（图 4-20、图 4-21）。该殿建筑装饰题材均与植物相关，体现出佛教万物平等的慈悲的宗教情结。在调研诸多湖南寺院的过程中，笔者发现许多建筑的装饰多以自然界中的动物和植物为主题，具体情况将在 8.2.1 中详述。

图 4-20　梅花殿窗棂梅花木雕
图片来源：作者自摄

图 4-21　梅花殿木门梅花雕饰
图片来源：作者自摄

另一方面，"慈悲利他"的佛教理念在湖南古代寺院的建筑材料使用方面亦有一定的影响。对自然界中材料的原始性使用和对当地可循环材料的充分使用无疑是最能体现佛教"慈悲"理念的，这实质上是将与自然界的对抗关系转化为和谐共生关系，即让所选材料在自然界中持续地存在才是合理的选择。大庸普光禅寺中的罗汉殿内有十六根大木柱，因这些木柱都是歪斜的，便有"柱曲梁歪屋不斜"的说法。罗汉殿所选材料是当地的一种马桑树（音），此树的最大益处是不生白蚁，但成才后无一不是歪斜的。佛教主殿一般不会选用这种材料，然而出于佛教"慈悲"对待自然界一切众生的考虑，这些树木被很恰当地使用了，且在力学上亦是一大创造，为全国寺院建筑所罕见（图 4-22）。

图 4-22　普光禅寺
图片来源：作者自摄

---

❶　王云梅.尊重生命，热爱自然——佛教的生态伦理观浅析 [J]. 东南大学学报（哲社版），2001（2）：76.

4.4 佛教审美观对寺院建筑的影响

4.4.1 佛教的美学思想

美学即认识美和发现美的学科。叶朗在《现代美学体系》中指出至今世界上尚未形成一套完整且成熟的美学体系。中国佛教建筑的美学思想大多来源于中国的佛教哲学。因此，本节拟从中国佛教哲学与美学相关的方面着手对寺院空间形态进行研究。作为佛教思想文化的传播载体，佛教建筑的营建受到诸多因素的制约。若想在寺院建筑中体现佛教思想的特质，就必须事先对佛教中的美学思想进行分析。佛教艺术包括佛教建筑、禅诗、雕塑和装饰等，它们大多为佛教的修行和佛法服务，且在本质上还研究佛教的宇宙观及人心的规律。因此，佛教美学一定是以佛教哲学为基础的[1]。

中国佛教建筑具有很明显的融合特征，首先便体现在宗教与美学的融合上。由此，佛教建筑的营建起着较为重要的作用[2]。例如，禅宗作为中国化宗教，无论从思想意境方面还是文化传统方面都对寺院建筑的空间形态影响极大。此外，净土宗"庄严清净"对西方极乐世界净土乐土的描述也对寺院的空间格局有很大影响，而华严宗的"事事无碍"、天台宗的"三谛圆融"也是对寺院建筑"圆融"特质的彰显。

4.4.2 佛教审美观与寺院建筑意境

"涅槃寂静"、"庄严清净"、"无碍圆融"都是佛教中与佛教建筑意境相关的思想观点。禅宗主要以"涅槃寂静"作为修行的最高境界，这也是禅定时进入空无境界的状态，用这种状态表达寺院建筑的氛围有两点好处：（1）为修行僧人们提供清净修行的理想场所；（2）可理想地表达出高僧进入涅槃境界的状态，为人们提供一个现世中可到达的理想场所。佛教建筑的审美意象以直觉为主，这与禅修时所培养的修行方式很类似，它在某种程度上训练人的直觉思维。禅宗主张排除外界的一切干扰，从内在和外象上都达到"涅槃寂静"的境界，具体表现在建筑的做法包括对寺院建筑空间营造的恰到好处，对建筑形体关系处理的简洁朴素，对建筑装饰和材料使用的简朴和淡雅及对结构处理的简洁。在调研湖南古代寺院的过程中，笔者发现大部分寺院整体空间形态都恰到好处，总体布局过程对建筑庭院和环境的处理让人感觉沉静，在建筑色彩和装饰方面基本上处理得较为低调朴素。例如宁乡沩山密印寺的万佛殿周围采用水体的处理方式，寺院因此给人安宁的感觉，同时也利于僧人们的修行（图4-23、图4-24）。又如石门夹山寺的大悲殿采用青砖等材料构成朴素淡雅的色调，以致大殿氛围朴素宁静（图4-25～图4-27）。净土宗经典中对西方极乐世界的评价是极为庄严清净，《佛说阿弥陀经》中提及用各种奇珍异宝如黄金玛瑙水晶装饰极乐世界，以显示对西方极乐世界美好景象的向往。"阿弥陀佛"是从梵语中

❶ 潘知常.禅宗的美学智慧——中国美学传统与西方现象学美学 [J].南京大学学报（哲社版），2002（1）：74-81.

❷ 陈望衡.中国古典美学史 [M].武汉：武汉大学出版社，2007.

直译过来的，意指无量光和无量寿，即从时间和空间上都是无限的意思。净土宗寺院一般以清净庄严作为寺院营建的风格特征，在设计过程中以整体格局的宏伟严整、寺院环境的庄严华美及寺院建筑的清净有序来表示对西方极乐净土的向往。经典中所描述的光明、美好、色彩、音乐、花鸟虫鱼等都会被用于寺院建造中。笔者在调研湖南古代寺院过程中发现，遗存的古代寺院多以禅净双修为主，但也不乏以前崇尚禅宗后因住持改变而改信其他宗派的寺院。因此，不少寺院将佛教不同宗派的审美观结合起来，呈现出不同的建筑风格。从禅宗观净土宗，具体体现在唯心净土这一理念上，即从对净土宗的观照转化为对自心的观照，其审美意象为内心极乐世界的呈现，即所谓"打坐为念佛"。例如，浏阳宝盖寺以前是曹洞宗的祖庭，然而因后来的住持师父专修净土法门，现今寺院呈现出的建筑格局以禅宗的"清净和寂"为主，追求"法无定法"。寺院整体建筑沿水而建，大雄宝殿后边是禅宗历位祖师大德的灵骨塔，主殿则有净土宗寺院的特点，其中供奉阿弥陀佛像，华丽庄严，高大清净。

图 4-23　宁乡密印寺水体空间 1

图片来源：作者自摄

图 4-24　宁乡密印寺水体空间 2

图片来源：作者自摄

图 4-25　石门夹山寺大悲殿入口

图片来源：作者自摄

图 4-26　石门夹山寺
大悲殿

图片来源：作者自摄

图 4-27　夹山寺
大悲殿木雕纹饰

图片来源：作者自摄

禅净两宗完美地结合为修行僧人和居士提供了较好的清修场所，也为来往信众提供了华丽的朝拜圣地（图 4-28 ～图 4-30）。

此外，华严宗的"事事无碍"和天台宗的"三谛圆融"也是对寺院建筑"圆融"特质的彰显。随着佛教各宗派的传承与发展，湖南寺院在不同时期由不同宗派担任主要角色。例如，天台宗三祖慧思在陈宣帝的支持下，历时十年创建了南岳福严寺（古称般若寺），如今寺前还有三生塔，即慧思塔。慧思传业弟子包括灌顶、智越等人都来过般若寺，因此福严寺与天台宗有深厚的历史渊源。至唐代，禅宗高僧怀让来此居住十年，福严寺便成为中国历史著名的禅宗道场，寺院至今仍由禅宗僧人打理。从天台宗的道场到禅宗的寺院，福严寺经历了宗派的转换，由此看来正是体现了佛教当中"圆融无碍"思想，不管何种宗派只要是佛教道场都具有这样的特征。由此，寺院建筑的整体空间形态适合佛教不同宗派的使用。

图 4-28 浏阳宝盖寺万佛殿
图片来源：作者自摄

图 4-29 浏阳宝盖寺灵骨塔
图片来源：作者自摄

图 4-30 浏阳宝盖寺居士楼
图片来源：作者自摄

4.5 学修体系对寺院建筑空间形态的影响

4.5.1 佛教的学修体系

不同的人会给佛教下不同的定义，有人认为佛教是宗教，有人认为佛教是哲学，有人认为佛教是人生观，还有人认为佛教是一种迷信。不过在正信的佛教弟子意识中，佛教是教育。这种教育并非一般的教育，而是佛陀关于宇宙人生实相的教育。佛教教育的目的不在保佑人们升官发财、长命百岁、趋利避害、荣华富贵、万事顺利。恰恰相反，佛教教育是要人们舍弃对以上的执着追求。佛祖在三千年前便已进入涅槃，但他的教育却一代代流传下来，使很多人受惠。担当教育的是"僧"，这些"僧"的日常生活场地诸如佛堂、法堂、斋堂等空间也就是佛教的教育场所。从这一点上看，寺院是跟学校建筑很相似的建筑类型❶。同时，寺院也是出家人修行和弘扬佛法的重要场所。因此，寺院最基本的功能便是围绕这一点布置的，而其他辅助空间原则上是越简单越好，这符合佛教清心寡欲的要求。总之，寺院着重发挥教育和修行这两项功能，而不是为寻求欲望的享受而设置的。

佛教教育和修行方法在某种程度上是结合起来的。所谓"闻"、"思"、"修"，即是先对佛法进行系统的地了解和掌握，再经过自己的思考，最后践行出来。总的来说，依照佛祖及所修宗派祖师传承下来的修行方法最终便可达到开悟的状态。出家僧人的学习和修行活动一般包括拜佛礼佛、过堂、安居、诵经、出坡以及参与寺院中的法会，寺院则为他们提供这些学习与修行的活动空间。

除了为僧人提供学修场所的功能外，寺院还承担着为居士和信众提供相关佛教活动的功能，如每年的各种法会，较为正式的包括弥勒佛圣诞法会、观音菩萨圣诞法会、佛陀圣诞法会、观音菩萨成道纪念法会、盂兰盆会、阿弥陀佛圣诞法会等。法会仪式根据法会性质的不同而有差异，一般进行的方式是以各种法物幢幡庄严佛殿，然后在佛前献上香华、灯烛、四果等，并行表白、愿文、诵经礼赞等。根据信众规模的大小，寺院为他们提供相应的场所，如需较大的空间，寺院将提供较大的庭院或广场以便信众奉佛。

4.5.2　结合学修功能的寺院空间形态

隋唐时期，中国佛教进入了全面繁盛时期，寺院建筑也逐渐形成了约定俗成的平面形态（图 4-31 ~ 图 4-33）❷。

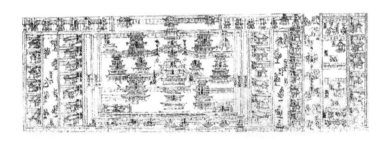

图 4-31　戒坛图经南宋刻本附图

❶ 漆山. 学修体系思想下的我国现代寺院空间格局研究 [D]. 北京：清华大学，2011.

❷ 图 4-31 ~ 图 4-33 均源自：傅熹年. 中国古代建筑史 [M]. 北京：中国建筑工业出版社，2001.

图 4-32　据戒坛图经所绘佛院平面示意图

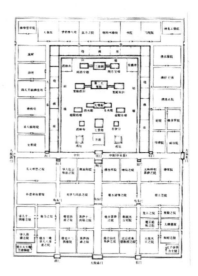

图 4-33　据祇园寺图经所绘寺院平面图

　　唐高宗时期，律宗高僧道宣提出了契合僧人教育与修行，同时满足信众活动的理想寺院平面布局。这种布局包括：（1）中部的宗教和礼仪区"佛区"；（2）南部的对外修行与学习区域，以便信众与居士们修学；（3）东部的内部修学区，以便僧侣们学习修行及居住；（4）北部的杂学研究区，包括天文地理等；（5）西部的后勤区，主要包括厨房、斋堂、厕所等辅助用房。

　　至中唐，百丈禅师创立了"百丈丛林"制度，提倡"一日不做，一日不食"，因此形成了"百丈式"寺院基本格局，其具体形式大致为：（1）沿中轴线布置山门、法堂、方丈等主体建筑；（2）法堂西侧为僧堂和经藏，僧堂是僧人们集体禅修与学习的场所，经藏便是如今的图书馆，主要用于收藏佛教经典；（3）法堂东侧为厨房和库房等。在宋代以后，"百丈式"寺院中一些建筑的功能又有变化，如法堂此时兼做佛殿，或在法堂前单独设置佛殿等。其主要原因是宋代以后禅宗与净土宗相互融合，修行便由以前的禅坐转变为禅坐与诵经念佛结合的方式。佛殿因此也成为宋代寺院中的主体建筑（图 4-34）。位于湖南石门县的夹山寺始建于唐咸通十一年（公元 870 年），历经唐懿宗、宋神宗、元世祖"三朝御修"，属于典型的"百丈式"禅宗寺院。其整体空间格局以中轴线对称。中轴线建筑自山门起，经由放生池、天王殿、大雄宝殿、大悲殿，最后是说法堂。从建筑尺寸来看，说法堂明显小于大雄宝殿，法堂西侧是僧寮，东侧则是其他附属用房。由于历经朝代变迁，寺院除唐代遗存的大悲殿和清代重建的大雄宝殿外，其他均为后修建筑。至今夹山寺仍大体保留唐代原有空间格局，但其中也包含有宋代的格局特征（图 4-35）。

　　直至明代，湖南寺院主要分为禅宗寺院和净土宗寺院。由于明代以前禅宗寺院发展较为自由，明太祖朱元璋下诏，分天下寺院为"禅"、"讲"、"教"三类。"禅"是指主要讲究坐禅的寺院，"讲"是指主要研究讲授佛教经典的寺院，"教"是指主要做佛事的寺院。

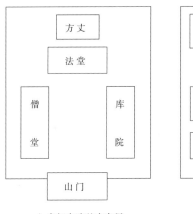

a）唐朝寺院基本布局

b）宋朝寺院基本布局

图 4-34　唐宋寺院基本布局模式比较图

图片来源：作者自绘

可见当时寺院功能更为细化，如禅寺强调坐禅，原本禅修与起居合为一体的禅堂则只供坐禅使用❶。这时期寺院的转变主要包括以下方面：（1）禅堂位于佛殿西侧，其功能更为细化，供生活使用的斋堂则位于佛殿东侧；（2）钟鼓楼的位置定位是左为鼓楼、右为钟楼❷；（3）明代禅寺佛殿兴盛，居中心位置，法堂虽仍位于中轴线上，但体量及格局明显小于佛殿（图 4-36）。

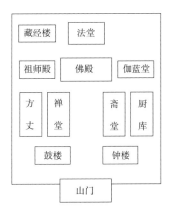

a）明朝寺院基本布局　　b）清朝寺院基本布局

图 4-36　明清两代寺院基本格局对比图

图片来源：作者自绘

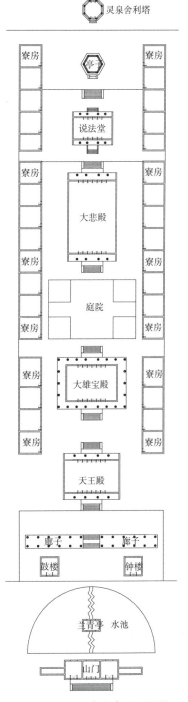

图 4-35　石门夹山寺总平面图

图片来源：作者自绘

❶ 戴俭.禅与禅宗寺院建筑布局研究 [J].华中建筑，1996（3）：1.

❷ 陈怀仁，夏玉润.明中都钟鼓楼的形制、朝向及其文化内涵.中国紫禁城学会论文集（第七辑）.故宫古建筑研究中心、中国紫禁城学会，2010：14.

到了清代,禅净双修和各种宗派混杂修行的现象较为普遍,禅寺内的建筑功能较为混乱,法堂地位因此更为弱小,甚至变得可有可无了。例如,位于湖南攸县的宝宁寺始建于唐元和三年(公元 808 年),经过历代的修葺,相较唐代禅寺的格局已经发生了很大变化,其基本格局由单一的禅宗寺院,转变为禅净双修的寺院。从总图关系来看,中轴线上主要以天王殿、大雄宝殿和观音殿为主,而禅堂与阿弥陀堂则位于西侧,靠得很近,这是典型禅净双修寺院的格局(图 4-37)。

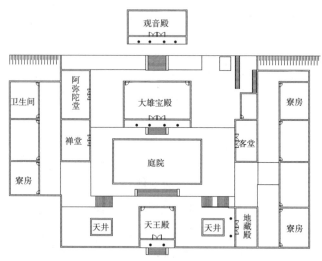

图 4-37　攸县宝宁寺总平面图

图片来源:作者自绘

经笔者调研的 32 所湖南古代寺院中,最早修建的早至西晋,即长沙岳麓山的麓山寺,最晚修建的也是明代寺院,如沅陵凤凰寺等。这些寺院建筑历经时代变迁、战争洗礼、社会动荡,在各朝代接受不断地翻修和重建,空间形态因此逐渐具有各朝代的特征。其具体演变主要体现在:(1)单一遵循某一朝代的例子很少,空间格局一般都会与随后的朝代相应;(2)整体空间形态保持某一朝代的特点,但建筑风格会发生改变。例如,南岳祝圣寺始建于唐代,经过各朝代的重建,整体空间形态兼具各朝代寺院建筑的特点。中轴线上建筑依次是山门、天王殿、大雄宝殿、说法堂、方丈室,这是典型宋代禅宗寺院的基本格局。然而禅堂和观音阁位于中轴线建筑的西侧,地藏殿、药师殿和祖堂位于东侧,这些又具明代禅宗寺院的特点。此外,寺院生活区的尺度较大,寮房极多,庭院空间丰富,兼设观岸堂等建筑,这又有清代寺院建筑的特点。据说寮房建设颇多是为康熙下江南作为行宫而准备的,因此祝圣寺又有"江南小行宫"之称。由此可见,寺院建筑空间形态所形成的要素非常复杂,有些寺院可能单一地受某朝代的基本格局所束缚,然而大多都兼具各朝代寺院建筑的特点(图 4-38)。总之,在佛教学修体系的影响下,寺院建筑呈现出多元发展的空间形态。

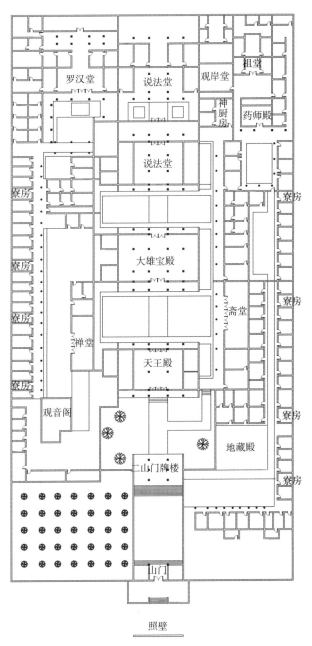

图 4-38　南岳祝圣寺总平面图

图片来源：作者自绘

4.6　本章小结

　　本章主要论述了佛教文化对湖南古代寺院建筑的影响。从佛教不同宗派、核心思想、伦理观、审美观以及佛教学修体系等五个方面论述了各自对湖南寺院建筑的影响。由于禅宗思想的影响，寺院否定了永恒与固有的整体建筑格局，不再遵循单一的营建模式。净土宗远不及禅宗对寺院建筑格局的影响，主要体现在装饰方面。寺院大多与周围环境融为一体，整体布局沿着山势而建，建筑与环境和谐共生，基本不会对当地自然环境造成影响，这与佛教思想中的"因果轮回"理念不谋而合。在寺院与周围环境的协调关系上，寺院处于与环境平等的位置，注重建筑与周边建筑间的平等关系，以及寺院整体空间形态中每个建筑的平等关系。对自然装饰题材的选择和对自然界中材料的原始性使用及可循环材料的充分使用无疑最能体现佛教的"慈悲"理念。"无碍圆融"思想则使寺院建筑的意境较为沉静，建筑色彩和装饰因此基本上处理得较为低调朴素。而佛教学修体系亦使寺院空间形态所形成的要素非常复杂，不会单一地由某个朝代的基本格局所束缚，但大多都兼具各个朝代寺院建筑的特点。寺院建筑呈现出多元化发展的空间形态。

第5章 其他文化对湖南古代寺院建筑的影响

在对寺院空间形态的影响因素中，除了佛教文化之外，还主要包括传统风水、湖湘儒家、道教、祭祀文化、少数民族宗教信仰等。在本章中，笔者针对传统研究中的"伽蓝七堂"之说与寺院整体空间形态的关系做出自己的研究与判断。

5.1 传统风水思想对寺院选址及空间形态的影响

5.1.1 传统风水思想概述

与世界上的众多建筑文化相较而言，中国传统建筑文化具有一个显著特征：无论是都邑、城镇、聚落、宫宅还是苑囿、寺观阁祠、陵墓牌坊，或是道路桥梁，从选址到规划设计几乎都受到传统风水思想的影响 ❶。

今人所称的风水一般出自于晋人郭璞传古本《葬经》所述的"气乘风则散，界水则止，古人聚之使不散，行之使有止，故谓之风水"。风水自古常被称为卜宅、相地、图宅之术。古代许多学者及风水学家考证，商周时期便已出现最早的"卜宅之文"，《尚书》和《史记》针对古代先民选址或城市规划工邑活动都有史实的记载。风水又可称为"堪舆术"，"堪舆"出自于汉代早期淮南王刘安门客所著的《淮南子》，其中提到"堪舆徐行，雄以音知雌，之所谓天之道，月有阴阳变化，有相冲克之时，也有相合之时，前者凶，后者吉。盖'堪舆'之意，与天地之道相通。"此外，风水亦可被称为"地理"，意指天地之道、天时地利。由此可见，建筑的选址择地、布局空间都与风水相关，其中有一定的科学成分在内，而非完全的迷信之说。到唐代，风水被称为"阴阳"，《旧唐书·吕才传》中提到："太宗以阴阳书近代以来渐致讹伪……遂命（吕）才与学者十余人共加刊正。"古人考察天地与万事万物，最终发现事物皆有对立统一的两面，恰如阴阳之理，这使风水理论充满了哲学辨证的思维。虽然风水理论在一定程度上有玄学和迷信的成分，但也包含了哲学思辨之理。自然界的事物如山主静而属阴，水本动则属阳，因此讲究山水交汇动静相宜。风水对山水植被、阳光空气乃至建筑空间形态无不是讲究"动静阴阳，移步换形，相生为用"。中国的风水理论融汇了古代科学、哲学、美学、伦理学及宗教和民俗的内容，最终形成

---

❶ 程建军.风水与建筑 [M]. 南昌：江西科学技术出版社，2005.

图 5-1　风水思想下的选址吉地示意

图片来源：作者自绘

了理论性和系统性比较强的独特学说❶。传统风水理论的基本原则是负阴抱阳，背山面水。所谓负阴抱阳是指基址后方有主峰来龙山，左右有次峰，故被称为左青龙右白虎。前面有弯曲水流或月牙形池塘，水对面还有对景山案山。轴线上建筑一般是坐北朝南，但如果符合大体格局处于其他方向也未尝不可。综上绘之，便有了所示背山面水的基本格局，一般来说理想的风水格局大抵如此（图 5-1）。

古代宗教建筑在选址与布局方面十分谨慎，不仅要求风景秀美，还特别注重风水情况。宗教建筑的选址通常遵从周易风水理论，强调"天人合一"的理想境界，体现出对自然环境的尊重。风水思想在宗教建筑中主要反映在基址选择、方位朝向、建筑体形、室内布置等诸多方面。在考察许多古代佛教或宫观的地理位置之后，可以发现古人针对宗教建筑的选址充满了理性思考，特别看重地表、地势、土壤以及方位、朝向等诸多因素，因此通常将宗教建筑选在山灵水秀、环境优雅之地。

基于这种指导思想下的宗教建筑注重物质与精神的双重需求，这要求建设者不仅有较高的科学水平，还应有一定审美观念。通常情况下，建筑形态在山下多为枕山面水，在山上则依山势而建，开阔向阳。整体布局既符合定制又具足够灵活性，使得建筑与山水自然风光取得了和谐统一。

5.1.2　风水思想与寺院选址

传统风水理论对湖南古代寺院的影响主要体现在选址和方位选择上，关于风水思想对寺院庭院空间的影响，将在 6.4 节中论述。

5.1.2.1　对选址的影响

佛教初入中国时，风水理念在寺院选址及营建过程中并未受到足够重视，其主要原因有以下两点：（1）佛教认为一切唯心造，建筑仅是内心世界的外显，故无需要求过多。（2）佛教传入初期民间寺院多以民宅为寺，尚未形成规模，因此寺院建筑大多顺势而为，只要背风向阳、环境良好即可。随着佛教与中国传统文化的不断融合，风水理念逐渐被用于寺院选址中。寺院通常选择幽静偏远但风景优美的地方以供僧人修行，所谓"天下名山僧占多"便是这个道理。宋代以后，寺院的风水理念逐渐形成了"理气派"和"形势派"等，佛教思想中"吉凶祸福"、"转世轮回"等概念也在风水理论中体现出来。当时寺院建筑的选址非常讲究"藏风聚气、得水为上"，即人与周围环境的和谐。"藏风聚气"

---

❶　王其亨. 风水理论研究 [M]. 天津: 天津大学出版社，1992.

要求寺院最好在一个周围有山环抱和水流经过的地方，即背山面水之处，这也符合风水中的理想模式。笔者在调研过程中发现，南岳大部分寺院均位于南岳诸峰，且大多选择背山面水的位置，即使不能选取面水地方，也会选择水源经过之处。因此，南岳寺院冬天能抵御北方寒风，夏季则因面水缘故极为凉爽（图5-2、图5-3）。又如南岳庙坐北朝南，前有寿涧水，后有赤帝峰，左右不远处还有东、西寿涧，可谓集青龙、白虎、朱雀、玄武四种佳地要素于一身。山上寺院如南台寺，其建筑依南岳山间朝南向阳的平地而建，并于寺前留出一大片空间，如此既利于法事期间人员的流动，又使寺院具备良好的观景效果，环境宜人。

图 5-2　南岳祝融峰顶

图片来源：作者自摄

图 5-3　南岳上封寺

图片来源：作者自摄

5.1.2.2　对方位选择的影响

寺院整体格局讲究"来龙去脉"，即整体空间形态要沿山势而建，这种原则从设计上来讲是结合地形，从风水上来讲则是讲究气运与山地结合。寺院基本朝向往往采用"坐北朝南"的格局，在整体空间形态上主要关注入口空间，因此寺院山门朝向一般安排在气韵通畅的地方，力求与山脉气韵一致。

除了选址外，风水理论对寺院建筑的影响还体现在方位选择上，具体可分为整体方位和建筑方位两方面。在整体方位的选择上，风水理念以东南西北为正向，寺院方位一般选择坐北朝南，这也是出于气候因素的考虑。在建筑方位的选择上，寺院主殿一般设置在正向上，然而如果实际条件不允许，亦可设置在其他方位上。从等级上看，主殿一般供奉本师释迦牟尼佛的塑像，因此会设于正向上，而其他殿堂包括天王殿、观音殿和一些配殿则不一定完全处于正向。特别是有些山林寺院因只能随地形而建，故稍偏正向即可。例如，南岳南台寺坐北朝南，其中轴线上包括主殿、天王殿、方丈室等建筑，而千手观音殿与药师佛殿等配殿位于中轴线旁边，距离不等。这主要受风水理论的影响，然而南台寺地处山林，且所处地段皆为陡坡地，寺院整体格局只能依山而建，在保证主殿处于中轴线上后，其他建筑只能顺应地形起伏及山地气韵罢了（图5-4）。而南岳福严寺虽然处在较为平整的基地上，但由于整体高差较大，因此也采取将主殿设置在中轴线上，其他附属建筑则依据地形而建（图5-5、图5-6）。

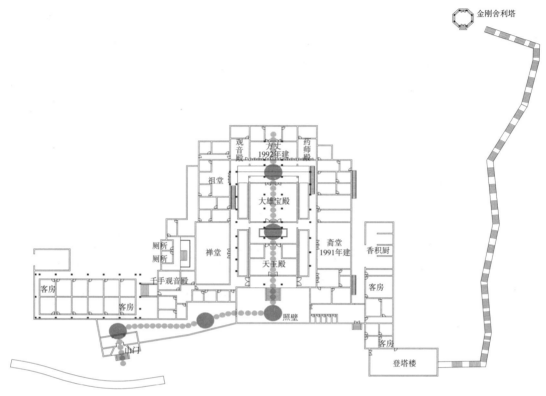

图5-4　南岳南台寺主轴线分析图

图片来源：作者自绘

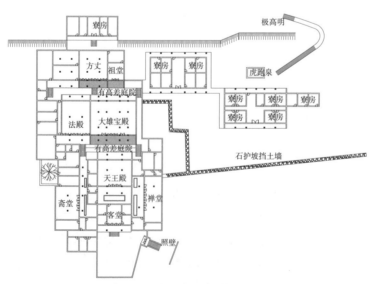

图5-5　南岳福严寺整体空间关系图

┼　图片来源：作者自绘

**图5-6　南岳福严寺庭院
廊道空间**

图片来源：作者自摄

5.2　湖湘儒家思想对寺院建筑形式及空间序列的影响

湖湘儒家思想对湖南古代寺院的影响主要来自两方面，其一是宋明理学思想，其二是儒家礼制制度。

5.2.1　宋明理学思想对寺院建筑形式的影响

5.2.1.1　宋明理学思想与湖湘学派

有关佛教与儒家的关系，已在 2.3 节中详述，在此仅简述湖南地区有关的儒学思想和湖湘学派。宋明理学形成于南宋时期，该学派以湖南为主要活动范围而得名，其代表人物是周敦颐、张栻和朱熹。宋明理学以孔孟之道的儒学为主干，多方吸收了道家和佛家的思想精华，逐渐成为中国封建社会中占统治地位的哲学思想。周敦颐是宋明理学思想的创始人，他的理学思想在中国哲学史上具有承前启后的作用。儒家人性论立足于社会现实，具有人伦和政治等多方面优势，佛教基于这种人性论与儒家取得一致，大大推动了佛教教育的发展。然而佛教的佛性论作为一种宗教学说，实质上具有理论思辨和心灵慰藉等方面的长处。由于儒家人性论缺乏本体层面的理论论证，不如佛性论那样对人的心灵有吸引力和说服力，不少佛教思想因此为儒学所吸收。宋明理学就是把传统儒学人伦上升到本体论高度，进而打通本体论与心性论的内在关联。

湖南禅宗自唐代以来便在国内处于领军地位，显然，以湖南为主要活动范围的宋明理学思想的产生深受佛教尤其是禅宗的影响。禅宗在南北宋时期便逐渐走向下坡，继而起之于中国学术思想界者便是"理学"。鉴于禅宗对"理学"的影响，"理学"可称为宋代新兴的"儒家之禅学"。反之，元明以后的禅宗亦等同是"禅宗之理学"。可以说，佛学如若不来中国，隋唐时期的禅宗便不会如此兴盛，那么儒家思想及孔孟的"微言大义"可能永远停留在经疏注解之间，显然亦不会有如宋明以来儒家哲学体系的建立和发扬光大的局面。幸好因禅注儒，才有宋儒理学如此的光彩。如果再要追溯它的远因，问题更不简单。自汉末佛教传入中国以来，学术思想界儒、佛、道三家的同异之争历经魏晋南北朝直至隋唐始终不止。以汉末牟融著《理惑论》调和三教异同之说为始，直至唐代高僧道宣汇集的《广弘明集》为止，所存的相关文献资料中随处可见学术思想界里的这股洪流。自唐朝开国后，朝廷同尊三教，且使各自互擅胜场，儒、佛、道三家才渐入融会互注的状态 ❶。

佛学典籍的浩瀚，智慧的高深，体系的完备，使儒家经典相比之下显得简单、脆弱、缺乏体系。为了抵制佛学对儒学地位的冲击，朱熹通过努力将儒家经典包括《孟子》、《大学》、《中庸》和《论语》合称"四书"，并使之成为理学的经典结构。"四书"在儒学的

---

❶　江灿滕.明清佛教思想史论——晚明佛教丛林衰微原因析论 [M].北京：中国社会科学出版社，1996.

地位从此空前重要，甚至成为科举取士的标准。佛学对儒学自身体系的完善起着极其重要的促进作用。另外值得一提的是，宋明以来理学家们讲学的"书院"规约之精神很大程度上是受禅宗"丛林制度"及《百丈清规》的影响而来的，理学家们讲学的"语录"、"学案"完全套用了禅宗中"语录"、"公案"的形式与名称。

除了宋明理学，南宋时期著名的湖湘学派也与禅宗有着千丝万缕的关系。当时著名理学家胡安国和胡宏在衡山文定书院读书，而时任南岳庙监事的朱熹便师承于胡宏，并常拜访张栻等人。自唐代以来，读书人隐居寺院研修学业的风气很兴盛，而宋代时期的书院也是由寺院起源的。朱熹在《衡州石鼓书院记》中写道："予惟前代庠序之教不修，士病无所于学，往往择胜地立精舍，以为群居讲习之所，而为政者乃成就而褒美之，若此山，若岳麓，若白鹿洞是也。"❶

5.2.1.2 对寺院建筑形式的影响

湖南寺院的主要建筑形式受到宋明理学思想和湖湘学派的影响，主要表现在以下两方面：

（1）一些寺院因参学人士数量较多，后因功能转变而被改为书院。例如唐代衡山的邺侯书院、北宋时期的赵抃书院之前都是寺院，而到后来才改为书院的。邺侯书院原名南岳书院，是唐代随州刺史李繁为纪念其父李泌而创建的。南宋时期，自湖湘学派胡安国父子来此讲授《春秋》开始，不少理学家均在此讲学，期间讲读之风极盛一时。宋宝庆（1225–1227 年）年间，书院迁建至集贤峰下，更名为邺侯，而邺侯书院实为湖湘学派的发祥地（图 5-7、图 5-8）。

图 5-7　南岳邺侯书院主入口
图片来源：作者自摄

图 5-8　南岳邺侯书院石亭
图片来源：作者自摄

（2）寺院和书院并存，其中最为典型的是沅陵县的龙兴讲寺。龙兴讲寺位于沅陵县城西北角的虎溪山麓，是世界上现存最古老的学院。它是唐贞观二年（公元 628 年）唐太宗下旨修建用于传授佛学的寺院，距今已有 1380 余年的历史，是湖南省现存最古老的木构建筑群。讲寺之所以名为龙兴，是隐喻帝王之业的兴起。《尚书序》载："汉室龙兴，

---

❶ 王立新. 湖湘学派与佛教 [J]. 湖南科技大学学报（社科版），2004（11）：100.

开设学校，九五飞龙在天，犹圣人在天子之位，故谓之龙兴也。"由此可见，唐太宗敕建江南讲寺并赐名龙兴，是期望通过佛法的传播实现教化一方，进而达到稳固朝廷对江南的统治局面，使国家集中力量镇压边疆民族和反唐势力，促使大唐帝业迅速兴起。龙兴讲寺后的虎溪书院是湘西地区少有的书院建筑，相传明正德五年，王阳明自贵州龙场驿到江西任庐陵知县路经辰州府时，与武陵学者蒋信、沅陵进士唐愈贤等在此讲学，并留下"杖藜一过虎溪头，何处僧房问惠休"的名句。由此可见，龙兴讲寺集修学与寺院功能于一体，是古代湖湘儒学家们参学的地方，也是湖南古代寺院受湖湘儒家思想影响的典型表现（图5-9、图5-10）。

图5-9　沅陵虎溪学院山门

图片来源：作者自摄

图5-10　沅陵龙兴讲寺虎溪学院

图片来源：作者自摄

5.2.2　儒家礼制制度对寺院建筑空间序列的影响

5.2.2.1　儒家礼制制度

"礼"源自于原始社会后期中的祭祀活动，其中《说文》便有如此解释："履也，所以事神致福也。"因此可以看出，夏商西周时期的民众十分重视祭祀。《礼记·祭统》亦有云："凡治人之道，莫急于礼；礼有五经，莫重于祭。"这说明祭祀即为礼之发端。《礼记·礼运》曾记述孔子为研究礼亲自前往夏人和商人集居地杞国和宋国分别进行考察，并得到了《夏历》和《坤乾》。基于总结，孔子认为民众将饮食献给神灵和亡故的亲人便是最初的礼[1]。由于发端于祭祀，礼的最大特点便是"敬"，释礼之义的《礼记》开篇便言"勿不敬"。然而，礼的规范并不局限于祭祀的程序与规范[2]。

孔子时代的儒者非常重视礼仪所表现的思想和观念，孔子所云"非礼勿视，非礼勿听，非礼勿言，非礼勿动"为的是培养一种遵循仪节的自觉习惯，"君君臣臣父父子子"为的是形成整个社会井然有序的差序结构。当世每个阶层的人如果都按礼仪规范自己的行为举止，那便有了秩序。从儒家的观点看来，礼的制定是为了稳定社会秩序，而礼仪表述

[1]　邵方. 礼的本质及其法律意义分析 [J]. 甘肃政法学院学报，2007（4）：82-86.
[2]　柳肃. 营建的文明——中国传统文化与传统建筑 [M]. 北京：清华大学出版社，2014.

的重要意义是它象征的一种秩序。礼制可以说是儒家文化的重要部分。

5.2.2.2 对寺院空间序列的影响

中国古代建筑的建筑形制和标准基本是从儒家的"礼制"中衍生出来的。礼制建筑主要分为坛庙、宗祠、明堂、陵墓、宫殿朝堂及阙、华表和牌坊等。寺院建筑是佛教文化与其他文化结合的产物，因此湖南古代寺院必然充分体现了儒家礼制制度。相关礼制建筑的建筑形制主要包括宫殿、民宅中的堂及相关牌坊等附属建筑部分。经总结可知，湖南古代寺院遵循礼制的典型特征主要包括以下几个方面：

（1）大中型寺院形成类似宫殿朝堂的"前朝后寝"格局，即前面部分用于主要公共活动，后面部分用于内部生活（图5-11）。总结30所湖南古代寺院可知，大部分寺院都采用中轴对称格局，而其中的大型寺院大多采用仿宫殿形制的布局，见表5-1。

从表5-1可以看出，约46.6%的寺院属于小型寺院，中型占到16.7%，大型寺院占36.7%（图5-12）。

在南岳衡山上，不少寺院都与政权统治者有着密切关系。例如，祝圣寺曾是康熙皇帝下江南修建的"江南小行宫"，被唐朝皇帝两次赐名为"般若道场"和"弥陀寺"，且五代时楚王名其"报国寺"。福严寺不仅由清代皇帝"敕建"，还有宋太宗赐额、宋高宗赠诗。南岳庙亦有"小故宫"之称，上封寺则因皇帝敕建而得名。这些寺院并非单

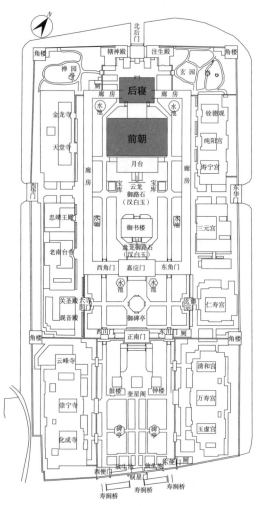

图5-11 南岳庙"前朝后寝"示意图

图片来源：作者自绘

大、中、小型寺院列表 表5-1

寺院类型	寺院名称
大型	南岳庙、南岳南台寺、南岳祝圣寺、南岳福严寺、长沙开福寺、长沙洗心禅寺、沅陵龙兴寺、浏阳石霜寺、石门夹山寺、大庸普光禅寺、攸县宝宁寺
中型	南岳上封寺、南岳广济寺、长沙麓山寺、湘乡云门寺、宁乡密印寺
小型	南岳大善寺、南岳藏经殿、南岳五岳殿、南岳高台寺、南岳铁佛寺、南岳湘南寺、南岳祝融殿、蓝山塔下寺、辰溪丹山寺、慈利梅花殿、湘潭昭山寺、浏阳宝盖寺、沅陵白圆寺、沅陵凤凰寺

表格来源：作者自绘

纯的修行场所，还为当时统治阶级提供了相应的使用空间，在某种程度上履行了礼制建筑的职能（图5-13）。所示，南岳庙中轴线上前面部分建筑包括棂星门、奎星阁、正南门、御碑亭、嘉应门、御书楼、圣帝殿，后面部分则包括圣公圣母寝殿及后庭院，这是典型的"前朝后寝"格局。祝圣寺中轴线上前面为两道山门、天王殿、大雄宝殿，后面则包括说法堂和方丈室。总的来看，前面是公共活动区域，后面是内部修行场所，两边是僧侣休息场所，整体分区十分明确，而穿插于其中的牌楼也显示出礼制建筑的格局（图5-14）。

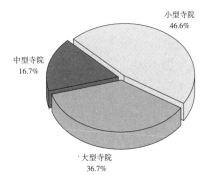

图 5-12　湖南省寺院类型比例分析图
图片来源：作者自绘

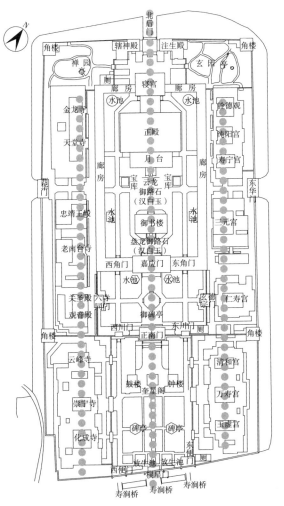

图 5-13　南岳庙中轴线分析图
图片来源：作者自绘

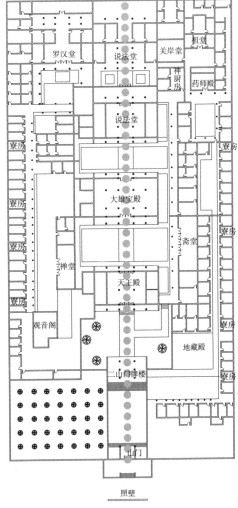

图 5-14　祝圣寺中轴线分析图
图片来源：作者自绘

（2）小型寺院以住宅为范本，形成类似传统礼制建筑中的合院建筑。例如南岳藏经殿、高台寺、湘南寺等都是将大雄宝殿等主体建筑置于中心，左右布置寮房、斋舍等附属建筑（图5-15）。

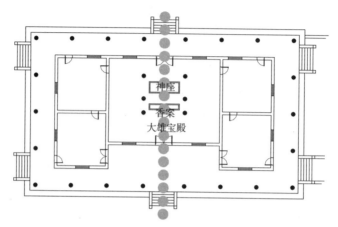

图 5-15　藏经殿中轴线分析图

图片来源：作者自绘

（3）从建筑装饰上看，大中型寺院内部装饰均仿中国古代宫殿的模式。中国传统礼制中最高贵的是重檐庑殿顶，该结构五龙照壁，屋脊上设有仙人和有象征意义的吉祥小兽如龙、凤、狮子、天马、海马、狻猊、狎鱼、獬豸、斗牛、行什。这些都能在湖南寺院中找到，可见寺院建筑的等级之高，受儒家礼制影响之深。此外，小型寺院建筑装饰虽不如大中型寺院，但对建筑内部空间的装饰也是极尽庄严的，其塑像通常庄重而生动以象征佛教的福德与智慧（图5-16、图5-17）。

图 5-16　南岳庙圣帝殿额枋下龙形木雕

图片来源：作者自绘

图 5-17　南岳庙圣帝殿藻井龙形纹饰

图片来源：作者自绘

5.3　道教思想对寺院建筑的影响

道教是中国土生土长的宗教，与其他宗教发源方式不同的是，道教既没有明显的创教时期，也没有伴随某个历史时期的重大事件产生。道教没有明显的创教者，也没有单一的教义，它只是杂糅了神仙方术、黄老学说及道家学说的教派。因此，道教建立的时间很长，创建的活动也很分散缓慢。任继愈曾指出，中国早期道教的形成来源于五个方面❶：（1）古代的原始宗教和民间巫术；（2）战国时期的神仙方术和黄老学说；（3）先秦的老庄哲学和秦汉的道家学说；（4）儒家学说和阴阳五行思想；（5）古代的医学和体育卫生知识。因此，可以说道教是一个带有原始宗教、多神崇拜的宗教。

5.3.1　湖南道教及道教宫观概述

湖南道教始于两晋南北朝时期，当时道教已逐渐形成了完备状态。道教认为宇宙万物都是由"道"化生并支配起来的，而清静是"道"之根本。晋太兴年间，女官祭酒魏华存至南岳衡山潜心修道十六年，宣讲上清经录，成为湖南最早的道教传播者。由此推算，湖南道教已有 1700 余年历史。

魏晋时期，黄老道杜巽才（称铁脚道人）游历南岳，礼拜祝融。晋武帝时的"太微先生"王谷神和"太素先生"皮元曜同居南岳，在云龙峰栖真观金母殿炼内外丹数年，胎息还元，数年成道。此后陆续在南岳修炼的著名道士还有陈兴明、施存等九人，其修道处先称"九真观"，后名"九仙观"。隋大业八年（公元 612 年），炀帝命道士蔡法涛、李法正至衡岳观焚修，兴行教法。至唐朝，高祖李渊和太宗李世民因道教崇奉的老子姓李，自称是老子后裔，大力提倡道教。特别是唐高宗李治，即位后（公元 605 年）尊太上老君为"太上玄元皇帝"，敕令各州建道观。当时南岳先后建有大庙、黄庭观，郴州建有苏仙观、橘井观、成仙观、露仙观，宁远建有鲁女观，常德建有太和观，浏阳建有升冲观，茶陵建有洞真观，岳阳建有大云山祖师殿、真君殿等。可见，湖南道教在当时大有发展，且名道辈出。

由唐至宋，道教各宗派逐渐合流，主要归为"正一派"，最终成为宋朝第二大宗教。宋真宗即位后命人编辑《道藏》，大建宫观，并在太学中设置道经博士，湖南道教亦盛极一时。金大定七年（公元 1167 年），王重阳创全真派，道教正式分为正一、全真两大教派。明初的皇帝很多都笃信道教，上好下甚，道教曾风靡一时，湖南亦不例外。当时正一道在乡村发展广泛，仅湘潭一地就有道坛 70 多处。而从整个明代来看，道教已趋于衰落，各地新建的道观相比唐宋已比较少了，其中在湖南新建的道观有长沙北门内的真武宫、永顺祖师殿、东安清溪观等。此时，注重清修的全真道武当派业已传入湖南。明成化十四年（公元 1478 年），模仿武当山的模式，长沙在岳麓山建起了云麓宫，武当山派道人金守分主持云麓宫并续建祖师殿、三清殿，比之前更具规模。此外，湖南以真武大帝为主神的还有南岳南天门、岳阳大云山、常德河袱山、芷江明山等宫观，武当全真道在湖南得以迅速发展。

至清朝，统治者尊密宗黄教为国教，而视道教为汉人宗教，不加重视。尤其在乾隆四年（公元 1739 年），统治者禁止正一真人传度。至道光年间，张天师由二品降至五品，

---

❶　任继愈.中国道教史 [M]. 上海：上海人民出版社，1990.

道教从此一蹶不振。清末民国时期，因外侮内乱，道教宫观及其地位江河日下，毁多兴少，当时湖南境内所存宫观仅 30 余处，全真道道徒亦不过 200 余人，不少旧时道观屋漏墙倾，道徒寥寥，道教名胜随之湮灭无闻。

经历朝代的变迁，现今省内保存较好的著名宫观除南岳黄庭观、玄都观、紫竹林、祖师殿、朱陵宫等宫观外，尚有长沙云麓宫、河图观、陶公庙，桃源九龙山，株洲仙岳山，茶陵云阳仙，郴州苏仙观，永顺祖师殿等（图 5-18、图 5-19）。

图 5-18　南岳黄庭观
图片来源：作者自摄

图 5-19　南岳玄都观
图片来源：作者自摄

5.3.2　道观与寺院功能的相互转换与共存

据《湖南佛教寺院志》记载，湖南地区不少寺院都由道观演化而来，具体情况主要有以下几种：（1）原为道观，后因人员变迁而成寺院；（2）民间文化与信仰混乱，民众只要能达成心愿，无论佛神都供奉其中，致使寺院与道观共存一室；（3）因当地道教衰败，而佛教兴盛，致使道观被改成寺院。上述三种情况都说明道观与寺院在某种程度上有相似性，不然不会造成道佛混用建筑的局面（表 5-2）。

由道观转化而来的湖南寺院列表　　　　　　　　　　　　　　　表 5-2

名称	地址	始建年代	现状
太乙寺（原道观）	长沙市天心区	南宋末期	已毁
多寺院（原神庙）	长沙市河东	唐代	已毁
水陆寺（原江神庙）	长沙市橘子洲尾	六朝	已毁、重建
玉泉寺（天妃宫）	长沙市天心区	明初	已毁
杨泗庙（家庙）	长沙县春华山镇	清末	已毁
昭烈寺（祭祀刘备）	长沙县牌楼镇	待考	已毁
谷山寺（祭祀谷神）	望城县星城镇	明代	已毁，现为林场
黑麋峰寺（道观）	望城县桥驿镇	唐玄宗年间	已毁，1995 年重建
龙王庙（佛道共存）	浏阳市社岗镇	唐朝	现存前后两殿

表格来源：作者自绘

道教宫观的一般形式由早期的茅屋靖室演变为唐宋时的宫殿式建筑。经过长期演变，道教宫观的形式有严格的规定。南北朝时期，道教建筑随着仪礼的规范化，不仅具备相当规模，且趋于定型（图 5-20）。

道教建筑常由山神殿、膳堂、宿舍、园林四部分组成，其总体布局基本采用中国传统院落式建筑，即以木构架为主要结构，"间"为单位构成单座建筑，再以单座建筑组成庭院，进而以庭院为单元组成各种形式的建筑群[1]。山神殿是道教活动的主要场所，常位于建筑群之主轴线上，殿内一般设神灵的画像或塑像。膳堂常设在主轴线一侧，包括客堂、厨房、斋堂及附属仓房等建筑。供道士和信徒使用的宿舍选址极为灵活，常在建筑群较为僻静的地方单独设院，有时还结合当地名胜或奇异地形建造楼、台、阁、亭、榭、坊等，进而形成以自然景观为主的建筑园林。在建筑群中，四者分区明确，配置适宜，联系方便，给人以庄严肃穆、清新舒适之感。此外，它还将壁画、碑刻、雕塑、书画、诗文、联额、题词、园林等诸多艺术形式与建筑物综合统一，因地制宜，巧作安排，具有较高的文化水准和多彩的艺术形象，从而增强了艺术感染力。建于名山风景区的道教建筑常结合奇峰异壑、甘泉秀水、参天大树等自然景观，运用各种独特建筑形制及做法，建出许多超逸高雅、玄妙神奇的建筑群。道教建筑的布局、体量、装饰及用色等均体现其建筑思想乃承袭中国古代阴阳五行说，即天地万物皆由木、火、土、金、水五元素构成，万物分配五行，五行循环相生[2]，其中季节、方位、色彩的配置与道教建筑关系尤密。

由于宋末时期道教出现了南北分宗，元代道教宫观布局除了整齐庄严外已经有了明显的宗教特征。经过明清时期的由佛改道，湖南古代道教宫观建筑依据寺院的布局最终形成定制。因此，佛道两家虽然在思想意识上有一定差异，最终还是在建筑格局上达成统一，同时吸取了民间住宅和宫观建筑的特点，形成了可相互使用的空间形态，如南岳玄都观（图 5-21）。

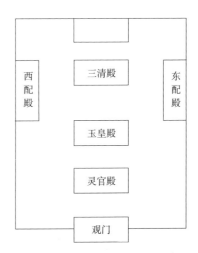

图 5-20　宫观建筑一般布局示意图
图片来源：作者自绘

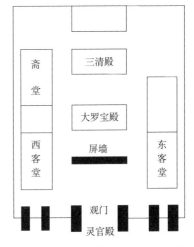

图 5-21　南岳玄都观平面形态简图
图片来源：作者自绘

❶　王绍周 . 中国民族建筑 [M]. 南京：江苏科学技术出版社，1998.

❷　张齐政 . 南岳寺庙建筑与寺庙文化 [M]. 广州：花城出版社，1999.

总之，由于佛教的兴盛发展和道教的日益衰落，寺院建筑逐渐取代了道教宫观建筑。就整体空间形态而言，道教宫观相对简单，尺度也较小，而寺院尺度极大，功能也较为复杂。此外，寺院和道教宫观在整体布局上都遵循中轴对称原则，但道教宫观并不像寺院规定的那样严格，有的宫观利用天然地形设置亭台楼阁，这更符合道教的"天人合一"思想，而寺院建筑相对来说规矩和限定会更多一些。在调研过的湖南寺院中，佛道合一的典型例子当属位于张家界市（史称大庸）的普光禅寺（以下均称为大庸普光禅寺），修建于明永乐十一年（公元 1413 年），属于"白羊古刹"的一部分。寺内有观音阁、罗汉殿、大雄宝殿等佛教建筑，也有武庙、关帝殿、高贞观等道教建筑。佛道的中间部分则是象征儒家礼教思想的文昌祠和节孝坊。儒释道综合在同一个建筑群中，是多元文化在湖南古代寺院中的集中体现（图 5-22 ~ 图 5-25）。

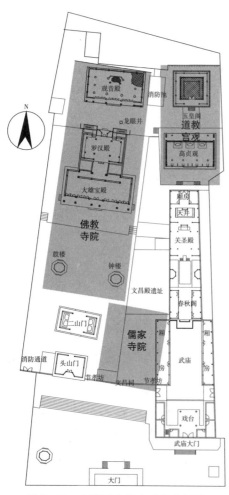

图 5-23　大庸普光禅寺天王殿
图片来源：作者自摄

图 5-24　大庸普光禅寺贞节牌坊
图片来源：作者自摄

图 5-22　大庸普光禅寺功能分析图
图片来源：作者自绘

图 5-25　大庸普光禅寺旁武庙
图片来源：作者自摄

5.4　祭祀文化对寺院空间形态的影响

5.4.1　祭祀文化概述

祭祀文化本属儒家文化范畴，但因祭祀文化包括的自然崇拜和道家文化属于三教当中共有的文化现象，故在此单独列出，以示区别。

宗教起源于自然崇拜，自然崇拜在原始宗教中占有十分重要的地位，而祭祀文化来源于自然崇拜中的山岳崇拜。在传说中，山岳崇拜开始于大汶口文化时期。到夏朝，人们才对山岳崇拜有一定的规范和要求，其中《山海经新校正序》讲道："大禹与伯益主名山川，定其秩祀。"人们对山岳崇拜主要因为对自然界的畏惧、依赖和认识到自身力量的渺小。在与自然界漫长的斗争和适应过程中，人类对大自然的神奇现象进行了探索和思考。然而，由于古代生产力和科技水平的低下，人类并不能解释自然界变化的原因，而是认为自然界存在着某种神秘的力量，因此自然界便成了人类崇拜的对象。

中国古代有关祭祀文化的建筑大体可分为两大类，第一类建筑用于祭祀天地、日月、山川、祖先、社稷，这是祭祀诸神的最高礼制建筑，常称之为"坛"，比如天坛、日坛、先农坛、社稷坛等。第二类用于祭祀人物，常称之为"庙"或"祠"，包括祭祀重要历史人物的孔庙、屈子祠、关帝庙等和祭祀家族祖先的家庙、祠堂。然而，与古代寺院相关的祭祀建筑则包括了圣帝祭祀和关帝庙。

5.4.2　祭祀文化与寺院空间形态

5.4.2.1　祭祀圣帝

在湖南古代寺院中，集佛教文化与圣帝祭祀文化于一身的现象最明显的当属南岳地区。南岳圣帝祭祀起源于南岳崇拜，然而对南岳是否是湖南衡山自古以来就争议不断。归纳起来，大体有四种说法，一是认为南岳是安徽霍山；二是认为衡山为正南岳，霍山为副南岳；三是认为霍山就是南岳，只是名称不同，一座山有两个名字而已；四是认为衡山即为南岳。在肖平汉的《南岳衡山析疑》中有其考证来的结论：自隋文帝开皇九年（公元589 年）昭定衡山即为南岳，直至今日这一地理位置从未改过 ❶。因此，在上述说法中，笔者比较认同第四种，即衡山就是南岳。而南岳圣帝则指火神祝融，原名祝诵或祝和。相传帝喾高辛氏时，他在有熊氏之墟（今新郑）担任火正之官，昭显天地之光明，生柔五谷材木，以火施化，为民造福。随后帝喾命曰祝融，后世尊为火神 ❷。

南岳的祭祀文化体现出宗教文化与政治相结合的特征，因此中国各朝代都很重视南岳祭祀。在南岳地区，南岳庙和祝融殿都是有着典型祭祀文化的佛教建筑。其中，南岳庙是祭祀南岳圣帝的大型宗教建筑，其本身具有社稷寺院的特征，在古代还专设庙官来

---

❶　肖平汉 . 南岳衡山析疑 [J]. 衡阳师院学报（社会科学版），1987（4）: 109-113.
❷　罗灿 . 南岳圣帝信仰的形成过程研究 [J]. 传承，2010（18）: 64-65.

**图 5-26　南岳庙圣帝殿旺盛
的香火**

图片来源：作者自摄

图 5-27　南岳庙前的祭祀仪式

图片来源：作者自摄

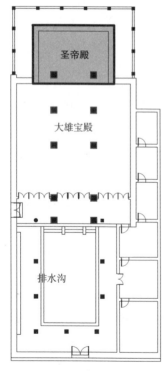

图 5-28　祝融寺圣帝殿平面图

图片来源：作者自绘

监管南岳庙。南岳庙建筑整体等级颇高，有"小故宫"之称，在大庙中轴线上便设有圣帝殿和圣公圣母殿。每年的南岳圣帝祭祀活动多从南岳庙出发，直到祝融峰顶的祝融殿才结束（图 5-26、图 5-27）。祝融殿老圣殿内供奉的主神即是南岳圣帝。虽然供奉着南岳圣帝，整个祝融殿却由佛教僧人管理（图 5-28）。究其渊源，相传南岳圣帝与天台宗三祖慧思大师棋盘对弈，最终使圣帝祭祀与佛教产生了融合关系。据宋代陈田夫在《南岳总胜集》中记载，慧思大师曾在祝融峰光天坛附近建一茅庵，以作信徒上行下经听法之所，这在一定程度上也使圣地祭祀与佛教文化产生了关联。

慧思大师在福严寺内专门开辟岳神殿，以奉岳神，此传统直至今日还存在。除福严寺开辟圣帝殿供奉南岳圣帝外（祝融殿、南岳庙自不用说），南岳还有上封寺、五岳殿（丹霞寺）、西岭老圣殿、后山五岳殿、辞圣殿对其供奉。1987 年，上封寺重建，因念及慧思大师与南岳圣帝的因缘，故在当时设立圣帝殿。丹霞寺位于南岳烟霞峰腰，始建于唐代贞元年间，是南禅八祖石头和尚之高足丹霞天然和尚的道场，清末重修时，寺内僧人将五岳圣帝像（东岳天齐仁圣帝、西岳金天顺圣帝、南岳司天昭圣帝、北岳安天元圣帝、中岳中天崇圣帝）请入殿内，遂将寺名改为五岳殿。西岭老圣殿位于七十二峰之一的文殊峰麓，始建于明代，2003 年南岳佛教协会对其进行了为期两年的维修，现今殿内主奉南岳圣帝像。后山五岳殿位于祝融峰北面山腰，始建于初唐时期，现存建筑物多属清乾隆五十一年（公元 1786 年）重建，1999 年南岳佛教协会对其进行了维修和扩建，并在殿内新塑圣帝像。此处是湘乡、双峰、邵阳、娄底一带善男信女来南岳烧香礼佛的必经之地，因此每年朝香高峰期进殿烧香礼佛的信众特别多。由此可见，不论是古代所修，还是后世重建，南岳不少寺院都供有圣帝像，有些还设有圣帝殿，这一现象鲜明地表现出南岳祭祀文化和佛教文化的融合关系。

5.4.2.2　祭祀关帝

关帝即关羽，字云长，三国时蜀汉河东郡解县人。

勇猛过人，为一代虎将，后因素重情义，秉性忠直，故而名垂青史。明神宗时，他被敕封为"三界伏魔大帝神威远震天尊关圣帝君"。因此，后世多尊其为"关圣帝君"或"关帝"。据《佛祖统纪》卷六智者传所载，隋代智者大师曾在玉泉山入定，定中见关帝显灵，化玉泉山崎岖之地为平址，以供大师建寺弘法，之后又向大师求受五戒，进而成为正式佛弟子。佛教将关帝列为伽蓝神者，亦称伽蓝菩萨。儒家因关帝忠孝仁义，便尊其为武圣，而后世民间以其有平冤镇邪护国赐福等神威，又尊其为武财神。因此，关帝顺理成章地成为三教共同的护法神。

为供奉关帝而兴建的场所，如独立存在则称为关帝庙，如是在寺院中专设的空间则称为"关帝殿"或"关圣殿"，在其中供奉关帝塑像，以作为佛教中的护法神。值得一提的是，在佛教中四大天王和韦驮菩萨也是护法神。因此，湖南寺院中有不少都建有天王殿，以供弥勒佛和四大天王或韦驮菩萨，有些寺院中还同时兴建关帝殿。浏阳石霜寺和湘潭昭山寺便是典型的实例。在石霜寺中，关帝殿建于中轴线左侧，而在昭山寺中，因受地形的限制，关帝殿建在中轴线上，位于弥勒殿后方（图 5-29、图 5-30）。

在湖南寺院中，也有只设关帝殿而不设天王殿的。例如，在张家界的普光禅寺中，关帝殿布置于道观中轴线上，关帝则作为护法神护佑着这座集儒释道为一体的寺院（图 5-31）。

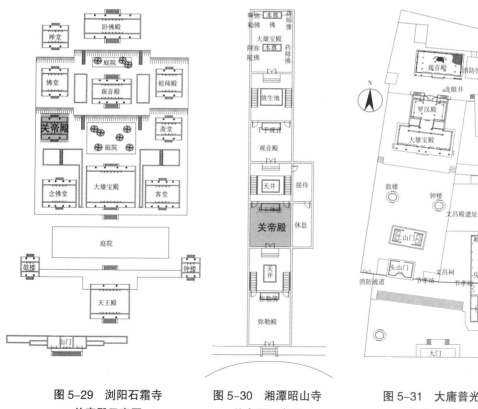

图 5-29　浏阳石霜寺
关帝殿示意图
图片来源：作者自绘

图 5-30　湘潭昭山寺
关帝殿示意图
图片来源：作者自绘

图 5-31　大庸普光禅寺
关帝殿示意图
图片来源：作者自绘

5.5 "伽蓝七堂"之说与寺院整体空间形态

伽蓝即指寺院，有关"伽蓝七堂"的说法起源于宋代寺院。笔者在前期背景资料调研阶段发现许多与佛教建筑相关的论文涉及了"伽蓝七堂"的内容，但其援引背景都不详细，而这似乎成了约定俗成的惯例。随后，笔者查阅北魏杨衒之所著的《洛阳伽蓝记》，发现仅对洛阳的城市面貌、风土民情和佛教文化做了真实记录，并未提及"伽蓝七堂"的建筑形制，再查阅《大藏经》、《佛学词典》等亦无结果。然而，张十庆指出日本文献《尺素往来》中有提及"七堂"为山门、佛殿、法堂、库里、僧堂、浴室和东司❶，因此"伽蓝七堂"很可能是日本寺院沿用的形制。袁牧在博士论文《中国当代汉地佛教建筑研究》中针对"伽蓝七堂"说法的来源做了详细分析，并得出了以下几点结论：（1）中国寺院中"伽蓝七堂"的建筑形制并不存在。（2）部分"伽蓝七堂"形制符合南宋寺院中"山门对佛殿、厨库对僧堂"的十字形布局。然而由于大型寺院一般由多个院落组成，这种布局仅占很小的部分。（3）日本人对南宋寺院制度误读，随后国人又对日本伽蓝七堂制度再次误读，最终导致民众盲目接受了"伽蓝七堂"的形制❷。

笔者针对调研的32所湖南古代佛教建筑的空间形态布局分析，发现很多寺院并未完全按照"伽蓝七堂"中"山门、佛殿、法堂、库里、僧堂、浴室和东司"的格局来布置，却常根据地形差异确定不同的布置方法。因此，笔者认为湖南寺院是否遵循"伽蓝七堂"的形制并不重要，而寺院受多元文化的综合影响呈现出丰富的空间格局才是相当关键的，如表5-3。

唐、宋伽蓝七堂之制空间构成元素   表 5-3

年代	存放舍利	供本尊佛	讲经之所	禅修空间	安放佛经	用餐空间	厕所	厨房	睡眠空间	入口	净身	敲钟鸣鼓
唐代	佛塔	大雄宝殿	经堂		藏经楼	大齐堂			僧房			钟鼓楼
宋代		佛殿	讲堂法堂	禅堂			西净	库房	禅堂	山门	浴室	

表格来源：作者自绘

5.6 少数民族宗教信仰与相关宗教建筑

湖南是个多民族的省份，在境内居住的除汉族外还有少数民族520多万人，约占全省人口的8%。而苗族、瑶族、侗族、土家族四个主要民族占到湖南少数民族人口的99%。其中，约85%的湖南少数民族主要分布在湘西、湘南和湘东的边远地区，其余15%的人口则分散杂居或聚居于全省各地，如武陵山和雪峰山以西的山区聚居着98%以上的土家族和苗

❶ 张十庆.中国江南禅宗寺院建筑 [M].武汉：湖北教育出版社，2002.

❷ 袁牧.中国当代汉地佛教建筑研究 [D].北京：清华大学，2008.

族人口；湘桂、湘粤边界上的山区是瑶族人民的主要居住地域。湖南各民族的历史源远流长，除古称"华夏"的汉族外，苗族、瑶族、侗族、土家族等都是自古以来便在湖南境内长期生息的民族。各少数民族都有自己的民族语言、风俗习惯和宗教信仰，但因信奉对象不同，各少数民族的宗教建筑都有很大区别。湖南少数民族宗教信仰和宗教建筑对于寺院的影响虽然很小，但其中作为原始崇拜、祖先崇拜的部分与中国传统文化有一定关系，因此作为宗教建筑的一部分，笔者还是将其做出简要论述。

5.6.1　少数民族宗教文化与建筑类型

湖南宗教除了儒、佛、道等主要宗教外，分布最广、影响最大的便是民间广泛流行的各种原生型传统宗教。原生型宗教是在原始崇拜的母胎中孕育的，一般都保持着自然崇拜、图腾崇拜、祖先崇拜和鬼神崇拜等观念。在原生型宗教占据统治地位的少数民族中，原始的信仰和禁忌体系成为当地人民的主要社会规范。这些原生型宗教对当地民族建筑的影响也是非常广泛的，在这种影响下，纯粹的宗教建筑和具有某些宗教因素的建筑是不尽相同的。其中在纯粹的宗教建筑中，宗教对建筑的影响是全方位的、强制性的。湖南古代其他宗教建筑大多都在少数民族地区，常见的祠庙、土地庙、盘王庙、萨岁庙等都是当地特有的宗教建筑。

苗族主要有自然崇拜、图腾崇拜、祖先崇拜等原始宗教崇拜形式，其崇拜对象有土地菩萨、土地奶、家神、祭桥、水井等。在图腾崇拜方面，龙是各地苗族的祭祀与崇拜对象。另外，不同地区的苗族民众还有自己的崇拜对象，如湖南东部地区许多苗族世代流传着"神母犬父"的故事，因此他们常将盘瓠（神犬）视为本族始祖并加以崇拜；中部地区部分苗族民众认为始祖姜央来自枫木树心，因此以枫树为本族图腾；还有一些地区的苗族则将竹子、水牛等作为本族崇拜对象。祖先崇拜在苗族社会中也占有非常重要的位置。湖南苗族的传统祭祀活动中有"锥牛"、"锥猪"等。"锥牛"是一种全村寨的公共祭祀活动，一般在村寨外的公共场地举行。"锥猪"亦称"吃猪"，是一种祭祖的方式，一般在家内分散祭祀，因此苗族民宅的建筑形式需提供这种家内祭祀活动的空间。湖南苗族还有祭"傩神"、"还傩愿"的祭祀活动，"傩公傩婆"是苗族古老洪水故事传说中的始祖，祭"傩神"、"还傩愿"是借祭祖先来消灾祈福的一种宗教活动。此外，湖南苗族祭土地是为了保佑村寨平安、猛兽不犯、人畜兴旺。土地庙中的土地菩萨或是石雕，或是木雕，或是泥塑，甚至是两块奇形怪状的石头，均按男左女右陈列。土地庙前后都种植古树，当地居民认为这些古树是有"灵"的风水树、"保寨树"，因此不能砍伐（图5-32）。

图 5-32　湖南保靖县苗族土地庙

图片来源：李哲

瑶族的宗教崇拜形式主要是自然崇拜、图腾崇拜、祖先崇拜和鬼神崇拜。瑶族崇拜的自然神主要包括山神、风神、林神、水神、土地神等。山神是他们最为崇拜的神，尤其是梅山神，这是道教与巫术融合后形成的一种信仰。土地神也是他们崇拜的重要对象，瑶族的土地庙通常建设简陋，但民众都极尽所能地花时间拜土地神，以期获得庇佑。该族民间信仰其次表现为祖先崇拜，其中湘南瑶族还表现在图腾崇拜。湘南地区瑶族民众受道教影响颇深，在道教传入江华地区后，当地瑶族除坚持原有信仰外，均开始信奉玉帝、老君、三清、三元等道教诸神，以致民众常结合道教祭祀仪式来举行本族的原始宗教祭祀。此外，瑶族民间很重视还盘王愿这个宗教活动，该仪式通常在家中或盘王庙举行。盘王庙一般规模不大，仅是"茅茨土阶"的一个凉棚，庙内设盘王神像，依据古代遗制而建。以郴州市资兴茶坪瑶族村盘王庙为例，该庙位于资兴碑记乡茶坪村附近山腰上，是当地瑶族民众祭祀祖先和盘王节节日庆典活动的地方，占地300平方米，采用土木结构，有庙堂三间，布局较简单。主殿内原供有盘护夫妇等12尊瑶族祖先的木制雕像，现只剩8尊。据史料记载，该庙始建于1795年，历经1867年、1943年两次重建，迄今基本保存完好（图5-33）。

图 5-33　湖南江永县兰溪村盘王庙
图片来源：李哲

侗族信奉原始宗教，崇拜多神，不论山川河流、古树巨石、桥梁、水井都可被视为神灵之物，并作为崇拜对象。侗族民众相信灵魂不死，有浓厚的自然崇拜、灵魂崇拜、祖先崇拜的传统。在侗族的宗教信仰中，最为重要的是萨岁崇拜。侗乡南部地区普遍崇拜的女性神被称为"萨岁"，意为始祖母，是最高的保护神。萨岁坛是侗族特有的宗教建筑，一般建于村寨比较重要的位置或村外有利于公众聚会的场地。所有侗族村寨都建有萨岁坛，但萨岁坛的建筑形式并不统一。例如，通道县芋头侗寨中始建于明代的萨岁坛分萨玛坛和萨坛两部分。萨玛坛呈扇形，阔4.5米，进深4.1米，采用石台构架，内设高祭台。萨坛植有三棵松柏，呈三角形分布，正面两棵，后面一棵，进深6米，土筑台基，其中拜台高1.5米。然而通道县坪坦乡的萨岁坛仅建成一座有屋顶的小型庙宇，庙宇中间栽种树木，内部供奉女性神，即始祖母（图5-34）。

图 5-34　湖南通道县坪坦乡萨岁庙
图片来源：李哲

土家族的宗教信仰包括多神信仰、图腾崇拜、祖先崇拜、鬼神与巫术信仰等。土家族先民们经历了早期人类"万物有灵"观念的阶段。在进入阶级社会后，那种万物有灵信仰便逐渐演变为多神信仰。多数土家族民众都尊梅山为猎神，梅山神位常设置于堂屋内或室外（僻静处的石砌小屋），而祭祀时间多在出猎前天晚上的夜深人静时刻。土家族地区亦有不少土地庙，内部供奉着土家族的土地神。此外，土家族民众还敬奉管五谷丰收的五谷神、管六畜兴旺的四官神等。土家族的先民巴人以白虎为图腾，那种对白虎的崇拜代代相传，深入土家族生活的诸多方面。此外，还有部分土家族民众以鹰为图腾。土家族的祖先崇拜八部大王、彭公爵主、向老官人、田好汉、覃垕王等，信奉"土老司"。土家族是个古老的民族，但没有自己的文字，因此只能口述流传的民间文化。

5.6.2　少数民族宗教建筑

湖南少数民族的宗教信仰主要以自然崇拜、图腾崇拜、灵魂崇拜、祖先崇拜和鬼神崇拜等为主。透过少数民族地区的宗教建筑样式、整体布局及建筑装饰等，可以清楚了解到当地宗教的观念和审美情趣。

5.6.2.1　选址与平面布局

少数民族宗教建筑大多位于村寨中比较重要的位置，或者建在村外利于公众集会的场地。例如，苗族和部分瑶族地区的盘王庙大多建在村口较空旷的地方。建筑常采用庭院式布局，内部可容纳很多人。不过，有些宗教祭祀活动只需一块场地即可，并不需要任何建筑。例如，苗族的"锥牛"只要一块空旷场地即可，祭"傩神"也仅需临时搭台举行祭祀。随着历史的发展，少数民族的祖先崇拜逐渐由一家一户的祭祀形式转而成为整个宗族共同举行的祭祀活动，并随之产生了共同祭拜之处——祖庙。然而，不同民族因祖先崇拜的方式不同，祖庙建筑也各有千秋。开始的祖庙形式非常简单，且被民众称为土主庙，到后来逐渐出现了临时或永久的祖庙建筑。有些民族崇拜祖先神便临时搭台祭祀，有些民族则建立祠堂、庙宇等建筑供奉祖先神。小型的祭祀庙宇多为独栋式布局，建筑平面非常简单，庙宇中间通常供奉民众信仰的神像，有些庙宇还在旁边设置偏房。

5.6.2.2　建筑形式

少数民族宗教建筑的建筑形式一般比较简单，屋顶形式包括硬山式、悬山式、歇山式等。规模较大的庙宇如盘王庙、天王庙等都比较正规，有的做成庭院式建筑，采用歇山屋顶，如江永县兰溪瑶族村的盘王庙便有个大庭院，内部还设有戏台。一般的庙宇建筑等级都不高，且样式简单，类似民居。有些宗教建筑则做成坛或台的形式，如萨岁坛等。

5.6.2.3　建筑装饰

少数民族地区的宗教建筑一般来说都是比较简朴的，仅在建筑的一些重要部位做少量且必要的装饰，装饰手法以泥塑或木雕居多。屋顶上的屋脊、翘角多用泥塑做出人物、动物或植物图案，门窗栏杆等多用木雕装饰出动植物图案。图案内容多取材于本民族的历史传说故事人物、某种特有的崇拜对象或某些象征吉祥的图案花纹。

湖南少数民族宗教自古有之，且还将发展下去。研究它的特点可以让我们更客观地认识它并让它为当地的社会发展做出贡献。湖南少数民族宗教集中体现了湖南不同地区的地域特色，受到了当地经济文化和历史等因素的影响，虽然它有独特的个性，但也体现了民间宗教建筑的共性。

本节论述的少数民族宗教信仰与宗教建筑，与寺院关系相对较弱。但由于湘西地区寺院的装饰艺术和材料细节的使用均受到少数民族的民间信仰的影响，如沅陵的龙兴讲寺、张家界的普光禅寺等，在此仅为简述。有关少数民族地区寺院装饰艺术的具体内容在第 8 章中详细论述。

5.7　本章小结

本章论述其他多元文化对湖南古代寺院建筑的影响，主要从传统风水思想、湖湘儒家思想、道教思想、祭祀文化等四方面论述其对湖南寺院建筑的影响。受传统风水思想的影响，寺院基本朝向通常采用"坐北朝南"的格局，在整体空间形态上主要关注入口空间，寺院山门朝向一般安排在气韵通畅的地方，力求与山脉气韵一致。由于宋明理学思想和湖湘学派的影响，有些寺院参学人士数量大增，后因寺院功能改为书院，或出现寺院书院并存的现象。湖南古代寺院受儒家礼制影响颇深，遵循礼制最典型的特征是大中型寺院类似宫殿朝堂形成"前朝后寝"的格局；小型寺院以住宅为范本，形成类似传统礼制建筑中的合院建筑。在历史发展过程中，道教宫观与寺院经历了功能上互相转变与共存的过程。南岳圣帝和关帝的祭祀文化也使寺院存在一定的祭祀空间，与寺院功能并存。

此外，本章还对"伽蓝七堂"之说的确凿性进行了批判性的分析研究，笔者认为湖南寺院是否遵循"伽蓝七堂"的形制并不重要，而多元文化对寺院建筑的综合影响才是相当关键的。湖南少数民族的民间信仰与宗教建筑作为其他文化的部分也在本章中作出简要论述。

第6章　湖南古代寺院空间形态分析

6.1　整体空间形态分析

6.1.1　选址方位

　　寺院的选址受到风水思想的影响很大，已在5.1节中具体论述，在此不做赘述。本部分内容就湖南古代寺院的选址方位做出具体分析。

　　湖南省域地势复杂，其中有65%左右土地为丘陵地区。湘南与湘西地区山地较多，而湘中北地区主要以平地和丘陵为主。正如"天下名山僧占多"之说法，山岳一直都是修行的好地方。佛在世时，僧人有"人间比丘"和"兰若比丘"两种类型，道场亦有"城市寺院"与"山林寺院"两种形态。表6-1是根据刘国强在《湖南佛教寺院志》中调研的467所寺院的数据统计出来的。根据所处的地理位置，寺院主要分为城市型、山林型以及乡村型（图6-1、表6-2）。在笔者调研的寺院中，乡村型寺院由于数量很少，几乎没有，因此，文中没有涉及。但在《湖南佛教寺院志》中调研的乡村型寺院占22.3%，大多为遗址或规模较小，在此也不做讨论，以下仅就城市型和山林型这两个典型类型的寺院做讨论。

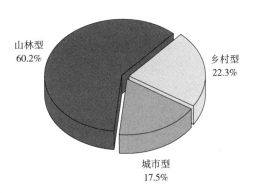

图6-1　湖南省寺院地理位置比例图
图片来源：作者自绘

	湖南古代寺院选址方位统计表			表6-1
地区	城市	山林	乡村	总计
湘南地区	25	102	36	163
湘中地区	34	87	32	153
湘西地区	23	92	36	151

表格来源：作者自绘❶

---

❶　基于刘国强在《湖南佛教寺院志》中调研467所寺院的数据统计得出。

调研寺院选址方位表　　　　　表 6-2

地区	寺院名称	所处地势	所处地理位置
湘南地区	南岳庙	平地	城市
	祝圣寺	平地、微坡地	城市
	南台寺	山地	山林
	福严寺	山地	山林
	上封寺	平地	山林
	大善寺	平地	城市
	藏经殿	平地	山林
	祝融殿	山地	山林
	广济寺	平地	山林
	高台寺	山地	山林
	塔下寺	坡地	城市
湘中地区	麓山寺	山地	城市
	开福寺	平地	城市
	密印寺	坡地	山林
	石霜寺	坡地	山林
	宝宁寺	平地	山林
	云门寺	平地	城市
	昭山禅寺	山地	山林
湘西地区	夹山寺	山地	山林
	龙兴讲寺	山地	城市
	普光禅寺	坡地	城市
	凤凰寺	山地	山林
	兴国寺梅花殿	平地	城市

表格来源：作者自绘

（1）山林型

山林寺院多选于寂静幽深、风景优美的山林中，这与佛教思想的"空、寂"甚为吻合。寺院通常三面环山、一面临水或居于山岳而无水系流经，因此山林型寺院根据有无水系可分为山水型和山岳型。风水思想认为，所谓"风水"关键在于"气"，好的选址须能藏风聚气，可以看出山林寺院的选址方式与"藏风聚气"理念甚为吻合。此外，佛教提倡"阿兰若"（梵语 aranya 的音译，译为无诤、空闲处，简称"兰若"），即远离村落之安静场所。相传佛陀及其弟子最初沿袭沙门传统，居住在山林、

❶ 薛淞文. 南岳佛教寺庙空间形态研究 [D]. 株洲：湖南工业大学，2012.

图 6-2　南岳衡山主要景点示意图 ❶

水边、冢间、树下的"兰若"处。显然，寺院选在山林处有利于僧众潜心戒学和定学的修习。从调研结果看，湖南地区的山林寺院占据多数，其中南岳衡山便有寺、庙、庵、观等 200 多处，包括上封寺、祝圣寺、福严寺、南台寺、方广寺、藏经殿、大善寺、高台寺、广济寺、铁佛寺、丹霞寺、湘南寺、马祖庵、水月寺、衡岳寺等名刹（图 6-2、图 6-3）。

图 6-3　南岳妙高峰 ❶

（2）城市型

中国佛教起源于城市寺院，这与当时印度佛教传入中国的缘由有密切关系。据《佛祖统纪》卷三十五记载："永平七年，帝梦金人丈六顷，佩日光飞行殿庭，旦问群臣莫能对。太史傅毅进曰：'臣闻周昭之时，西方有圣人者出，其名曰佛。'帝乃遣中郎将蔡愔秦景博士王遵十八人使西域访求佛道。十年，蔡愔等于中天竺大月氏遇迦叶摩腾、竺法兰，得佛倚像、梵本经六十万言，载以白马，达洛阳。腾兰以沙门服谒见，馆于鸿胪寺。十一年，敕洛阳城西雍门外立白马寺。摩腾始译《四十二章经》，藏梵本于兰台石室。"（《大正藏》第四十九册，第三二九页中）由此可知，中国佛教起源于城市寺院 ❷。此后，历史上有不少高僧因德学兼具而被帝王迎入都城，甚至建寺供养。众鸟依大树而居，人亦如此，有贤僧住锡的地方必能广招徕者，此即所谓的"人杰地灵"，这也是为何历来"城市寺院"繁兴、僧人喜欢聚集城市的原因之一（图 6-4）。

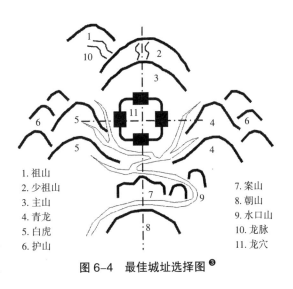

1. 祖山
2. 少祖山
3. 主山
4. 青龙
5. 白虎
6. 护山
7. 案山
8. 朝山
9. 水口山
10. 龙脉
11. 龙穴

图 6-4　最佳城址选择图 ❸

纵观佛教发展历史，可以发现禅宗的盛行一定程度上促进了城市寺院的发展，所谓"佛法在世间，不离世间觉，离世觅菩提，恰如求兔角"、"十字街头好参禅"等说法都表明出家人不一定要在渺无人烟的山林中才能修行，繁华热闹、车水马龙的城市亦可能是修行的好场地。

❶　刘昕，刘志盛 . 湖南方志图汇编 [M]. 长沙：湖南美术出版社，2009.

❷　王贵祥 . 中国古代建筑基址规模研究 [M]. 北京：中国建筑工业出版社，2008.

❸　北京市古代建筑研究所 . 寺观 [M]. 北京：北京美术出版社，2014.

在佛法弘扬方面，山林寺院所举办活动的时间一般比较短，例如法会、传戒、朝山、学佛营、禅七、佛七等。而城市寺院因交通便利和周围人口众多的缘故，除了上述短期活动外还可长年举办各式各样的佛学讲座、学佛班、禅修班、读书会和共修活动等。这些文化活动的举办增加了宗教人员与普通民众的互动，使得寺院成为普通民众的文教中心，而佛教的传播亦不再局限于宗教人员的讲经说法。简而言之，城市寺院比山林寺院有更多的途径去弘扬佛法和传播佛教，与民众的关系也比山林寺院更加紧密，可以更积极地投入到社会服务中，发扬大乘菩萨道的精神。例如，长沙开福寺除举办法会外还在每周末举行国学和佛教经典的宣讲，南岳大善寺定期举办短期或长期的学修班。表 6-3 为南岳大善寺短训班日程安排，大善寺位于城市当中，属于城市型寺院。由所修行的仪轨表可见，与一般山林寺院并无不同。

大善寺短训班日程安排表	表 6-3
时间	日程
3：45（3：30 初一、十五）	三板
3：50（3：35 初一、十五）	四板
4：00（3：45 初一、十五）	五板
4：30－6：00	早殿
6：10－6：40	禅修、拜佛
6：40－7：10	早斋
7：10－7：40	清扫内务
7：40－7：45	打板
8：00－8：50	第一节课
9：00－9：50	第二节课
10：00－10：50	诵经
11：05－12：00	午斋
12：15－13：30	午休
13：45－14：35	第四节课
14：45－15：35	第五节课
15：45	打板
16：0－17：15	晚殿
17：15－17：45	药食
18：45	打板
19：00－21：00	禅修
21：00－21：30	洗漱

表格来源：作者自绘

6.1.2 界面处理

寺院的界面处理是指运用分隔、渗透、连通、融合等方法对寺院与周边环境的关系进行处理 ❶，如对城市寺院与周边建筑进行分隔处理，山林寺院与周边自然环境进行融合处理。

其中，大部分城市寺院与一部分山林寺院因周围环境过于嘈杂纷乱而采用分隔的方式，完全隔断寺院空间与周边环境的联系。寺院的主要功能是清修与弘法，采用与周边环境完全隔开的方式使寺院具有了一定独立性。例如，长沙开福寺位于繁华的开福寺路，周边全是热闹的商业建筑，开福寺采用红墙与山门将世俗红尘分隔在外（图 6-5）；南岳庙周边也是热闹的住宅区与商业建筑，通过围墙与山门对寺院进行围合；此外，地处山林中的石门夹山寺亦是如此（图 6-6）。

图 6-5 长沙开福寺

图片来源：作者自摄

图 6-6 石门夹山寺

图片来源：作者自摄

由于山林景色秀美，植被茂密，若将优美风景引入寺院则能为其提供清修场所。因此，山林寺院普遍注重寺院建筑与周边景观和植被的渗透关系 ❷。例如，沅陵凤凰寺位于景色宜人的凤凰山上，寺院在界面处理方面采用通透的花窗格栅将室外景色和植物引入院内，形成一种浑然一体的氛围（图 6-7）；南岳南台寺则在寺内栽种高大的树木，与寺外树木连成一片，在提升院内景致的同时也达到了与自然环境的融合（图 6-8）。

图 6-7 沅陵凤凰寺
内部庭院

图片来源：作者自摄

图 6-8 南岳南台寺
内部庭院

图片来源：作者自摄

❶ 赵光辉. 中国寺院的园林环境 [M]. 北京：北京旅游出版社，1987.
❷ 王媛，路秉杰. 中国古代佛教建筑的场所特征 [J]. 华中建筑，2000（3）：131-133.

事实上，山林寺院与城市寺院都存在采用连通方式处理寺院与周围环境的关系，只是山林寺院较城市寺院用的更多一些，究其原因主要有两点：其一，山林寺院处境幽静偏僻，与外界联系不多，故需以这种方式保持寺院与外界的联系；其二，山林寺院顺应地形而建，其出入口都需与外界连通，采用连通方式既顺应地形方便出入，又可以营造丰富的空间效果。例如，南岳福严寺寺内设置法堂、藏经阁、祖堂、莲池堂、左斋堂、右禅堂、岳神殿、方丈室、云水堂等古朴殿堂，两侧则是禅房、斋堂、香积厨，均采用长廊将整个寺院连通，依据地形高低错落，浑然一体（图6-9～图6-12）。

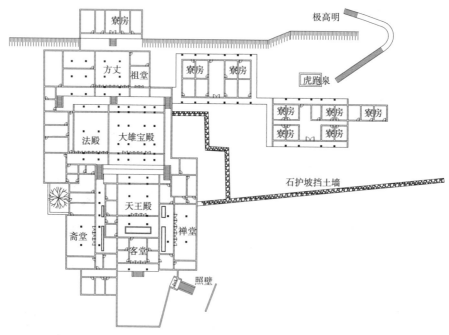

图 6-9　南岳福严寺总平面图

图片来源：作者自绘

图 6-10　福严寺庭院
空间廊道 1

图片来源：作者自摄

图 6-11　福严寺庭院
空间廊道 2

图片来源：作者自摄

图 6-12　福严寺庭院
空间廊道 3

图片来源：作者自摄

6.1.3　基址规模

6.1.3.1　基址面积

湖南古代寺院的基址规模大抵可分为大、中、小型三类，这是根据现代公共建筑的尺度来区分的，其中大型寺院的占地面积一般在 10000m² 以上，中型的占地面积一般在 4000m² ~ 10000m² 之间，小型寺院的占地面积通常不及 4000m²。这种区分方式仅为方便尺度与空间的分析，具体情况还需根据寺院内部空间形态来考虑。

6.1.3.2　规模面积

寺院基本规模、建筑总基址面积和建筑实体基址面积指标如表 6-4。

寺院规模面积表　　　　　　　　　　　　　　　　　表 6-4

序号	规模类型	寺院名称	总基址面积（m²）	院落面积（m²）	建筑实体基址面积（m²）
1	大型	南岳庙	19381.83	15514.89	3866.94
2	大型	沅陵龙兴讲寺	9348.45	7521.05	1827.4
3	中型	南台寺	4324.7	1782.34	2542.36
4	小型	上封寺	1763.1	582.65	1180.45
5	大型	祝圣寺	11621.7	6062.87	5558.83
6	中型	福严寺	6455	3978.68	2476.32
7	小型	藏经殿	998.61	672.33	326.28
8	小型	方广寺	1558.26	951.49	606.77
9	小型	高台寺	576.22	115.63	458.59
10	小型	铁佛寺	268.26	37.44	230.82
11	小型	五岳殿	626.22	83.16	543.06
12	小型	湘南寺	167.75	—	167.75
13	小型	祝融殿	543.04	169.31	373.73
14	小型	广济寺	610.95	206.71	406.24
15	大型	大庸普光禅寺	10178.53	7758.38	2420.15
16	大型	石门夹山寺	8046.16	3982.03	2066.13
17	小型	沅陵白圆寺	1365.75	735.88	629.88
18	小型	沅陵凤凰寺	1237.74	226.08	991.66
19	小型	沅陵龙泉古寺	1917.25	1264.56	652.69
20	大型	浏阳石霜寺	10497.63	9141.64	1355.99
21	小型	湘潭昭山寺	529.02	162	367.02
22	中型	攸县宝宁寺	4139.36	2868.45	1270.91
23	大型	长沙开福寺	17933.97	13905.87	4028.1
24	大型	长沙麓山寺	10531.89	7518.51	3013.38

表格来源：作者自绘

6.1.4 整体空间形态

6.1.4.1 "佛"、"法"、"僧"的对应性

佛教的核心思想是缘起论和因果论，一切都讲究契理契机。因此，佛教寺院在空间形态的布局上主要采用具体使用功能与建筑空间形态相契合的方式。此外，寺院建筑与其他传统建筑空间形态不同的地方在于无论是何宗寺院，其整体空间布局都与佛教的"佛"、"法"、"僧"三宝保持着对应关系。"佛"、"法"、"僧"三宝是佛教教法与证法的核心，也是佛教用于说明皈依对象的内容。《观无量寿经》便有提到："诸佛如来是法界身，遍入一切众生心想中。是心作佛，是心是佛，诸佛正遍知海从心想生。"因此，观十方诸佛成就的条件必先由观自心佛性的成就开始，这才是皈依三宝的本意，即皈依自性三宝。

寺院整体空间形态与核心内容的对应关系极为紧密，"佛"的部分主要包括礼拜供奉佛像的空间，"法"为讲法空间，主要包括法堂、禅堂等部分，"僧"为僧侣使用的空间，即僧寮部分。"佛"的部分基本设置在中心位置；"法"的部分为辅，并根据寺院的不同设置在两侧或"佛"空间的后边部分；"僧"的部分设置在整体格局的最后部分，有时也设置在两侧。

如图 6-13，在大庸普光禅寺的整体空间中，寺院、儒家礼制建筑以及道观共居一处，这是多元文化在寺院中的集中体现。在佛教寺院中，大雄宝殿等空间体现了"佛"的部分，罗汉堂结合藏经殿体现了"法"的部分，后边的僧寮等则体现了"僧"的部分。整体格局也基本遵循"佛"为中心，"法"、"僧"部分为辅的设置。除此之外，很多寺院这种特点也很明确，"佛"、"法"、"僧"部分在寺院中的布局模式及空间联系将在本书后边的章节中详细论述。

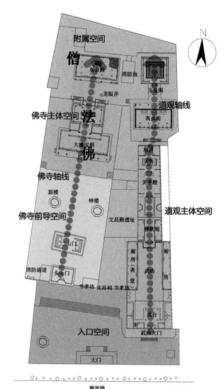

图 6-13 普光禅寺整体空间形态分析图

图片来源：作者自绘

6.1.4.2 整体空间形态的组成及功能

湖南古代寺院以禅宗寺院为主，其规模和空间形态大体可分为三个区域，即前导空间、主体空间和附属空间。在调研 32 所湖南省域内的古代寺院后，笔者整理出其中 24 所寺院的功能空间规模数据如表 6-5 所示。

寺院各部分功能空间规模统计表　　　　　　表 6-5

序号	寺院名称	总基址面积（m²）	前导空间功能区		主体空间功能区		附属空间功能区	
			规模（m²）	所占比例	规模（m²）	所占比例	规模（m²）	所占比例
1	南岳庙	19381.83	4708.33	26.3%	1796.16	9.3%	12877.34	66.4%
2	南岳南台寺	4324.7	550.64	12.7%	2299.2	53.2%	1474.86	36.1%
3	南岳上封寺	1763.1	546.19	31%	653.76	37.1%	563.15	31.9%
4	南岳祝圣寺	11621.7	3004.72	25.9%	5556.93	47.8%	3060.05	29.4%
5	南岳福严寺	6455	356.89	5.5%	2511.48	38.9%	3586.63	55.6%
6	沅陵龙兴讲寺	9348.45	987.05	10.6%	3191.91	36.1%	5169.49	55.3%
7	大庸普光禅寺	10178.53	3922.88	38.5%	2420.15	23.8%	3835.5	37.7%
8	石门夹山寺	8046.16	2047.28	25.5%	3427.91	42.6%	2570.97	31.9%
9	浏阳石霜寺	10497.63	1890.16	18%	8512.71	81.1%	94.76	0.9%
10	攸县宝宁寺	4139.36	467.66	11.3%	1820.81	44%	1850.89	44.7%
11	南岳藏经殿	998.61	107.06	10.9%	121.9	12.3%	759.65	76.8%
12	南岳方广寺	1558.26	489.32	31.4%	820.6	52.7%	248.34	15.9%
13	南岳高台寺	576.22	102.26	17.8%	148.77	25.9%	323.19	56.3%
14	南岳铁佛寺	268.26	76.5	23%	84.66	29.6%	107.1	37.4%
15	南岳五岳殿	626.22	129.15	20.6%	402.57	66.3%	94.5	15.1%
16	南岳湘南寺	167.75	0	0	103.7	61.8%	64.05	38.2%
17	南岳祝融殿	543.04	161	29.6%	291.5	53.7%	90.54	16.7%
18	南岳广济寺	640.94	140.51	21.9%	256.25	39.7%	216.18	38.4%
19	沅陵白圆寺	1365.75	147.26	10.8%	1145.51	83.86%	72.98	5.34%
20	沅陵凤凰寺	1237.74	212.36	17.16%	971.25	78.47%	56.13	6.37%
21	沅陵龙泉古寺	1917.25	445.7	23.2%	1348.54	70.3%	123.01	6.41%
22	湘潭昭山寺	529.02	0	0	475.02	89.8%	54	10.2%
23	长沙开福寺	17933.97	11585.9	64.6%	4750.17	26.5%	1597.9	8.9%
24	长沙麓山寺	10531.89	1600.41	15.2%	5117.08	48.6%	3814.4	36.2%

表格来源：作者自绘

（1）前导空间

一般情况下，进入寺院之前需要进入寺院的前导空间，该区域的尺度一般根据寺院整体尺度的比例来确定。寺院的前导空间通常包括从入口处山门到寺院山门之间或从寺院山门到主体建筑之间的部分，对于只有山门而无照壁的寺院，其前导空间则仅为山门本身。

在大型寺院中，前导空间包括山门、放生池、多重院门、钟鼓楼和前导庭院等，中型寺院的前导区通常有山门、放生池、院门等，而小型寺院则可能连山门都没有，直接从弥勒殿或天王殿进入寺院，因此其前导区的空间层次较为单一，甚至没有。湖南省的寺院因为所处地形差异较大，其前导空间通常由不同建筑组成，具体建筑形制将在第7章中详细论述，见表6-6。

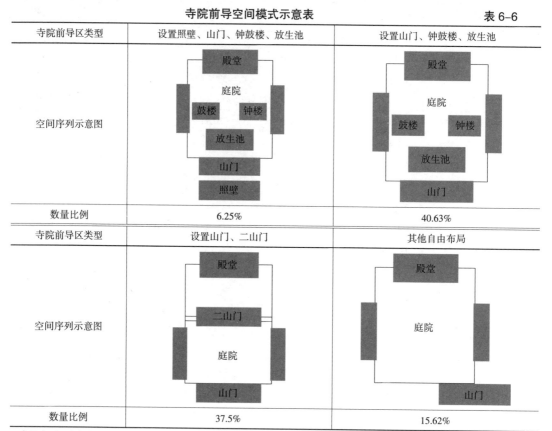

寺院前导空间模式示意表　　　　　　　　　　　　　　　　　　表6-6

寺院前导区类型	设置照壁、山门、钟鼓楼、放生池	设置山门、钟鼓楼、放生池
空间序列示意图	殿堂 / 庭院 / 鼓楼 钟楼 / 放生池 / 山门 / 照壁	殿堂 / 庭院 / 鼓楼 钟楼 / 放生池 / 山门
数量比例	6.25%	40.63%
寺院前导区类型	设置山门、二山门	其他自由布局
空间序列示意图	殿堂 / 二山门 / 庭院 / 山门	殿堂 / 庭院 / 山门
数量比例	37.5%	15.62%

表格来源：作者自绘

由表6-6可知，在笔者分析的湖南寺院中最常见的前导空间由山门、放生池、钟鼓楼、庭院组成，占分析总数的40.63%。另外采用自由布局的前导空间占15.62%，多为不对称布局且由自由庭院组成。寺院前设置照壁的情况较为少见，而经由两进山门才进入主体空间的情况多出现在大型寺院中。

湖南现存寺院的前导空间一般为一到三进，有些特殊的寺院前导空间则包括了儒家和道教建筑，甚至还包括世俗性建筑。例如，沅陵龙兴讲寺的前导空间设有黔王宫等少数民族类建筑（图6-14、图6-15）；大庸普光禅寺的前导空间包括文昌祠、节孝坊等儒家礼制建筑，旁边还设有武庙等道教建筑（图6-16、图6-17）。

前导空间的进入方式主要有两种，一种是从中轴线上的正门进入，这也是笔者调研的大多数寺院所采用的方式，例如南岳庙的前导空间沿中轴线包括棂星门-奎星阁-正南门-御碑亭-嘉应门-御书楼等建筑。攸县宝宁寺的前导空间则是从天王殿开始，从正中轴线进入。大多数寺院采用这种形式（图6-18、图6-19）。

图 6-14　沅陵龙兴
讲寺入口火神殿

图片来源:作者自摄

图 6-15　沅陵龙兴
讲寺入口黔王宫

图片来源:作者自摄

图 6-16　大庸普光禅
寺入口节孝坊

图片来源:作者自摄

图 6-17　大庸普光
禅寺入口文昌祠

图片来源:作者自摄

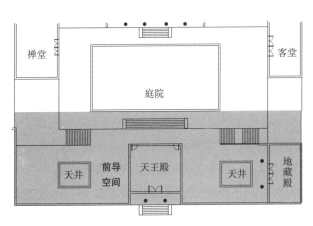

图 6-18　攸县宝宁寺前导空间入口平面图

图片来源:作者自绘

图 6-19　攸县宝宁寺前导空间入口

图片来源:作者自摄

　　另一种是从侧面进入,从侧面进入的寺院较为少见,其中以南台寺最为典型,南台寺从侧面的山门进入前导空间,但其余各进仍位于中轴线上,这主要因为南台寺整体建筑位于高差较为明显的陡坡地上,因此很难实现从正面进入。此外,也有些寺院因受风水影响而不能从正面进入,如浏阳石霜寺的山门位于整体中轴线的左边,采用三开间的门楼从视线关系上起到遮挡作用。

　　寺院的前导空间除了有增加空间层次的作用外,为进入寺院修行提供必要的清静与安宁的精神空间亦不可忽视。前导空间为进入寺院内部空间提供了缓冲作用,人们在通过前导空间的过程中心情逐渐安稳,而有利于虔诚参拜佛像与静修。

　　根据表 6-5 关于不同类型寺院前导空间的功能区的基址规模的统计部分可以发现,前导功能区间基址规模最大的是开福寺,占地面积 11585.9 平方米。此外,很多寺院前导功能区间的基址面积均占总基址面积的 20% 左右。然而个别寺院如开福寺因设放生池、长廊等作为水路结合带,故前导功能区间所占比例较大。同样,石门夹山寺在前导功能

图 6-20 石门夹山寺入口曲廊、湖心亭及水面

图片来源：作者自摄

图 6-21 石门夹山寺水面

图片来源：作者自摄

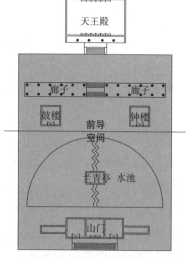

图 6-22 石门夹山寺前导空间示意图

图片来源：作者自绘

空间设置大型水面布置景观和放生池，占总基址面积的25.5%，属较大规模（图 6-20 ~ 图 6-22）。

（2）主体空间

在寺院中，主体空间部分包括礼拜与佛域、教学与讲法空间。其中，礼拜与佛域空间主要有佛塔以及不同尺度的佛殿如天王殿、大雄宝殿、观音殿等。各种尺度的佛殿与佛教三宝中的"佛"所对应，其中佛是指成就圆满佛道，为佛宝之必要条件。换言之，具足佛身、佛德的一切诸佛才是真实的佛宝，而一切诸佛包括过去、现在、未来三世及东南西北、四维、上下等十方成就圆满佛道的佛陀。在佛殿中供奉不同的佛像是为了营造宗教礼拜与祭祀的空间，人们来到这些空间自然便形成对佛的崇拜与敬畏之心。关于佛教主要殿堂的设置将在第7章详细论述。

湖南古代寺院中，佛殿部分主要包括礼拜空间和佛域空间。礼拜空间是信众对其信仰对象表示礼敬的场所，它为信众与其信仰对象间提供了一种连接方式，是人与神之间做出较为显性层面的场所。佛殿的礼拜空间主要由礼拜方式所决定，而礼拜方式有两种：一种是顺时针绕佛，一种是礼拜。这两种方式是信众或佛教徒在对信仰对象表示崇敬时采用的表达方式。绕佛是经行，即缓慢地散步，可以收到修学时不昏沉、不掉举的效果，顺时针绕佛则是指以右行的方式对佛像进行旋绕。在佛教产生前，顺时针旋绕的行为是古代印度表达敬意的一种方式，后来佛教沿用了这种方式并做出一般绕行一至三圈的规定。《马宗道居士书》中讲道："念佛宜量自己之房屋，地步宽窄。如其能绕（绕行），固宜先绕。或于屋外绕，亦可。绕时亦可舒畅气息。（绕佛乃表示随顺佛意）不徒表示随顺而已。自己修持，但取诚敬。跪，立，坐，绕，各随其便。若欲如法，诵弥陀经宜跪，立诵亦可。至念佛时，则先绕。绕念一半，则坐念。坐念将毕，则跪念十声。"《贤者五戒经》中亦讲到"绕塔三匝者，表敬三佛，一佛、二法、三僧"。可见，顺时针绕佛过程也深刻蕴藏着佛教的基本教义。结合念佛的修行绕佛，既表达了对佛的敬意,又可通过绕佛的方式静心。在大唐高僧玄奘所著《大唐西域记》记载,在佛教的九种礼拜仪式中"礼拜"礼仪是最高级的礼节。叩完头起身后双手伸过额承空的礼仪在佛典中称为"问讯",表示已用自己最为尊贵的头触碰了佛尊最为低卑的佛脚,即"以我所尊,敬彼所卑",从而表达对佛陀的无限敬奉之意。"顶礼"后以"合十"收礼,如此步骤方才完成一个完整的佛教礼拜礼仪。

然而,这两种礼拜方式所导致的空间形态大有差异。首先考虑到顺时针绕佛行为,佛殿周围须预留一定空间以供礼拜者绕行念佛。由于湖南寺院以禅净双修为主,绕佛行为多在佛殿内进行,故佛殿的建筑空间尺度一般较大。另外,礼拜方式主要体现在礼拜者对佛像的礼拜空间上,尤其是从正门进入时需要的一定距离,这段距离主要根据佛像的高度与空间尺度确定。相对绕佛空间而言,礼拜空间对正对佛像及两边的距离要求较高,除需保证一定视距外,还要保证其开敞度(图6-23～图6-25)。

图6-23　麓山寺大雄宝殿
绕佛空间
图片来源:作者自绘

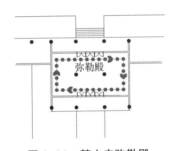

图6-24　麓山寺弥勒殿
绕佛空间
图片来源:作者自绘

图6-25　麓山寺观音阁
绕佛空间
图片来源:作者自绘

一般来说,绕佛和礼拜是信众礼拜佛像必须进行的两种仪轨,因此佛殿的空间形态需要满足这两种行为的需要,属于复合型空间。然而在笔者调研的32所湖南寺院中,不少寺院有弱化礼佛空间而强化礼拜空间的现象。经分析可知,这与寺院的开放程度有关,越开放的寺院针对普通信众的礼拜空间便显得越重要。空间形态的演变使佛殿的结构关系亦有所改变,因此佛殿正面通常采用"减柱法",即减少若干立柱以增加佛像前部的礼拜空间及所需摆放供桌、香炉、鼓、磬、木鱼等法器的空间(图6-26)。

在绕佛过程中,为保证绕佛时的神圣感,常在大殿两侧及主尊像背后设置其他佛像。大殿正中即为主尊像,供奉在须弥座台或莲花座上,主尊塑像多种多样,且在各寺院各佛殿中不尽相同,通常在汉传寺院的佛殿正中处设置

图6-26　石门夹山寺大悲殿空间
图片来源:作者自摄

一尊或三尊佛像❶。具体如下：

1）一尊二伴，即一尊主佛像两尊伴佛像。其中有一种主佛像为释迦牟尼佛，伴佛像为阿难和迦叶。释迦牟尼佛有坐、立、卧三式，坐式即释迦牟尼结跏趺坐像或成道像或说法像。立式为释迦旃檀像，佛右手下垂作与愿印，以表能满足众生愿望，左手屈臂上升作无畏印，以表能解除众生苦难（图6-27）。卧式为佛祖涅槃像，即佛祖入寂前向众弟子们最后一次说法时的法像（图6-28）。此外，还有一种是中间为阿弥陀佛像，左边为大势至菩萨，右边立观世音菩萨。

图6-27　麓山寺阿弥陀佛像

图片来源：作者自摄

图6-28　麓山寺释迦牟尼佛像

图片来源：作者自摄

2）三尊佛像，其中横三世佛即正中为释迦牟尼佛，左边是药师佛，右边是阿弥陀佛，三身佛则表示释迦牟尼的三种化身，正中为法身毗卢遮那佛，左边是报身佛卢舍那佛，右边是应身佛释迦牟尼。在大型佛殿里，主尊像背后主供奉着大型海岛仙山，其中观音菩萨居中而置，地藏、文殊、普贤等菩萨列于两旁。

值得一提的是，寺院中大雄宝殿和天王殿是普遍采用复合礼拜空间的，即礼拜与绕佛空间，而其他殿堂大多仅以单纯的礼拜空间为主，分析原因主要有以下三点：1）建筑空间规模的不同导致礼拜方式的不同。2）佛教的双掌合十、作揖、鞠躬等礼拜方式与中国传统文化的"三拜九叩"、"五体投地"类似，然而来自印度的绕佛行为是中国传统文化中所没有的，因此寺院空间形态形成了礼拜方式重于绕佛方式的状况。3）佛教初入中国时，不少寺院起源于民众或朝廷的"舍宅为寺"、"舍宫为寺"。中国传统建筑空间与传统文化联系紧密，而中国传统文化又崇尚礼拜文化，这便从建筑形式层面上诠释了礼拜空间更为普及的原因。

---

❶　冯世怀.寺院殿堂泥塑佛像的布局名称及艺术特色[J].古建园林技术，1994，04：291.

在分析中国古代寺院建筑礼拜空间的基本情况后，笔者对所调研 32 所湖南寺院建筑的礼拜空间做了相关研究如表 6-7，研究结果印证了上述趋势。

湖南佛教建筑礼拜空间与礼佛空间情况表　　　　　　　　表 6-7

序号	规模类型	寺院名称	礼拜空间	绕佛空间
1	大型	南岳庙	有	有
2	大型	沅陵龙兴讲寺	有	有
3	中型	南岳南台寺	有	有
4	小型	南岳上封寺	有	有
5	大型	南岳祝圣寺	有	有
6	中型	南岳福严寺	有	有
7	小型	南岳藏经殿	有	有
8	小型	南岳方广寺	有	无
9	小型	南岳高台寺	有	无
10	小型	南岳铁佛寺	有	无
11	小型	南岳五岳殿	有	无
12	小型	南岳湘南寺	有	无
13	小型	南岳祝融殿	有	有
14	小型	南岳广济寺	有	有
15	大型	大庸普光禅寺	有	有
16	大型	石门夹山寺	有	有
17	小型	沅陵白圆寺	有	有
18	小型	沅陵凤凰寺	有	有
19	小型	沅陵龙泉古寺	有	有
20	大型	浏阳石霜寺	有	有
21	小型	湘潭昭山寺	有	无
22	中型	攸县宝宁寺	有	有
23	大型	长沙开福寺	有	有
24	大型	长沙麓山寺	有	有
25	小型	南岳祖师殿	有	无
26	小型	南岳大善寺	有	有
27	中型	永州蓝山塔下寺	有	有
28	中型	浏阳宝盖寺	有	有
29	中型	宁乡密印寺	有	有
30	小型	湘乡云门寺	有	有
31	小型	长沙铁炉寺	有	无
32	大型	长沙洗心禅寺	有	有
所占比例	—	—	100%	75%

表格来源：作者自绘

由表6-7可以看出，在大中型寺院的大雄宝殿中礼拜空间与绕佛空间是同时存在的。然而在剩下的16所小型寺院中，有8所寺院的大雄宝殿也存在绕佛空间，在查阅相关资料后笔者认为主要归因于以下两点：1）建造较早的寺院因修行时间较长，即使是小型寺院，其大雄宝殿用于绕佛的功能也很重要，如南岳上封寺、藏经殿、祝融寺和广济寺。2）在少数民族地区，民众将佛教信仰结合民间信仰，礼拜仪式参与度极高，当地寺院的大雄宝殿因此需要提供足够绕佛空间，如沅陵白圆寺和凤凰寺。

另外，佛殿部分存在另一重要空间——佛域空间，而一般来说佛域空间是高于礼拜空间的。佛域空间主要指供奉佛菩萨塑像的场所，需要营造神秘和崇敬的建筑空间。佛域空间一般置于大雄宝殿和各大殿堂之中，而各佛殿便以佛像命名，例如天王殿中供奉四大天王、弥勒菩萨和韦陀护法，观音殿供奉观世音菩萨，弥陀殿供奉阿弥陀佛。不少寺院由于殿堂规模的限制也有将诸多菩萨汇集一殿供奉的。佛域空间主要用天井或屋顶的高低来处理，有些佛殿天井较高，便于佛像的安放，有的天井平齐，根据天井高低的不同便可带来空间及视觉上的差异。此外，不少寺院还利用平面上的加减移柱法以达到增加佛域空间的效果，这在一定程度上使得中国传统的木结构得以迅速发展。

在寺院主体空间中，除了礼拜与佛域空间，还有教学与讲法空间，这部分空间包括法堂、禅堂、方丈室以及藏经阁、藏经殿等。

法是指以涅槃解脱、常乐我净为体性。世间的种种烦恼犹如毒热尘秽常使众生陷于怖畏、痛苦、不自在的境界中，法是使众生获得清凉的涅槃解脱果实。这些法体现在智慧的开示与讲经中，还体现在佛教的诸多经典中。与佛教中"法"相对应的建筑空间有法堂、讲堂、经堂、僧堂等。法堂在寺院中的地位仅次于佛殿，一般建在佛殿与方丈室之间，其内部布置一般如此：法座高高在上，为演说佛法之人所设；法座两旁设钟和鼓，为讲法前击鼓鸣钟之用；法座后有释迦牟尼传道图，前有讲台，台上设置一些小佛像，以示听法的诸佛；讲台前设有香案，上面供奉花果和香炉等；法座两旁还设听席，以供听法之人所用。

讲堂在释迦牟尼住世时便已存在，《增一阿含经》曾记载："佛陀在毗舍离城普会讲堂，与大比丘众五百人同住。"相传祇园精舍有讲堂72座，另有忉利天善法讲堂、舍卫国东园鹿母讲堂、大林重阁讲堂等，这些讲堂的名称可散见于诸经论中。古代中国将讲法的建筑称为精舍，加上自古有"舍宅为寺"的传统，精舍慢慢演变为寺院。可见，中国在很早时期便设置了讲堂，如《后汉书》便记载"孔子宅有讲堂"，而佛教讲堂则始于北魏年间阳建中寺设立的讲堂。在日本寺院中亦有不少讲堂，其中讲堂遗址保存下来的有唐招提寺讲堂、法隆寺东院传法堂以及广隆寺讲堂等❶。中国佛教的禅宗产生以后，讲堂逐渐发展成禅宗寺院的中心。为区别其他宗派的讲堂，禅寺将寺内讲堂改成法堂，百丈怀海禅师在创立丛林制度时曾规定禅寺必须建立法堂，法堂常仿效朝廷太极殿建造，内设一高台在上，四方僧

---

❶ 村上专精.日本佛教史纲[M].北京：商务印书馆，1981.

众均得仰视。禅寺里的听经传法活动通常在寺内的法堂中进行，该活动非常庄严，一般还有许多制度，例如唐代的讲经十法便包括：1）鸣钟集众；2）礼三宝；3）升高座；4）打磬肃众；5）赞呗；6）正讲；7）问听应说；8）回向功德；9）赞呗；10）下座礼辞。这些听经闻法的交流制度既增强了教学效果，也使受众在讨论过程中增长了智慧，活跃了寺院气氛。在后期，禅宗逐渐主张以实修为主，故以听经传法为主的法堂渐成虚设。

禅堂是"坐禅堂"的简称，禅堂可分为两种，其一是共同坐禅、睡眠、饮食的地方，亦可称为"僧堂"；其二是佛徒打坐习静之所，专用于坐禅的堂室。禅修的巴利文意思是"心灵的培育"，就是培育出心灵中的良好状态，其具体实践方法以修学"八正道"为主，四梵住之慈悲喜舍为辅，另外还有七觉支的择法、精进、念、定等。培养每天定时禅修的习惯，多参加集体共修活动，多与善知识相处，可以深化正念和正定，逐步升华人生境界，从而避免为烦恼所困和愚痴、嗔恚、贪欲束缚，进而使心灵不断得到净化和解脱，并使自己向善与觉悟解脱的方向继续前进。值得一提的是，任何一个发心修行之人均可在禅堂中逐步领会到极有意义和价值的觉悟真理。禅修需要坐香和跑香兼修，因此禅堂需要的尺度也较大。所以有的寺院由于规模的限制，集体禅修的空间不够的情况下，则僧众们自行修行的场所放到"僧堂"。"僧堂"属于个人空间，尺度较小，相对隐秘。

图 6-29　浏阳石霜寺禅堂
图片来源：作者自摄

在众多湖南寺院中，法堂与禅堂极为常见，其中几乎所有禅宗寺院都设置了禅堂和法堂（图 6-29）。禅堂和法堂一般设于寺院整体格局的后边，大中型禅寺常将设于中轴线两侧，而小规模禅寺多将其设于中轴线上，如表 6-8。

设有禅堂、法堂与方丈室的寺院建筑　　　　　　　　　　　表 6-8

建筑名称	设有建筑的寺院	所占比例
禅堂	南岳庙、南岳南台寺、南岳祝圣寺、南岳福严寺、南岳上封寺、长沙开福寺、长沙洗心禅寺、浏阳石霜寺、攸县宝宁寺	29.0%
法堂	南岳祝圣寺、南岳福严寺、南岳广济寺、长沙麓山寺、宁乡密印寺、石门夹山寺、大庸普光禅寺	22.5%
方丈室	南岳南台寺、南岳祝圣寺、南岳福严寺、南岳大善寺、长沙麓山寺、湘潭昭山寺、浏阳宝盖寺、沅陵白圆寺、沅陵凤凰寺	29.0%

表格来源：作者自绘

在寺院中与"法"对应的部分里，藏经殿或藏经阁也是较为重要的建筑空间。藏经殿（阁）通常设在中轴线的后半部分，内部藏有大量佛教经典，与古代书院建筑中御书楼和现代图书馆的作用相似。藏经殿（阁）与修行的禅堂或法堂联系紧密，然而笔者在调研众多湖南寺院过程中尚未见到独立的藏经殿（阁），仅在大庸普光禅寺罗汉堂的顶层夹层中看到了藏经阁的设置（图6-30）。而其他寺院但凡设有藏经阁的都是结合说法堂而设的。在详细分析后，笔者总结出湖南寺院少见独立藏经殿（阁）的原因主要有以下三点：

图6-30　大庸普光禅寺藏经阁法堂藻井

图片来源：作者自摄

1）湖南古代寺院以禅宗或禅净双修为主，其中禅宗主张"不立文字"，注重实修进而开悟，因此禅宗经典并不多。同时禅寺为体现禅宗特性，在营建时通常有意不设置或少设置藏书的建筑部分。在禅净双修的寺院中，僧众们以修禅为主，修净土为辅，而净土宗经典也仅以"三经一论"为主，数量并不多，因此藏经殿（阁）似乎不占重要地位。

2）佛教在湖南地区传播过程中，僧众们的修行比较注重师承，因此用于说法讲道的场所逐渐取代了藏经殿（阁）的地位。

3）不少寺院都设有经楼，或在法堂上，或在阁楼上，丛林时期甚至还专设经楼管理员，负责借阅工作，称为"藏主"，类似于现代图书馆长。然而在经历各种历史事件如历代战乱、灭佛事件及"文革"后，藏经殿（阁）的设置均有所减少或根本不再设置。

在调研过程中，也有不少佛教界人士针对笔者的观点提出了不同看法，认为藏经殿在湖南古代寺院中原本是比较普遍的，但由于各种历史因素现今遗存下来的并不多见。因此，上述相关结论仅是针对笔者调研的现存湖南寺院而提出的，具有一定的片面性，并不能作为普遍性结论。

（3）附属空间

寺院的附属空间主要指僧众的修行与生活空间，包括方丈室、僧寮、香积厨与斋堂等。在禅宗寺院中僧众多以自学为主，修为程度由个人根性确定，然后将学修时遇到的问题悉数向长老提出，《敕修百丈清规》便有记载："每月初三、初八、十三、十八、二十三、二十八日……学人入室请益。"因此，禅寺内常设置"经藏"、"僧寮"等场所供僧众们自学，而藏经阁多与钟楼遥相呼应，当然也有为了方便起见将其设在方丈室旁的（图6-31）。

湖南古代寺院多以禅净双修和禅宗为主。净土宗的修行方式以念诵"南无阿弥陀佛"六字佛号为主，在打佛七时因信众集体绕佛并念佛号，佛殿便承担着修行的功能。然而禅宗则以静坐修行和参禅为主，另外还以参话头的方式修行，因此禅堂需为禅修过程提供一定空间而设置禅堂。此外，禅宗的修行方式还包括经行，即关注当下的走路姿

图 6-31　浏阳宝盖寺讲经堂

图片来源：作者自摄

势以达静心目的。参与经行的人员有时可达百人之多，故需寺院提供较大空间来容纳这种修行方式。以下针对附属空间的典型建筑进行简述，而其具体情况将在第 7 章中详细分析。

1）方丈室

方丈室即一丈四方之室，是寺院中住持的居室或客殿，也是整座寺院的僧众管理核心部分。住持之语义为"安住之、维持之"，原指代佛传法、续佛慧命之人，后被用于指称各寺院之主持者或长老。住持一词用于寺职称谓时又可称为寺主或院主，一般情况下只要有寺便有住持，而方丈必须是具有一定规模的寺院群才能有的。此外，方丈可以兼任多个寺院，而住持则不能。因此，中国寺院中并不存在住持室，而大中型的禅宗寺院必设置方丈室。

2）僧寮

僧寮是僧众们活动与休息的地方。除了寺院每日的早晚功课外，僧众们还须在其他时间精进修行，因此僧寮也承担了修行功能。

由于印度入夏后蚊虫动物逐渐增多，如果僧众们外出活动频繁的话会对它们造成生命之虞，因此便有了僧众们结夏安居的传统。佛教传入中国后，汉地佛教便继承了这种传统。而冬天由于气候的原因，僧众们也逐渐形成了在寺修行的习惯。经过佛教活动的不断演变，寺院僧众业已养成夏季讲经冬季参禅的习惯。

僧寮通常布置在寺院两侧，且多在西侧。僧人的戒律较为森严，除了每天早晚课外，还须不断阅读修行，然而一般古代寺院不会为每位僧人单独设置修行室。因此，僧寮除具睡眠休息的功能外，也兼具阅读修行的作用，这也是僧寮与一般居住建筑最大的不同点，如表 6-9 所示。

僧寮功能面积表　　　　　　　　　　表 6-9

序号	寺院名称	面积（m²）
1	南岳南台寺	488.48
2	南岳上封寺	439.56
3	南岳祝圣寺	1112.37
4	南岳福严寺	658.08
5	石门夹山寺	651.42
6	浏阳石霜寺	450.80
7	攸县宝宁寺	535.14
8	南岳藏经殿	151.16
9	南岳方广寺	141.35
10	南岳高台寺	220.59
11	南岳铁佛寺	114.69
12	南岳五岳殿	103.68
13	南岳湘南寺	74.5
14	南岳祝融殿	100.44
15	广济寺	273.36
16	麓山寺	450.45
17	开福寺	178.48

表格来源：作者自绘

由表 6-9 可知，在调研的 32 所湖南古代寺院中，根据寺院规模的大小，僧寮的尺度会相应地不同。有些寺院没有僧寮部分的面积，并不表示之前没有设置过僧寮。主要原因是：1）在寺院发展过程中，有的作为旅游和朝拜的功能被强化，僧侣们生活的空间被弱化或几乎没有。2）僧寮作为僧侣们生活的私人场所，一般不允许被打扰，因此笔者在调研过程中尽量探访和询问。有的僧侣住在寺院的外边，如沅陵的白圆寺和龙泉古寺。3）有些寺院现在被用作博物馆或其他功能，没有僧侣入驻，不需要僧寮空间，如沅陵的龙兴讲寺和大庸的普光禅寺。

从调研情况来看，僧寮的佛教空间特色并不明显，与古代的民宅特色很接近，常用悬山或硬山等等级较低的屋顶形式。

此外，在不同的寺院里僧寮数量也有差异。在一些小型寺院里仅有一至两间僧寮，且与日常生活空间合一。而规模较大的寺院如南岳祝圣寺等则拥有大量僧寮，特别是在结合其他用途后，其规模会更大（图 6-32）。

3）香积厨与斋堂

香积厨与斋堂是为僧众提供饮食的地方。其中香积厨是厨房的清雅称法，源自于《维摩诘所说经》：一次维摩诘居士病了，佛陀派弟子们探病，居士便借机宣讲大乘佛法。临近中午，舍利弗动了吃饭念头，居士则骂他求解脱时怎能念念不忘吃饭？随后又借神通到香积佛国向香积佛求来一钵香米饭，馥郁清香的饭香弥漫了整个城市，使在场大众都得以如愿满足，不少人还因香悟道。自此，寺院便将厨房取名香积厨，以期弟子们能够因饭香悟道 ❶。

斋堂是僧众们用斋的地方，与香积厨通常联系较为紧密。事实上，斋堂也是修行之所，与世俗餐厅不可同日而语。在斋堂里寺院对僧众过堂的仪轨要求甚严，传统的丛林过堂（用斋）仪轨规定了碗筷摆放、使用和添饭加菜的步骤与方法，其中的重点有止语端坐、正念受食、威仪寂静。在用斋前后，僧众们须念诵《供养偈》与《结斋偈》，表示普同供养佛法僧三宝及法界有情。而用斋时，寺院对僧众们要求同样严格，众人不得出语或嬉戏喧哗，使斋堂氛围格外庄严。

6.1.4.3　整体空间形态类型

湖南古代寺院的空间形态大多与中国传统建筑类似，即由单轴线布局或多轴线布局组合而成。考虑到历次建设对古代佛教寺院的空间形态整体影响基本不大，笔者仅就省内 32 所寺院目前的空间布局特点进行分析后，统计出湖南古代寺院的整体空间形态大致可分为院落式布局、自由式布局、塔寺合一或洞寺合一布局三种，其中廊院式布局占调查总数的 75%，自由式布局占 18%，塔寺合一或洞寺合一布局仅占 7%。以下将针对这三种整体空间形态布局进行详细阐述（图 6-33）。

（1）院落式布局

中国古代建筑基址面积不以单体建筑的

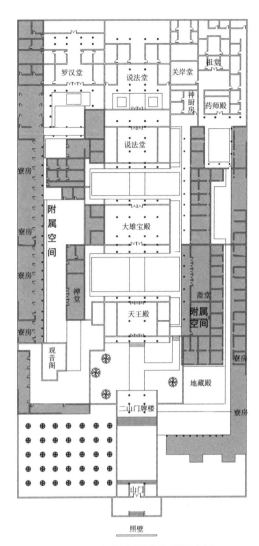

图 6-32　祝圣寺僧寮空间示意图

图片来源：作者自绘

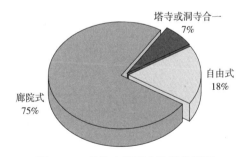

图 6-33　整体空间形态比例分析图

图片来源：作者自绘

---

❶ 黄爱月. 香积叙事：汉地僧院里的厨房与斋堂 [D]. 台北：台湾"中央大学"，2005.

占地面积计算，而是包括单体建筑和由建筑或围墙围合而成的"院"为标准❶。就其空间形态而言，主要被归纳为院落式布局。这种空间形态根据平面组织形式主要分为廊院式、单向轴线式、多向轴线式。

1）廊院式布局

根据唐代道宣在《戒坛图经》中对理想寺院的描述与绘制，可以看出唐代关于理想寺院的分区和布局是很有特点的，这与明清时期以中轴线布局为主的方式有很大区别。始建于唐代的遗存寺院通常在每个佛殿或佛塔四周用廊屋围绕，形成独立院落，因此许多大寺院常由数个廊院组成，且各院皆可根据廊院内容加以标名，如观音院、弥陀院、净土院、塔院等。因受儒家"礼制"精神的影响，佛教群体建筑大多采用对称、整齐、规则的布局，同时亦在平面组织上表现了这种精神,如"北屋为尊,两厢次之"。在群体建筑中，正殿是最重要的部分，建筑群的层层递进主要是对正殿的烘托、陪衬。因此，正殿在群体建筑中最为宏伟，等级最高（图6-34）。在笔者调研的寺院中，采用廊院式布局的寺院有长沙麓山寺、攸县宝宁寺、衡山福严寺、浏阳石霜寺、衡山祝圣寺等（图6-35 ~ 图6-37）。

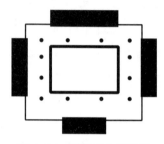

图6-34 廊院式布局简图
图片来源：作者自绘

2）单向轴线布局

单向轴线布局方式通常体现在体量较小、所处环境单一的建筑营建中。这种建筑的

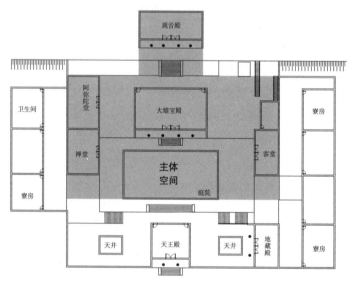

图6-35 宝宁寺主体空间示意图
图片来源：作者自绘

❶ 王贵祥.中国古代建筑基址规模研究[M].北京：中国建筑工业出版社，2008.

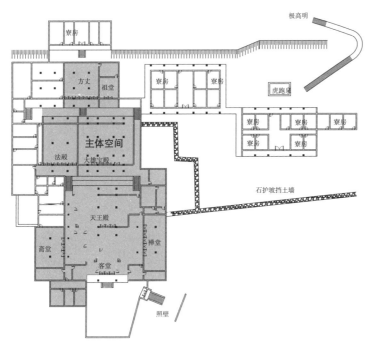

图 6-36　夹山寺主体空间示意图
图片来源：作者自绘

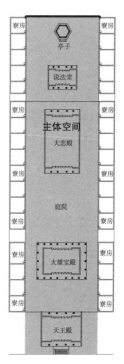

图 6-37　昭山寺中轴线图
图片来源：作者自绘

整体空间形态遵循单一轴线的布置，相对来说封闭集中。在湖南省内采用这种布局方式的寺院较为普遍，其中较明显的便是湘潭昭山寺（图 6-38）。此外，南岳地区也有不少寺院建筑是基于这种布局方式营建的。南岳衡山是湖南省寺院建筑最集中、遗存最完整的地区，寺院整体空间形态符合汉传寺院的形制，该地区寺院的共同特征是将主体建筑均安排在南北中轴线上，附属设施安置于东西两侧。在中轴线上，由南向北的主要建筑依次为山门、天王殿、大雄宝殿、藏经殿（阁）等，殿堂内部配置完整，且与主群寺院布局相似。此外，中型寺院如福严寺、南台寺、上封寺、祝圣寺等在中轴线上的主要建筑均有四进以上，而一些小型寺院也包含前殿和正殿两组建筑。

3）多向轴线布局

多向轴线布局方式一般体现在大中型寺院中，这些寺院所处位置较为宽松，且因受到多元文化的影响，寺院整体空间形态才体现出丰富的多轴线布局，其中包括龙兴讲寺、普光禅寺和南岳庙（图 6-39 ～图 6-41）。

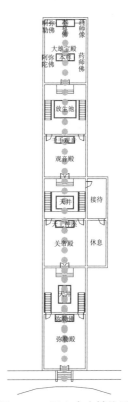

图 6-38　昭山寺中轴线图
图片来源：作者自绘

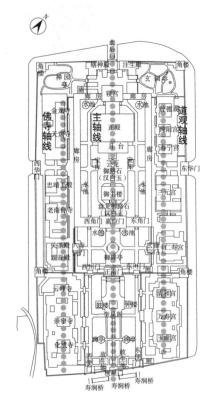

图 6-39　南岳庙中轴线图
图片来源：作者自绘

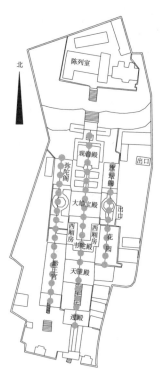

图 6-40　龙兴讲寺中轴线图
图片来源：作者自绘

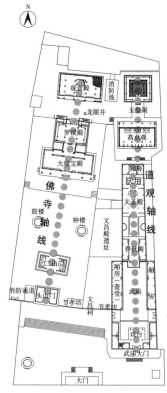

图 6-41　普光禅寺中轴线图
图片来源：作者自绘

（2）自由式布局

1）组群自由布局

在湖南古代寺院中，除严格遵循对称布局外，大部分寺院在营建过程中都采用组群自由布局方式。采用这种布局方式的寺院平面形态主要有两种，其一以单栋房屋为单位，其二则以"进"为单位。几栋建筑组成具有进深的建筑群体后，关于布局、功能、空间及艺术造型等的处理便立刻生动起来，这也是中国传统建筑的魅力之所在。此外，多重多进的寺院左右各有厢房、钟楼、鼓楼、宝库等，这使整个寺院建筑群显得尤为庞大。南岳南台寺、上封寺、方广寺、福严寺及沅陵凤凰寺等均广泛采用这种布局方式（图 6-42）。

2）单一型寺院空间形态

单一型寺院建筑完全顺应地形的起伏变化，因此能创造出各种奇特雄伟的建筑造型，为中国传统建筑增添许多新颖的意趣。寺院通常建在山上或山下，整体布局自由灵活。从单栋建筑的平面构成来看，这种建筑形态比较简单、缺乏进深，但能顺应地形、依山就势。湖南省内单一型寺院主要包括南岳藏经殿、铁佛寺、五岳殿、高台寺、湘南寺、方广寺等规模较小的寺院，它们一般面积较小，仅由一栋建筑组成（图 6-43 ~ 图 6-46）。

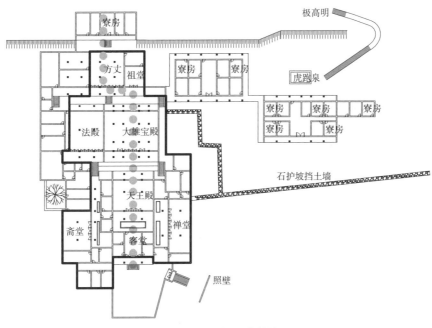

图 6-42 南岳福严寺轴线图

图片来源：作者自绘

图 6-43 南岳高台寺总平面图

图片来源：作者自绘

图 6-44 南岳高台寺

图片来源：作者自摄

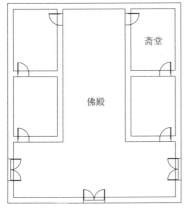

图 6-45 南岳湘南寺总平面图

图片来源：作者自绘

图 6-46 南岳湘南寺

图片来源：作者自摄

（3）塔寺合一或洞寺合一布局

1）塔寺合一

佛塔起源于印度，又被称为窣堵坡或浮屠，是供养佛舍利的墓塔。在佛教由印度传入中国后，佛塔在与中国楼阁式塔结合的过程中，逐渐形成了具有中国特色的佛塔。

湖南佛教遗存的古代寺院建筑中，塔寺合一的寺院仅剩永州蓝山县城东回龙山的塔下寺，这是湖南省内塔寺并存的孤例。塔下寺原名回龙寺，明万历前又称净住寺，因寺内建有传芳塔，故民众习惯称之为塔下寺，寺内现存建筑为传芳塔、大雄宝殿、山门、戒堂、观音阁、观浪亭等。相传该寺建于唐代并在后世屡有修葺，而传芳塔始建于明嘉靖四十二年（1563年），历时15年才最终建成。传芳塔为平面正八边形的七层佛塔，高40米，塔基为天然岩石，塔体则由青砖砌就。佛塔底层高9.63米，外壁边宽4.03米，墙厚3.24米，并从二层起逐渐内收。塔内设186级内旋式阶梯，直达塔顶，各层均采用八角平底和八角藻井顶，墙壁绘有"白蛇传"、"西游记"等传说故事，且每两层还设券门。在佛塔底层墙壁上还嵌有明万历间《塔下寺买田碑记》《重建东塔碑记》《新建东塔碑记》等碑刻4块。此外，塔内各层均供有佛像，一层为寿佛，二层为玉皇，三层为真武，四层为星主，五层为龙殊，六层为文殊，七层为观音，且每层四面墙均绘有壁画，历代香火旺盛。现因地基不均匀下沉，塔身向北倾斜达15°之多，但依然稳固屹立，堪比意大利的比萨斜塔（图6-47）。

2）洞寺合一

洞寺合一的寺院布局方式极为少见，这种寺院主要在山体部分选址，结合山洞营建形成。在笔者调研的众多寺院中，仅有辰溪丹山寺属于这种类型。此外，根据刘国强在《湖南佛教寺院志》中的调研结果可知，耒阳昭灵寺也属洞寺合一的类型。丹山寺始建于清康熙年间，位于辰溪县城对岸，傍丹山悬崖绝壁而建，下临沅水深渊。著名文学大师沈从文曾这样描述丹山寺："一个三角形黑色山嘴，濒河拔峰，山脚一矶接受了沅水激流的冲刷，一面被麻阳河长流的淘洗，岩石玲珑透空。半山有个壮丽辉煌的庙宇，名'丹山寺'，庙宇外岩石间有成千大小不一的浮雕石佛。"寺院后山脚下有一天然石洞，宽约6米，高约3米，入口处高约14米，再内侧则高深莫测（图6-48、图6-49）。

图6-47　永州蓝山塔下寺
传芳塔

图片来源：作者自摄

图6-48　辰溪丹
山寺山洞

图片来源：作者自摄

图6-49　辰溪丹
山寺远景

图片来源：作者自摄

6.1.4.4 整体空间形态特征

基于以上阐述可知，湖南古代寺院的整体空间格局主要由前导空间、主体空间和附属空间组成，空间形态类型主要包括院落式、自由式以及塔（洞）寺合一等三种类型。经详细比较与分析后，整体空间形态的特征主要体现在以下 5 个方面：

（1）中国佛教的诸多禁忌主要归因于佛教自身的仪轨戒律和传统民间习俗的影响。皈依佛门之人不论在家出家，为发慈悲心，增长功德，都应持佛教的严格戒律。因此，寺院整体空间形态的形成不可避免要受到以佛教文化为主的多元文化的影响。

（2）湖南佛教遗存下来的寺院多以禅宗寺院为主，禅宗强调合众修行与个人参禅相结合，因此寺院整体空间形态中包含了大众修行的禅堂和个人修行的寮房，这些与一般建筑的功能有很大区别。

（3）禅宗提倡"不立文字、明心见性"的宗教理念，故在以禅寺居多的湖南寺院中藏经殿结合法堂存在的情况较多，而单独设置藏经殿的极少。

（4）湖南寺院整体空间形态包括前导空间、主体空间与附属空间。其中主体空间与附属空间是结合佛教中"佛"、"法"、"僧"三宝来布局的，同时还结合了祭祀文化和讲学功能分别设置祭祀空间、讲堂和书院。

（5）约 70% 左右的寺院空间形态是基于自由布局结合中轴对称的方式进行的，经分析，主要是受地形的限制和佛教文化特别是禅宗文化中不拘形态的影响。

6.2 整体空间序列组织与营造

一般情况下，大中型寺院的空间序列组织包括入口空间、过渡空间、转折空间和结尾空间四部分。其中，入口空间为寺院空间的起始部分，过渡空间为承接部分，转折空间为转折和主体部分，结尾空间为终端部分 ❶。通常来讲，一个完整的空间序列是按照这四部分展开的，但是一些小型寺院大多只包含入口空间和转折空间部分，过渡空间和结尾空间则不甚明显。也就是说，是否具有完整的空间序列一般与寺院的规模和尺度相关。在所调研的 32 所寺院中，仅有 14 所具有完整的空间序列，占调研总数的 43.8%，而其余 18 所都只包含入口空间和主体空间（图 6-50 ~ 图 6-53）。

6.2.1 入口空间

所有寺院都具有一个尺度不一的入口空间，而这些入口空间都是为了更好地烘托寺院的宗教氛围。在湖南地区，不少寺院都依据山势而建，将高潮和中心的院落设置在高差较为明显的位置，从而达到突出主体建筑地位的目的。这些寺院的入口空间一般由牌

❶ 樊天华. 中国寺院建筑的空间表达 [J]. 上海工艺美术，2009（2）：49-51.

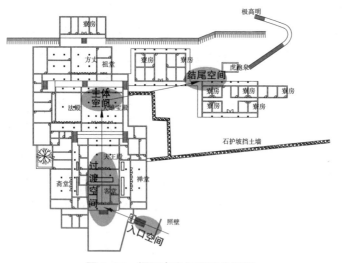

图 6-50　福严寺空间序列分析图

图片来源：作者自绘

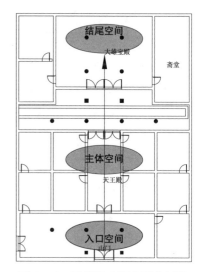

图 6-51　五岳殿空间序列分析图

图片来源：作者自绘

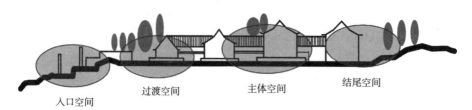

图 6-52　祝圣寺纵向空间序列分析图

图片来源：作者自绘

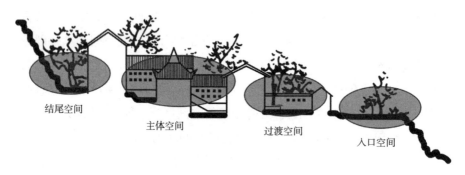

图 6-53　上封寺纵向空间序列分析图

图片来源：作者自绘

楼、香道、山门和殿堂组成，其空间序列的营造通常以山门或牌楼为起点，香道为转承，通过空间对比作突然的转变，最后达到序列的高潮。例如，南岳南台寺入口空间序列的关系即是通过山门沿转折的香道到达照壁，最终到达天王殿这一主体空间。而如此精心设置入口空间序列主要有以下几点原因：（1）根据地形关系，非人为刻意设置入口空间序列；（2）用曲折的入口空间序列来酝酿游客或信众的情绪，以达到真正进入宗教空间的意味；（3）象征佛教中由此岸到达彼岸的桥梁，是佛教用以净化心灵的空间设置（图6-54）。

6.2.2　过渡空间

过渡空间主要包括前导过渡空间和转折空间。过渡空间是指入口空间与主体空间之间的承接部分，其功能区域主要是指山门至二山

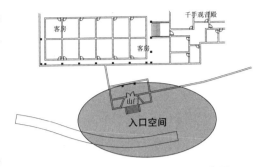

图6-54　南岳南台寺入口空间示意图

图片来源：作者自绘

门之间或天王殿之间的空间，包括放生池、钟鼓楼、各种辅助功能的殿堂、连廊等部分的空间。

相对纷杂的外界环境而言，进入山门后的寺院内部以院落空间为主。因此，一般需要经过一段前导过渡空间的引导方能吸引信众到达主体空间，同时也能营造出具有吸引力的空间氛围。在笔者调研的寺院中，过渡空间主要存在于大中型寺院中，因受规模与尺度限制，小型寺院几乎不存在此类空间（图6-55）。

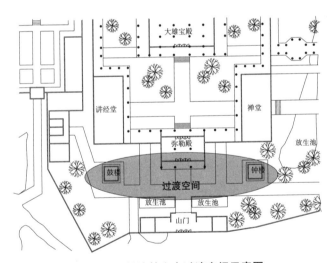

图6-55　长沙麓山寺过渡空间示意图

图片来源：作者自绘

6.2.3　转折空间

在大中型寺院中，过渡空间之后还需经过一个转折空间才能到达主体空间。转折空间对寺院整体空间形态的艺术感而言，无疑具有极为重要的意义。在游览过程中峰回路转，通常使人时时觉得应接不暇，别有洞天。不过这部分空间并不为多见，一般出现在大中型且依山势而建的寺院中，其中最有代表性的无疑是南岳南台寺（图6-56）。

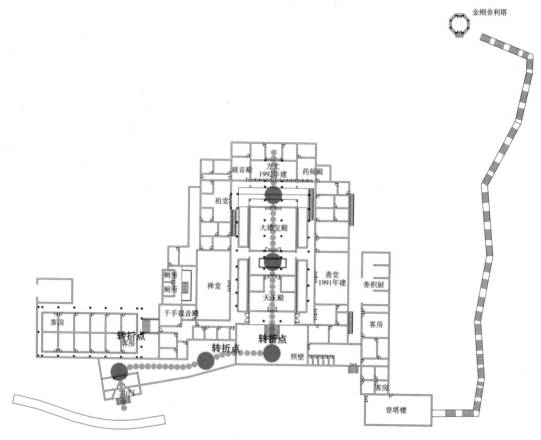

图 6-56　南岳南台寺庭院转折空间形态分析图

图片来源：作者自绘

寺院主体空间通常也包括大雄宝殿为主的各殿堂，不过对一些以供奉菩萨如观世音菩萨、地藏王菩萨为主的寺院来讲，其主体空间则是以观音阁或地藏殿为主的建筑。从屋顶形制、寺院格局及空间尺度上来讲，这部分建筑都是整体空间形态中最为丰富且有层次感的。考虑到本书构架，该部分的具体建筑形制将在第 7 章详细论述。

6.2.4　结尾空间

就寺院整体空间的节奏而言，结尾空间是指寺院建筑达到高潮后的结尾部分，通常以一种终端高潮的形式存在。在规模较大的寺院中，方丈室、法堂、藏经阁等属于寺院整体空间形态的结尾空间。在整体布局上，这部分建筑并不一定完全处于中轴线上，有些则位于中轴线两端。值得说明的是，这样的结尾空间并不是所有寺院都有的。例如一些小型寺院常因寺院格局和空间尺度所限，会以寺院空间最精华部分如大雄宝殿等作为序列的终端部分，有些还会以延续性的神性空间如观音殿（阁）、罗汉殿等作为结尾空间（图 6-57、图 6-58）。

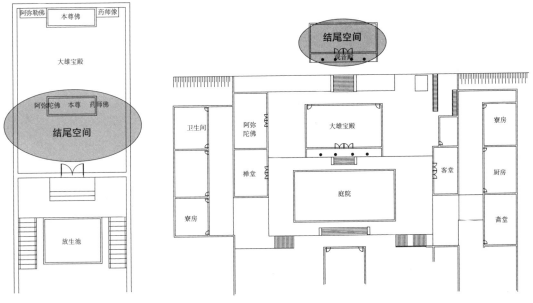

图 6-57 湘潭昭山寺结尾空间
图片来源：作者自绘

图 6-58 攸县宝宁寺结尾空间
图片来源：作者自绘

综上，湖南古代寺院的整体空间形态序列遵循"起承转合"的原则 ❶。寺院通常以相互呼应的方式构建出组织合理而又有起有伏的空间，让信众体验到由"世俗空间"到"佛性空间"的心理变化，从而更好地营造出寺院修行和朝拜的氛围。

6.3 建筑空间模数与视角分析

6.3.1 建筑空间模数

在风水思想中，关于建筑空间尺度方面常有"千尺为势、百尺为形"之说。"百尺为形"是指建筑单体的体量关系常以百尺为限。根据中国古代的模数可知，百尺折算为现在单位的 23～25 米，因此百尺单位是非常适合的观赏建筑视距范围。"千尺为势"是整体格局的大范围及远近视距范围，同样具有科学性 ❷。中国古代的千尺大约在 230～250 米，这是符合人步行进入寺院的尺度，同时也是寺院整体空间的适宜尺度。基于此，风水学说在整合近景、中景和远景的外部空间上都有重要的处理原则。一方面，"千尺为势"可从整体上把握空间尺度，另一方面也可根据"百尺为形"将整体空间组群划分成既各自独立又相互联系的有机空间。以南岳福严寺为例，其大雄宝殿与天王殿间的庭院是根据

❶ 王路 . 浙江地区山林寺院的建筑经验和利用 [D]. 北京：清华大学，1986.

❷ 王其亨 . 风水理论研究 [M]. 天津：天津大学出版社，1992.

山势变化而建造的，其间具有一定的高差，建筑与庭院间的关系通过高低错落的连廊连接，在视线上有转折、遮挡、隐喻的关系（图6-59、图6-60）。

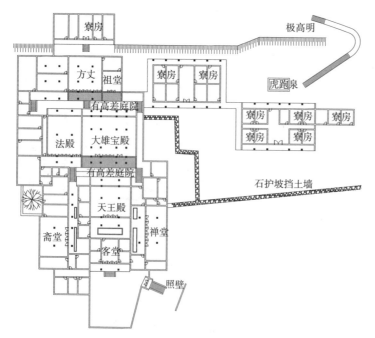

图6-59 南岳福严寺庭院空间尺度关系图

图片来源：作者自绘

图6-60 南岳福严寺庭院廊道空间

图片来源：作者自摄

6.3.2 空间视角和视距分析

在整体空间形态上，通过建筑与庭院间的视角与视距分析可体现出寺院整体空间的尺度关系和视觉感受，并带来不同的心理体验。

（1）计算公式（如图6-61）

根据图6-66可总结出计算公式如下：

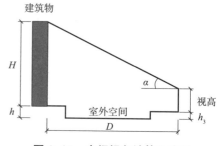

图6-61 空间视角计算公式图

图片来源：作者自绘

$$ctg\alpha = D/H$$

其中，D为观察者与建筑在限定庭院空间中的最大水平距离，单位为m；H为人眼与主体建筑屋脊上的垂直距离，单位为m；角度α为视角。此外，拟设人的平均身高为1.6m。

（2）典型寺院建筑与庭院空间的视角分析，见表6-10。

通过调研以上5所典型寺院建筑与庭院之间的视距，由表6-10可以看出，当D/H小于1时，人眼最大垂直视角将大于45°，观看者几乎看不到建筑屋脊部分，感觉较为封闭。

典型寺院建筑与庭院空间的视角分析表　　　　表 6-10

寺院名称	序号	建筑单体	视角（度）	D/H 值
福严寺	1	大雄宝殿	33.9	1.49
	2	观岸堂	30.1	1.72
南台寺	3	大雄宝殿	34.6	1.45
	4	天王殿	34.49	1.46
南岳庙	5	正殿	47.57	0.91
	6	寝殿	40.61	1.17
南岳庙	7	正殿	35.76	1.39
	8	御书楼	30.68	1.69
普光禅寺	9	罗汉殿	43.18	1.07
	10	大雄宝殿	40.81	1.16

表格来源：作者自绘

例如，针对南岳庙正殿与寝殿间进行空间尺度分析可知视角较大，容易形成一种需仰视的姿态（图 6-62）。

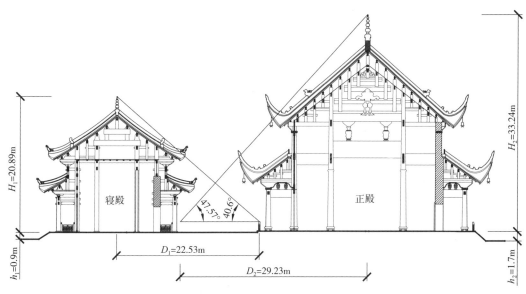

图 6-62　南岳庙正殿与寝殿间的空间尺度分析图

图片来源：作者自绘

　　而大多数寺院建筑的 D/H 值则介于 1 和 2 之间，其视角处于 27°～45°。此时，观察者很容易看清殿堂的细部，其空间具有一定封闭性，但又有较好的视线关系。南台寺的大雄宝殿和天王殿之间、普光禅寺的罗汉殿和大雄宝殿之间以及南岳庙正殿与御书楼之间的视距关系均属于这种范畴（图 6-63 ～图 6-65）。

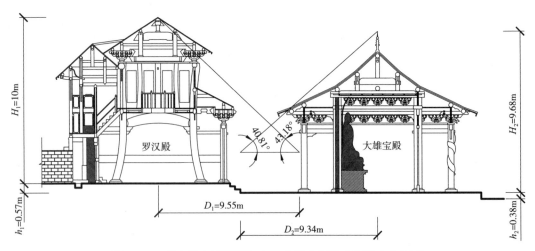

图 6-63　普光禅寺罗汉殿与大雄宝殿之间的空间尺度分析图

图片来源：作者自绘

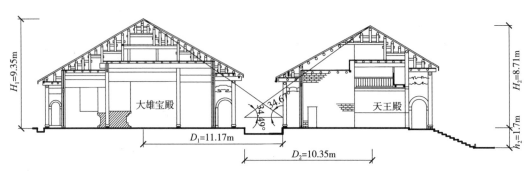

图 6-64　南台寺大雄宝殿与天王殿之间的空间尺度分析图

图片来源：作者自绘

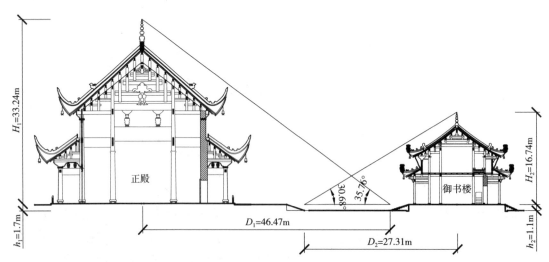

图 6-65　南岳庙正殿与御书楼之间的空间尺度分析图

图片来源：作者自绘

6.4　庭院空间分析

6.4.1　概述

寺院的庭院不同于寺院建筑，它的设置不是追求多少宗教气氛，显示何种宗教特点，而是受时代美学思想的浸润，更多地追求人间的悦目赏心、畅情舒怀。因此，寺院的庭院空间兼具了宗教活动和游赏之地的功能。

寺院的庭院空间作为寺院的一部分，起着协调寺院建筑与周边环境的作用。庭院空间包括廊、楼梯、庭院等部分，一般根据寺院的地形特点灵活布置。湖南寺院的庭院空间尺度不一，种类繁杂，根据布置形式可分为：（1）廊院结合，这种庭院在前文已有详述；（2）独立庭院，常见于大中型寺院中。另外，根据所处寺院位置又可分为：（1）前院，位于山门与钟鼓楼之间，属于前导空间部分；（2）中庭院，位于主导空间部分，这种庭院尺度一般较大，有些甚至需要接待烧香的信众；（3）后院，主要是僧众们活动与修行的休闲空间，一般会布置在寺院后侧或两边。

湖南寺院的庭院空间与一般庭院空间并无太大差异，唯一不同的地方在于湖南佛教寺院以禅宗寺院为主，因此庭院整体空间的设置比较重视清雅幽静的氛围，不会用颜色艳丽的花卉布置，特别在南岳衡山等环境优美的地方，庭院的布置通常考虑到周边地形和环境的作用，最终与周围的秀美环境融为一体（图 6-66）。

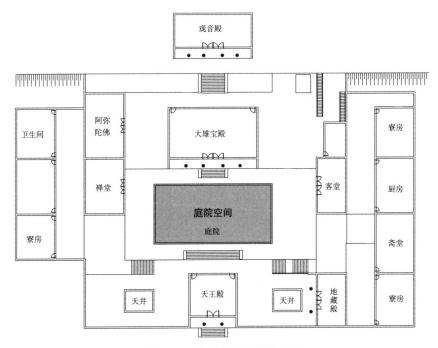

图 6-66　攸县宝宁寺庭院空间

图片来源：作者自绘

6.4.2 影响因素

6.4.2.1 禅宗与寺院庭院化

在众多佛教文化中，禅宗思想对湖南寺院的庭院空间影响最大。禅宗的核心思想体现在庭院中的是"清、静、和、寂"，反映在庭院空间上最为明显。中国寺院的庭院空间，多数是由当时的诗人名士或禅僧等设计。他们高雅的情趣以及崇尚自然的理念，对于庭院空间的影响很大。由于湖南古代寺院以禅宗寺院为多数，禅宗的思想对整个寺院的空间格局的庭院化有很大的影响。

6.4.2.2 传统风水学的影响

风水学也名"堪舆学"，主要宗派分为以"龙、砂、水、穴"为主的"形势宗"和以八卦、天星、五行、十二支为主的"理气宗"，一直以来传统堪舆学对寺院的影响主要体现在寺院选址上。这部分已在 6.1.2 中论述过，以下仅就其对庭院空间的影响作出论述。

佛教初入中国时，佛教教义认为外部世界皆是内心所想之幻化，因此不会过分注重外部的形态与因素。到隋唐以后，佛教与中国传统风水学相融合，并在寺院选址方面逐渐考虑了风水堪舆学的思想，例如风水学中的"藏风聚气、聚气迎神"对寺院选址及其整体格局影响很大❶。由于寺院一般修建在风景宜人、清幽寂静的山林，这不仅从利于修习的角度，也有风水堪舆的理由。人作为自然的一部分，与自然环境的气场相吻合，选择较好的自然环境作为修行场所，心性也会得到很大的提升。堪舆学理论认为，寺院的气口应处于群山合围的开口处和周围地势较为低洼的地方❷。不少寺院在选址和整体空间格局上都顺应这一说法，例如南岳福严寺处于南岳的群山环绕之中，为迎合山势的气口，寺院将山门朝南向侧转了 45°角，最终使寺院气脉与山势相应，逐渐顺畅起来（图 6-67、图 6-68）。

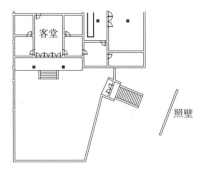

图 6-67　南岳福严寺山门平面图
图片来源：作者自绘

图 6-68　南岳福严寺山门
图片来源：作者自摄

❶　魏德东. 佛教的生态理念和实践 [J]. 中国宗教，1999（2）: 16-17.
❷　杨惠南. 从境解脱到心解脱——建立心境平等的佛教生态学 [A]. 佛教与社会关怀学术研讨会论文集. 台北: 中华佛教百科文献基金会，1996: 1-12.

6.4.2.3　儒家思想的影响

儒家思想对寺院庭院空间营造的影响主要表现为以下两点：

（1）庭院的尺度与相应建筑物的尺度规模比例一致，即大型殿堂如大雄宝殿、观音殿等所配置的庭院规模较大，次要等级的建筑如法堂、讲堂等所配置的庭院尺度则较小，有些甚至只有廊院空间的配置。此外，前导空间的庭院部分一般较大，这与寺院整体的规模有关，而与寺院建筑的尺度规模并无太多关系。因此，规模越大的寺院其前导空间的庭院部分越大，反之越小。

（2）庭院的空间格局一般与寺院整体空间格局相对应。也就是说，当所处寺院采用对称布局时，庭院多呈对称布局；当寺院沿山势自由建造时，庭院则呈自由布局。在同一座寺院的庭院中也有对称布局与自由布局相结合的例子，如长沙麓山寺沿山而建，中轴线上的庭院呈对称布局，而两侧庭院则是自由布局（图 6-69）。

6.4.2.4　道家思想的影响

道家思想的最高境界是"天人合一"、"师法自然"，这两点对寺院中庭院空间的影响主要体现在庭院顺应自然地形建造方面。基于这一思想，庭院空间内花木品种的选择多以自然生长的花木为主，少有人工雕琢的痕迹，这一点在多数山林寺院中较为常见（图 6-70、图 6-71）。

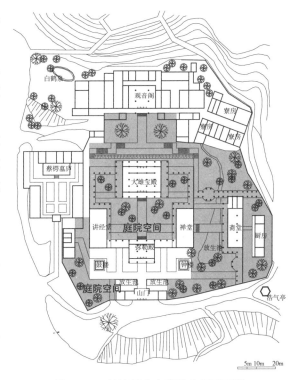

图 6-69　长沙麓山寺庭院空间示意图
图片来源：作者自绘

图 6-70　南岳祝圣寺庭院的棕榈树
图片来源：作者自摄

图 6-71　南岳祝圣寺庭院的樟树
图片来源：作者自摄

6.4.3　空间形态组成

6.4.3.1　组成要素

湖南寺院的庭院空间形态从物化层面上主要包括宗教空间、自然环境空间及寺内庭院空间三部分❶。

（1）宗教空间

宗教空间主要考虑佛教仪轨的需要，庭院空间的设置使得相对静态的宗教活动空间有了延展。寺院建筑空间的庭院化使静态宗教空间得以外延。在这类空间中，建筑与庭院间的关系相对单一和静态，以表现出宗教空间的神秘性和独立性。这类空间主要包括各类殿堂的外廊空间和室外的礼拜空间。

（2）自然环境空间

主要包括寺院前部的香道及周边自然环境。这部分空间多为未开发的自然环境，为寺院内部庭院提供前奏的过渡。尤其是在地处山林的寺院中，其周围优美的自然环境为信众从心理上提供沉静的氛围。

（3）寺内庭院空间

即寺院内部建筑群体组合之间的虚空间，主要包括寺院建筑间的过渡性空间，此部分将在后续章节详述。

6.4.3.2　构成景要素

寺院的庭院空间构成要素主要由建筑要素、植物景观要素、建筑小品三部分构成。

（1）建筑要素

组成庭院空间的建筑要素主要包括殿堂、亭、台、楼、阁、斋、房等。寺院中建筑空间形态与形制一般有其固有的特点与模式，其中基本建筑包括各级佛殿、佛堂和僧寮等，这些建筑决定着庭院空间的主要格局，而其他建筑如风雨亭、风雨廊的设置则是对建筑规模与功能的补充。在对比分析庭院空间与建筑空间过程中，笔者发现庭院空间与建筑空间之间具有一些联系：1）建筑的空间尺度与庭院空间尺度是成比例的。建筑主体空间规模越大，庭院空间的尺度规模也越大，反之越小，见表6-11。2）庭院空间是对建筑主体空间的补充与扩大。不少寺院中都设置休息庭院，以供修行过后静思之用。3）与其他类型建筑不同的是，寺院中庭院的空间形态较为朴素，形式也较规矩，很少有变化多样的空间。这与寺院作为清修场所有关，庭院作为修行场所的一部分，简洁诠释出佛教中的"空"、"无"思想。

湖南现存古代佛教建筑庭院规模统计表　　　　　　　　　　表6-11

序号	规模类型	寺院名称	院落面积（m²）
1	大型	南岳庙	15514.89
2	大型	沅陵龙兴讲寺	7521.05
3	中型	南岳南台寺	1782.34
4	小型	南岳上封寺	582.65

❶　赵光辉.中国寺院的园林环境 [M].北京：北京旅游出版社，1987.

续表

序号	规模类型	寺院名称	院落面积（m²）
5	大型	南岳祝圣寺	6062.87
6	中型	南岳福严寺	3978.68
7	小型	南岳藏经殿	672.33
8	小型	南岳方广寺	951.49
9	小型	南岳高台寺	115.63
10	小型	南岳铁佛寺	37.44
11	小型	南岳五岳殿	83.16
12	小型	南岳湘南寺	—
13	小型	南岳祝融殿	169.31
14	小型	南岳广济寺	206.71
15	大型	大庸普光禅寺	7758.38
16	大型	石门夹山寺	3982.03
17	小型	沅陵白圆寺	735.88
18	小型	沅陵凤凰寺	226.08
19	小型	沅陵龙泉古寺	1264.56
20	大型	浏阳石霜寺	9141.64
21	小型	湘潭昭山寺	162
22	中型	攸县宝宁寺	2868.45
23	大型	长沙开福寺	13905.87
24	大型	长沙麓山寺	7518.51

表格来源：作者自绘

（2）植物景观要素

寺院中的植物景观要素主要包括花草树木、水面及硬质铺地等。其中，植物要素和水面能够有效调节寺院内部的微气候，使寺院环境更为优美。寺院内树木多以松柏树、香樟、菩提树、竹子、乔木、灌木等为主，很少采用色彩艳丽的花木，这足以体现出寺院庄严清净的氛围[1]。例如，长沙麓山寺观音阁前坪种有两株罗汉松，称"六朝松"，两树对立，虬枝交错，宛若关隘，称"松关"（图6-72）。

寺院内的水面与传统建筑中只做景观和防火之用的水面不同，其主要用于放生和许愿，故可称为放生池或许愿池。放生是佛教修行仪轨的一种方式，即本着慈悲为怀、

图6-72 麓山寺观音殿前罗汉松

图片来源：作者自摄

---

[1] 王其钧. 中国园林建筑语言 [M]. 北京：机械工业出版社，2006.

方便为怀的本意。佛教教义认为，众生具有无数世的轮回，每世都有无数父母，因此无论鱼虾还是乌龟都可能是前世父母，故佛教提倡将要屠宰的动物放生，并一般在寺院入口处设置放生池。如今放生池已有三方面的作用：1）专为放生之用，具有独特意义；2）为景观之用，供来访游客或信众观赏；3）作为来访者进入寺院的过渡空间（图6-73）。许愿池是佛教中国化、世俗化在寺院外部空间上的体现，一般在大型寺院中才能看到，这种空间融合了世俗功利的情志，场所不大，但常常聚集了大量游客。

一般情况下，棂星门前常设置半圆形水池，称"泮池"。泮池是孔庙建筑的特有形制，但也出现在寺院空间内，但较为少见，笔者也仅在南岳庙这种集儒释道多元文化于一体的宗教建筑中才见到（图6-74）。

图 6-73　南岳庙泮池

图片来源：作者自摄

图 6-74　长沙麓山寺放生池

图片来源：作者自摄

（3）建筑小品要素

寺院中的建筑小品要素主要包括照壁、漏窗、围墙及各类佛教室外雕像等，这些要素在庭院空间中通常起着点缀空间氛围、形成不同交通流线关系和佛教象征意义等作用。其中，具有典型佛教空间特色的佛教建筑小品有室外雕像和香炉。

寺院中一般很少设置雕像，但类似于乌龟、狮子等佛教经典中常涉及的动物雕像一般会出现在寺院的庭院空间中，但其通常结合放生池或其他景观要素设置，例如长沙麓山寺大雄宝殿后的放生池中便设有乌龟的雕像（图6-75）。

香炉是寺院中必须设置的小品，主要作拜佛时烧香之用。点香是佛教礼佛仪式中的前导部分，旨在向诸佛菩萨通告，大型寺院为此专门设置用于点香的房间。而香炉的位置具体有三种：一是设在山门外，点香后无需再次点香便可朝拜，如长沙麓山寺；二是设在大雄宝殿前，主要供奉宝殿内的主神，这种形式较为常见；三是设在较为重要的殿堂前，如观音殿前（图6-76、图6-77）。

图 6-75　长沙麓山寺
大雄宝殿后乌龟石雕
图片来源：作者自摄

图 6-76　南岳庙
观音殿前香炉
图片来源：作者自摄

图 6-77　南岳南台寺前香炉
图片来源：作者自摄

6.4.4　庭院与建筑结合方式

李允鉌曾在《华夏意匠》中提出："因为单座建筑采取了标准化，在变化上是有限的；而院子的形状、大小、性格等的变化是无限的，用无限来引导有限，化解了有限的约束。"❶由于建筑形式的单一性和标准化，庭院空间的丰富性变得很重要。笔者在调研分析后认为，湖南地区寺院的庭院与建筑结合方式主要有集中型和分散型两种。

6.4.4.1　集中型庭院空间

集中型庭院空间表现为庭院各部分比较集中，自成一处。这类庭院通常结合寺院的自然景观，独居一隅，形成别有特色的寺院空间，以供僧众们散心修行以及来访信众们暂时休憩。另外，有些寺院的庭院还结合茶室设置于寺院整体空间的后部。

在传统寺院中，集中型庭院并不多见，有些常与前导空间相结合为民众进入佛域空间做准备，有些则结合寺院后侧空间专作休憩之用。集中型庭院空间根据所处位置不同可划分为前庭院、中间庭院、后侧庭院三类。

（1）前庭院

此类庭院根据是否位于寺院中轴线上可分为前居中和前居两侧庭院。前居中庭院在大型寺院中比较多见，长沙开福寺、石门夹山寺、浏阳石霜寺均属此类空间（图 6-78、图 6-79）。而前居两侧庭院结合前导空间中的放生池、钟鼓楼等形成集中型庭院空间，使进入寺院的民众伴随秩序井然、景观丰富的庭院空间逐渐静心，进而步入佛教礼拜空间。祝圣寺的庭院属于很典型的前居两侧庭院（图 6-80）。

（2）中间庭院

根据庭院是否位于寺院中轴线上亦可将处于寺院中部的庭院空间分为中间轴线与中轴线两侧庭院。例如，浏阳石霜寺除设置前庭院外在中间部分亦设置了庭院，沅陵龙兴讲寺则将中庭院设于中轴线靠右的位置（图 6-81、图 6-82）。

❶ 李允鉌. 华夏意匠 [D]. 天津：天津大学出版社，2015.

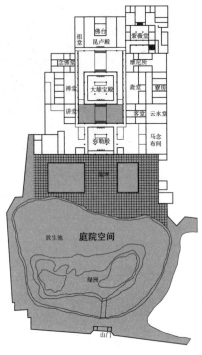

图 6-78 长沙开福寺庭院空间
分析图
图片来源：作者自绘

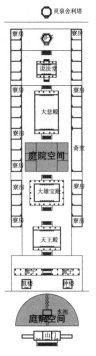

图 6-79 石门夹山寺
庭院空间分析图
图片来源：作者自绘

图 6-80 祝圣寺庭院
空间示意图
图片来源：作者自绘

图 6-81 石霜寺庭院空间示意图
图片来源：作者自绘

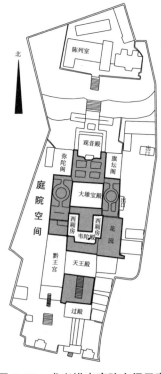

图 6-82 龙兴讲寺庭院空间示意图
图片来源：作者自绘

（3）后侧庭院

一般来说，后侧庭院主要结合寺院后部空间作为僧众们的休憩场所，亦可作为信众们的休闲场地。长沙麓山寺和南岳庙便是采用后侧庭院的典型寺院，这两座寺院均属于保存完整的全国重点汉族寺院。在长沙麓山寺里，古木参天，山峦秀美，深秋时节层林尽染，枫叶似火，杜牧的"停车坐爱枫林晚，霜叶红于二月花"描述的便是这样景色。南岳庙的后侧庭院里设有禅园和玄园，其中禅园位于辖神殿前侧，玄园位于注神殿前侧，辖神殿和注神殿主要用于供奉南岳各殿神如辖神和注神娘娘等，可见南岳庙的后侧庭院兼做宗教祭祀仪式举行的前导空间（图 6-83 ~ 图 6-87）。

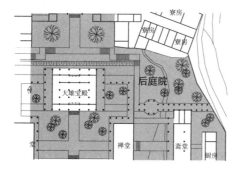

图 6-83　长沙麓山寺后庭院示意图

图片来源：作者自绘

图 6-84　长沙麓山寺后庭院

图片来源：作者自摄

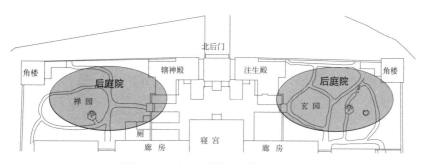

图 6-85　南岳庙禅园与玄园示意图

图片来源：作者自绘

图 6-86　南岳庙辖神殿前庭院

图片来源：作者自摄

图 6-87　南岳庙玄园

图片来源：作者自摄

6.4.4.2　分散型庭院空间

庭院的典型空间布局除了集中型庭院外，还有分散型庭院。分散型庭院存在于众多
寺院中，但其具体分布大体可归为三类：（1）小型
寺院中；（2）大中型寺院中结合殿堂空间皆有少数
分散型庭院；（3）依山势而建的寺院会根据地形设
置分散型庭院。由于尺度和空间的限制，小型寺院
中只能承载部分庭院空间，如沅陵龙泉古寺在观音
殿和大雄宝殿间设置小型庭院。而南台寺则在主体
寺院空间与金刚舍利塔间结合山势设置后庭院，形
成了分散型布局（图6-88）。

图6-88　南岳南台寺主体庭院空间

图片来源：作者自摄

6.4.5　主要围合方式

6.4.5.1　廊庑式

梁思成在《我国伟大的建筑传统与遗产》一文中指出廊庑是"厢耳、廊庑、院门、
围墙等周绕联络而成一院"。可知廊庑是指正对正殿和侧面的房子。显然这种空间形式来
源于廊院式格局，廊院以四面回廊围合而成，并沿纵轴线在院子中间偏后处或北廊设置
主体殿堂。此外，廊院内最初在前廊中部设置门屋或门楼，后来在回廊两侧或转角插入
侧门、角楼等建筑，这便是早期大型庭院的主要布局形式（图6-89）[1]。

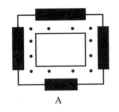 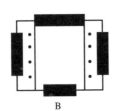 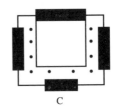 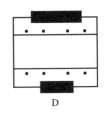

A　　　　　　　　　　B　　　　　　　　　　C　　　　　　　　　　D

图6-89　廊庑式庭院空间示意简图

图片来源：作者自绘

廊庑式兴起于宋代，是一种介于合院与廊院之间的布局形式，在诸多中国传统建筑
中广泛运用[2]。据调研，湖南大部分寺院均采用廊庑式布局，在潮湿多雨的气候中，人们
通过廊下空间不会受到任何影响。例如沅陵龙兴讲寺的主要庭院均采用廊庑式空间，且
四面连接，很适应湘西潮湿多雨的气候，从出行到通风效果都很好。同时，廊庑式布局
符合佛教的仪轨修行方式，信众通过廊庑穿行于建筑群时，可进行佛经念诵和礼佛仪式
（图6-90）。

❶　侯幼彬. 中国建筑美学 [M]. 哈尔滨：黑龙江科学技术出版社，2000.

❷　周维权. 中国古典园林史 [M]. 北京：清华大学出版社，1999.

图 6-90　沅陵龙兴讲寺大雄宝殿廊庑空间

图片来源：作者自摄

6.4.5.2　合院式

据调研分析，湖南古代寺院大多都是有廊空间，采用合院式围合方式的庭院较为少见。其中，大中型庭院的围合方式主要以廊庑式为主，小型寺院的围合方式则以天井围合为主（图 6-91）。

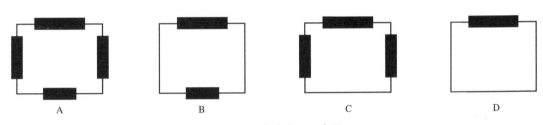

图 6-91　合院空间示意图

图片来源：作者自绘

6.4.5.3　统计与分析数据

通过测绘分析 24 所湖南古代寺院中的 194 处庭院，笔者按照廊庑式和合院式两大类得到如表 6-12 的统计表。

24 所湖南古代寺院 194 处庭院主要围合方式简表　　　　　　　　　　表 6-12

类型编号		廊庑式				合院式				合计
		A	B	C	D	A	B	C	D	
围合方式	建筑	0	4	2	0	8	4	4	2	0
	墙	0	0	0	4	0	0	4	6	0
	廊庑	10	4	6	4	0	0	0	0	0
庭院数量	个数	60	20	12	56	10	12	8	16	194
	所占比例	30.9%	10.3%	6.2%	28.9%	5.2%	6.2%	6.1%	8.2%	100%

续表

类型编号	廊庑式				合院式				合计
	A	B	C	D	A	B	C	D	
简图									
合计	76.3%				23.7%				100%

表格来源：作者自绘

从上表可以看出，湖南寺院中廊庑式庭院所占比例非常高，为76.3%，其中四面均有廊庑空间的廊庑式最为常见，而两面对应的廊庑式也较常见。而在合院式布局中，各种围合方式用的都很平均，其中单面建筑的围合形式稍微多一点，这与湖南地区合院式庭院采用较少有关。

6.4.5.4 虚实比量化分析

所谓寺院，即"寺"与"院"的结合，"寺"指的是建筑部分，"院"则指庭院部分。如果用虚实来区分，"寺"是实的部分，"院"则是虚的部分。将虚实部分进行量化分析是非常有必要的，从中可以分析出寺院建筑的空间尺度和虚实变化。

寺院中虚实比指的是院落基址面积与建筑占地面积之比，通过这一指标可以分析出寺院建筑的建筑密度与图底关系。以下是笔者通过对21所寺院进行详细测绘得出的关于庭院虚实比的数据，见表6-13。

21所湖南古代寺院庭院虚实比简表 表6-13

序号	规模类型	寺院名称	总基址面积（m²）	院落基址面积（m²）	建筑实体基址面积（m²）	虚实比
1	大型	南岳庙	19381.83	15514.89	3866.94	4.01
2	大型	沅陵龙兴讲寺	9348.45	7521.05	1827.4	6.11
3	大型	南岳祝圣寺	11621.7	6062.87	5558.83	1.09
4	大型	大庸普光禅寺	10178.53	7758.38	2420.15	3.20
5	大型	石门夹山寺	8046.16	3982.03	2066.13	1.93
6	大型	长沙开福寺	17933.97	13905.87	4028.1	3.45
7	大型	长沙麓山寺	10531.89	7518.51	3013.38	2.49
8	大型	浏阳石霜寺	10497.63	9141.64	1355.99	6.74
9	中型	攸县宝宁寺	4139.36	2868.45	1270.91	2.26
10	中型	南岳福严寺	6455	3978.68	2476.32	1.61
11	小型	南岳藏经殿	998.61	672.33	326.28	2.06
12	小型	南岳方广寺	1558.26	951.49	606.77	1.57
13	小型	南岳高台寺	576.22	115.63	458.59	0.25
14	小型	南岳铁佛寺	268.26	37.44	230.82	0.16

续表

序号	规模类型	寺院名称	总基址面积（m²）	院落基址面积（m²）	建筑实体基址面积（m²）	虚实比
15	小型	南岳五岳殿	626.22	83.16	543.06	0.15
16	小型	南岳祝融殿	543.04	169.31	373.73	0.45
17	小型	南岳广济寺	610.95	206.71	406.24	0.511
18	小型	沅陵白圆寺	1365.75	735.88	629.88	1.17
19	小型	沅陵凤凰寺	1237.74	226.08	991.66	0.23
20	小型	沅陵龙泉古寺	1917.25	1264.56	652.69	1.94
21	小型	湘潭昭山寺	529.02	162	367.02	0.44

表格来源：作者自绘

虚实比数域表 表 6-14

寺院规模	0 ~ 1	1 ~ 2	2 ~ 3	3 ~ 4	4 ~ 5	5 以上
大型	0	2	1	2	2	1
中型	0	1	1	0	0	0
小型	8	3	1	0	0	0

表格来源：作者自绘

针对表 6-13 与表 6-14 进行分析，笔者整理出以下几点结论：（1）大型寺院的虚实比一般比较大，有些寺院的庭院面积远远多于建筑基址面积，如浏阳石霜寺，这说明大型寺院非常注重庭院空间的尺度，以营造幽静合理的修行场所；（2）中型寺院仅有两座的虚实比在 1 ~ 3 之间，即庭院尺度规模较为适中；（3）小型寺院的虚实比大多在 0 ~ 1 之间，普遍比大中型寺院小，这说明小型寺院因受尺度和空间的约束只能设置相对较小的庭院空间；（4）寺院空间的虚实比与其规模大体一致，即寺院规模越大，虚实比越高，寺院规模越小，虚实比越低。

6.5 本章小结

本章主要分析了多元文化影响下的湖南古代寺院空间形态，其中包括整体空间形态分析、整体空间形态序列组织与营造、庭院空间分析等三方面内容，并结合对湖南寺院的相关调研结果得出相关结论，总结如下：

（1）整体空间形态分析

1）在寺院整体空间形态功能分区方面，湖南佛教以禅宗寺院为主，寺院规模与空间形态大体可分为三个区域，即前导空间、主体空间和附属空间。寺院建筑空间形态受佛教中"佛"、"法"、"僧"对应关系比较明显。主体空间包括礼拜、佛域、教学和讲法空间等，主要对应"佛"、"法"部分，附属空间包括休息和部分修行空间，主要对应"僧"

的部分。同时还结合祭祀文化和讲学功能分别设置祭祀空间、讲堂和书院。

2）在寺院的整体空间形态布局上，大致可分为廊院式布局、自由式布局、塔寺合一或洞寺合一三种。经分析可知，廊院式布局在湖南寺院中普遍分布，约占 75%，自由式布局占 18%，塔寺合一或洞寺合一布局仅占 7%。

3）在藏经殿的设置方面，除南岳藏经殿以外，几乎未发现独立的藏经殿（阁）。湖南寺院以禅宗或禅净双修为主，其中禅宗主张"不立文字"，注重实修进而开悟。同时禅寺为体现禅宗特性，在营建时通常有意不设置或少设置藏书的建筑部分。在禅净双修的寺院中，僧众们以修禅为主，修净土为辅，而净土宗经典也仅以"三经一论"为主，数量并不多，因此藏经殿（阁）似乎不占重要地位。佛教在湖南地区传播过程中，僧众们的修行比较注重师承，因此用于说法讲道的场所逐渐取代了藏经殿（阁）的地位。

4）湖南佛教多以禅宗寺院为主，禅宗强调合众修行与个人参禅相结合，因此寺院整体空间形态包含了大众修行的禅堂和个人修行的寮房，这与一般建筑的功能有很大区别。

（2）整体空间形态序列组织与营造

寺院的空间序列组织一般包括入口空间、过渡空间、转折空间和结尾空间四部分。其中入口空间为寺院空间的起始部分，过渡空间为承接部分，转折空间为高潮及主体部分，结尾空间为终端部分。通常来讲，一个完整的空间序列是按照这四部分展开的，基本体现"起承转合"的特点。但是一些小型寺院因受地形与空间的限制大多只包含入口空间和主体空间部分，至于过渡空间和结尾空间则不甚明显。

（3）建筑空间模数与视角分析

大多数寺院建筑的 D/H 值介于 1 和 2 之间，其视角处于 27°～45°。

（4）庭院空间分析

湖南寺院的庭院空间尺度不一，种类繁杂，一般根据地形特点灵活布置，庭院空间作为寺院经管的一部分，常起着协调寺院建筑与周边环境的作用。此外，湖南寺院的庭院空间形态从物化层面上可分为宗教空间、自然环境空间及寺内庭院空间三部分，而其主要围合方式则包括廊庑式和合院式两类。

在庭院空间的虚实比方面，得出以下几点结论：1）大型寺院的虚实比一般比较大，有些寺院的庭院面积远远多于建筑基址面积，如浏阳石霜寺，这说明大型寺院非常注重庭院空间的尺度，以营造幽静合理的修行场所；2）中型寺院仅有两座的虚实比在 1～3 之间，即庭院尺度规模较为适中；3）小型寺院的虚实比大多在 0～1 之间，普遍比大中型寺院，这说明小型寺院因受尺度和空间的约束只能设置相对较小的庭院空间；4）寺院空间的虚实比与其规模大体一致，即寺院规模越大，虚实比越高，寺院规模越小，虚实比越低。

综上，湖南寺院多以禅宗和禅净双修为主，结合儒家礼制、宋明理学、道教思想与祭祀文化等传统文化呈现了多元而丰富的空间形态。

第 7 章　湖南古代寺院建筑形制

7.1　山门

7.1.1　功能释义

古代寺院多建于山林之中，故其正面楼门一直被称为"山门"。久之，造于市井与平地中的寺院楼门亦被称为"山门"。古代寺院山门通常设有三座门，中间为空门，右边为无作门，左边为无相门。空门意指所有事物无一物是常存的，故称空门，又叫解脱门。无作门意指不恶业就能脱离受苦之报，努力做善事就能不受轮回之苦而自得解脱。无相门意指无四相的存在，其中无四相是无"我相、人相、众生相、寿者相"之意，源自佛教大乘经典《金刚经》。这三座门通常建成殿堂形式，或至少将中间的空门建成殿堂，因此古代寺院楼门又称为"山门殿"或"三门殿"，殿内一般塑有两大金刚力士（属护法神"天龙八部"）像。现如今不少寺院在营造过程时仅设空门，但仍可称为三门。

7.1.2　统计分析

通过对 20 所具有典型山门形制的寺院进行详细对比分析，得出各寺院关于山门的相关数据，如表 7-1。

湖南古代寺院山门统计表　　　　　　　　　　　　表 7-1

平面形式	寺院名称	明间（m）	次间（m）	梢间（m）	面阔（m）	柱径（mm）
四柱三间	南岳庙	7.56	7.16	2.10	20.38	450
门塾式、三开间	南岳南台寺	3.30	3.00	—	9.30	350
无山门，入口为天王殿	南岳上封寺	—	—	—	—	—
四柱三间、门楼式	南岳祝圣寺	7.10	4.20	—	13.50	350
披门	南岳福严寺	3.30	—	—	3.30	400
门楼式、门塾式、三开间	沅陵龙兴讲寺	8.400	3.60	—	17.50	350
重檐歇山门楼式、三开间	大庸普光禅寺	4.20	3.00	—	10.20	350
门楼式、三开间	石门夹山寺	4.80	4.80	—	14.40	420
门楼式、三开间	浏阳石霜寺	4.800	4.800	—	14.40	400
无山门	攸县宝宁寺	—	—	—	—	—
无山门	南岳藏经殿	—	—	—	—	—

149

续表

平面形式	寺院名称	明间（m）	次间（m）	梢间（m）	面阔（m）	柱径（mm）
四柱三间、明间空阔、梢间完砌	南岳方广寺	7.84	2.42	—	10.68	400
无山门	南岳高台寺	—	—	—	—	—
无山门	南岳铁佛寺	—	—	—	—	—
门塾式	南岳五岳殿	4.30	—	—	—	400
无山门	南岳湘南寺	—	—	—	—	—
门楼式，五开间	南岳祝融殿	3.20	2.45	3.60	17.20	350
无山门	南岳广济寺	—	—	—	—	—
门塾式、三开间	沅陵白圆寺	4.00	4.50	—	13.00	400
掖门	沅陵凤凰寺	4.80	—	—	4.80	350
无山门	沅陵龙泉古寺	—	—	—	—	—
无山门，入口为弥勒殿	湘潭昭山寺	—	—	—	—	—
门楼式，五开间	长沙麓山寺	7.80	4.80	4.50	26.7	400
门楼式，三开间	长沙开福寺	6.30	2.10	—	10.50	400
门塾式	湘乡云门寺	—	—	—	—	—

表格来源：作者自绘

　　根据进入方式的不同，山门可分为正门和侧门。有些寺院的山门与书院建筑的院门比较相似，但很少有书院建筑所特有的掖门，仅南岳福严寺和沅陵凤凰寺两寺有掖门。由表 7-1 可知，山门的主要形式包括坊门式、门楼式与门塾式。

7.1.2.1　坊门式

　　坊门式山门是诸多正门类型中常见的一种形式，由棂星门简化而来。该种形式以砖木结构和砖石结构为基础，起源于汉阙，并在唐宋明清时期逐渐发展起来。坊门式山门并不是独立的山门形式，而是一种结合牌楼形式的山门入口，因此这种山门与牌楼或牌坊的形式比较接近。牌楼作为一种纪念性碑式建筑，通常用于坛庙、寺院、宫殿、陵墓、祠堂等公共建筑中。

　　牌楼的原始雏形名为"衡门"，是一种由两根柱子架着一根横梁组成的很大但很原始的门，另外在牌楼柱侧通常还安置可开合的门扇。坊门式山门是汉传佛教寺院中较为常见的山门形式，在湖南地区，麓山寺、开福寺、南岳庙、上封寺、祝融殿、祝圣寺、昭山寺、龙兴讲寺等都采用了这种形式的山门入口（图 7-1）。例

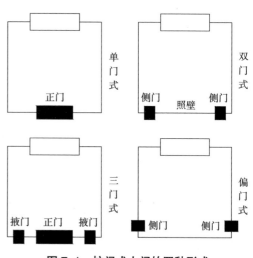

图 7-1　坊门式山门的四种形式

图片来源：作者自绘

如，长沙麓山寺采用五开间坊门式山门，通面阔 26.1 米，明间 7.8 米，次间和梢间分别为 4.8 米和 4.5 米，其中梢间与院墙形成 45 度斜角，另外次间和梢间还形成了内塾形式，扩大了正门的使用空间。山门牌楼上方均饰有狮子、松树等装饰纹样，以黄色为基调，这使得整座山门呈现出庄严富贵的特征（图 7-2）。

图 7-2　长沙麓山寺山门
图片来源：作者自摄

除汉族寺院的山门外，少数民族地区的不少寺院也做成了牌楼形式，体现出汉族建筑形式与少数民族建筑形式的融合结果。其中沅陵龙兴讲寺的正门便是坊门式与门塾式相结合的形式。该寺山门为三开间，通面阔为 8.4 米，次间设内塾，进而扩大了正门使用空间。虽次间还设有双扇花纹隔扇窗，牌楼的整体风格却接近湘西少数民族建筑的特点，飞檐出挑较远，形成一种灵动之美。牌楼整体色彩为砖红色，而门头则以白色与之结合，稳重大气。在装饰方面以龙纹图案与麒麟为主，整体庄重而又轻盈（图 7-3）。

图 7-3　沅陵龙兴讲寺门楼式山门
图片来源：作者自摄

7.1.2.2　门楼式

门楼式山门建筑一般有一层或两层，其中第一层主要为门塾或内外廊部分，第二层为重檐或楼阁部分。这种山门形式相对坊门式而言并不是太多，在湖南寺院中保留较为完整的主要是大庸普光禅寺和湘乡云门寺。石门夹山寺和浏阳石霜寺的山门虽也属门楼式，但都在 20 世纪 90 年代建造，故其研究价值不是很大。大庸普光禅寺的门楼式山门采用重檐歇山顶，三开间，通面阔为 10.2 米，明间宽 4.2 米，次间宽 3 米，另外次间与寺院院门成 45° 角。与门坊式山门不同的是，次间并未形成门塾，而是在外廊部分形成了独立空间。此外，该山门的屋顶起翘角度较大，颇具湘西少数的民族建筑特色（图 7-4）。

图 7-4　大庸普光禅寺门楼式山门
图片来源：作者自摄

7.1.2.3　门塾式

门塾式山门是寺院山门中最为常见的一种形式，经常结合坊门式或门楼式山门广泛运用于各种规模的寺院中。门塾式山门中间一般为入口，而两侧则是可供使用的房间。例如，石门夹山寺、南岳南台寺及福严寺都采用这种形式的山门（图 7-5 ~ 图 7-7）。

图 7-5　南岳南台寺山门
图片来源：作者自摄

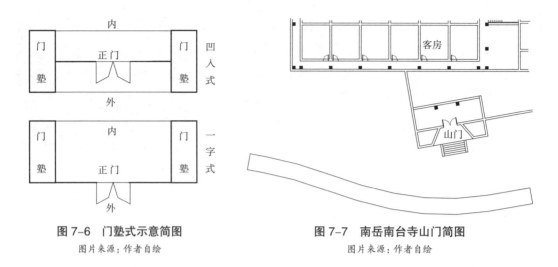

图 7-6　门塾式示意简图
图片来源：作者自绘

图 7-7　南岳南台寺山门简图
图片来源：作者自绘

7.1.2.4　山门结合正殿

在一些小型寺院中，由于受到规模与地形的限制，山门一般结合正殿来布置，而严格意义来讲，这类寺院已没有山门的范畴。这类寺院一般直接从正殿进入，缺乏前导空间，正殿入口即承担了山门的作用，由于小型寺院建筑格局与构思各有差异，故这一作用自然也不相同。在笔者调研的小型寺院中，接近 90% 都采用这种山门结合正殿的布置形式，其中包括南岳丹霞寺、铁佛寺、高台寺、湘南寺等（图 7-8、图 7-9）。

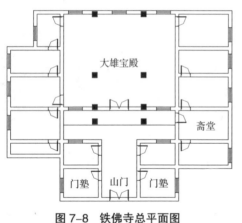

图 7-8　铁佛寺总平面图
图片来源：作者自绘

图 7-9　丹霞寺山门
图片来源：作者自摄

7.1.2.5　棂星门

棂星门是中国孔庙建筑中轴线上以木材或砖石为材质的牌楼式建筑，属于文庙中的必有建筑物。《后汉书》曾记载："汉高祖祭天祈年，命祀天田星。"其中天田星是二十八宿之一"龙宿"的左角，因角为天门，其门形为窗棂，故称该门为棂星门。一般情况下，帝王祭天时需先祭棂星，因此文庙修建棂星门相当于祭天。棂星门在寺院中出现的概率非常少，但因中国寺院是在传统多元文化融合下形成的，代表祭孔的棂星门因此偶尔会出现在综合性寺院建筑中。其中南岳庙便是湖南寺院中的孤例，这主要与南岳庙兼具祭祀、佛教与道教建筑的功能有关。南岳庙中轴线上的建筑主要是祭天建筑，因此棂星门的出现从礼制建筑角度而言便合乎常理。南岳庙棂星门原为木结构，损毁后在民国时期改建为砖石牌楼门式建筑，其中门高 20 米，通面宽 20 米。棂星门两侧为东西便门，采用砖石牌楼拱门形式，正对寿涧桥三座石拱形成较为庞大的南岳庙南大门。棂星门的设置将前导空间的节奏序列划分为丰富的层次，而从建筑空间而言，南岳庙棂星门位于外部世界和放生池之间，起到了限定空间和过渡空间的作用（图 7-10、图 7-11）。

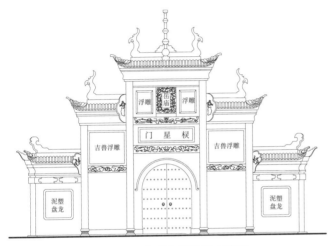

图 7-10 南岳庙棂星门立面图

图片来源：南岳区文物局

图 7-11 南岳庙棂星门

图片来源：作者自摄

7.2 钟鼓楼

7.2.1 历史渊源

钟鼓楼即钟楼和鼓楼的统称，是古代用于报时的建筑。钟鼓楼作为钟鼓文化的产物，不仅在城市中广泛存在，也普遍建造于乡村山林或人群聚集的地方。

钟鼓楼始于汉代，广建于隋唐，鼎盛于明代。钟属于八音金属乐器，一般被认为是金属乐器之首。作为最早的打击乐器，钟的声音悠扬，甚至有直击内心的效果，故常被作为寺院早课前的敲击乐器之一。鼓属于皮革制品，声音浑然厚重，故被作为晚间安寝的打击乐器也很契合。因此在寺院的整体空间格局中，钟鼓楼成为寺院较为基本的建筑类型之一，而"晨钟暮鼓"指的便是寺院僧众们早晚功课的生活。

在魏晋南北朝时期，钟楼作为宗教建筑的一种形式而广泛存在，而鼓楼的地位相对低下。与钟楼相对应的大多是塔、观音阁或藏经殿等建筑，因此常有"东钟西藏"的说法。

这种形制一直保存到钟鼓楼较为兴盛的明清时期。当时钟鼓楼的空间形式可分为两种：其一是观音阁与经藏殿相对而立，钟楼和鼓楼相对而立，形成两组建筑；其二是经藏殿与观音阁为一组，而钟楼单独设置，即未设置鼓楼。直到明末，钟鼓楼并列存在的格局才逐渐形成（图7-12）❶。

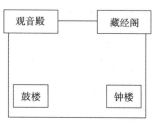

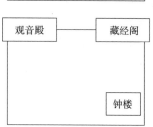

图7-12 明清时期钟鼓楼的两种空间形式
图片来源：作者自绘

7.2.2 统计分析

在调研的32所湖南寺院中，遗存建筑大多为明清时期建造的，因此完整的钟鼓楼格局并不多见。一般寺院均结合走道或天王殿、观音殿、藏经殿等场所安置钟或者鼓，而仅有5所寺院具备完整的钟鼓楼，其中包括南岳庙、大庸普光禅寺、石门夹山寺、浏阳石霜寺以及长沙麓山寺，此皆为大型寺院，见表7-2。

钟鼓楼数据表　　　　　　　　　　　　　　　　　　　　　表7-2

寺院名称	整体方位	平面形状	边长（m）	立面形态	屋顶形式
南岳庙	奎星阁与正南门之间	四边形	钟楼4.27m×4 鼓楼4.27m×4	封闭式	重檐歇山
南岳南台寺	无钟鼓楼，仅在天王殿内设钟、鼓	—	—	—	—
南岳上封寺	无钟鼓楼，仅在走道上设钟、鼓	—	—	—	—
南岳祝圣寺	无钟鼓楼，仅在走道上设钟、鼓	—	—	—	—
南岳福严寺	无钟鼓楼，仅在走道上设钟、鼓	—	—	—	—
沅陵龙兴讲寺	无钟鼓楼，仅在天王殿内设钟、鼓	—	—	—	—
大庸普光禅寺	二山门与大雄宝殿之间	八边形	钟楼1.41m×8 鼓楼1.41m×8	开敞式	重檐攒尖
石门夹山寺	山门与天王殿之间	六边形	钟楼7.20m×4 鼓楼7.20m×4	封闭式	重檐歇山
浏阳石霜寺	天王殿与大雄宝殿之间	四边形	钟楼7.30m×4 鼓楼7.30m×4	封闭式	重檐攒尖
麓山寺	山门与弥勒殿之间	四边形	钟楼4.40m×4 鼓楼4.40m×4	封闭式、楼阁式	重檐歇山

表格来源：作者自绘

（1）整体方位

由表7-2可以看出，现存钟鼓楼一般出现在大型寺院中，且呈对称式布局。湖南寺院中5所遗存钟鼓楼的位置大体可分为三类，其中有1座位于天王殿与大雄宝殿之间，

---

❶　付晶晶. 中国古钟文化传播研究 [D]. 厦门：厦门大学，2009.

占调研总数的 20%；有 3 座位于山门与大雄宝殿之间，占 60%；还有 1 座位于山门与弥勒殿之间，占 20%（图 7-13）。

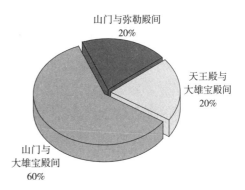

图 7-13 钟鼓楼位置比例分析图
图片来源：作者自绘

（2）平面形式

钟鼓楼的建筑体量一般不大，且功能简单，通常是单开间或三开间建筑，其平面形状包括四边形、六边形与八边形三种，而湖南寺院中较多采用了四边形平面，占 60%。由表 7-2 可知，除大庸普光禅寺的钟鼓亭边长为 1.41 米外，其他寺院的钟鼓楼边长均在 4 米以上，而浏阳石霜寺的边长甚至有 7.3 米。值得一提的是，湖南寺院中的钟鼓楼都呈对称式布局，并无"东钟西藏"的情况出现，而钟鼓楼的整体比例与寺院整体格局也非常协调（图 7-14、图 7-15）。

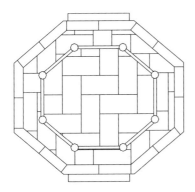

图 7-14 普光禅寺钟鼓亭一层平面图
图片来源：作者自绘

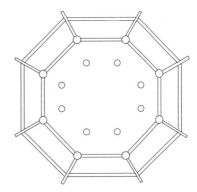

图 7-15 普光禅寺钟鼓亭二层平面图
图片来源：作者自绘

（3）立面形态

由表 7-2 可以看出，钟鼓楼的立面形态可分为开敞式、封闭式与楼阁式三种，其中封闭式最多，占 60%，而开敞式与楼阁式各占 20%。在所调研的寺院中，有 60% 的钟鼓楼均采用四边形平面形式，而其立面形态可分为三种：

1）封闭式无外廊，仅以尺度较小的石阶表示高差关系。例如南岳庙的钟鼓楼采用边长 4.27 米的正方形平面布局。其整体呈对称布局，造型完全一致。正门为拱门，约 0.9 米。屋顶为重檐歇山顶，通高部分便于钟鼓的置放。在重檐部分设有隔扇窗，但没有窗扇。整体色彩为庄重华丽的朱红色，整体造型大方庄严，装饰朴素简洁。由于南岳庙是整个南岳乃至湖南地区等级最高的

图 7-16 南岳庙钟楼
图片来源：作者自摄

宗教建筑，故在钟鼓楼上也体现出较高的规格，同时体现了南岳庙集祭祀、佛、道教于一体的风格（图7-16）。

2）封闭式有外廊，如浏阳石霜寺钟鼓楼采用边长7.3米的正方形平面布局。其外廊为三开间，仅有一圈外柱。屋顶为重檐四角攒尖顶，因有外廊，因此檐口出挑稍远，从平面向外延伸1.0米左右。钟鼓楼所用的材料色彩与规格比较高，屋顶采用朱红色琉璃瓦，墙面以明黄色与朱红色相间布置。由于石霜寺大部分为重建，整体空间尺度较大，因此钟鼓楼尺度也相应较大（图7-17）。

图7-17　浏阳石霜寺
鼓楼

图片来源：作者自摄

3）封闭式结合楼阁式，在湖南省内较为典型的实例是长沙麓山寺。麓山寺钟鼓楼相对而立，但因麓山寺地处岳麓山中部，地势较为陡峭，可用面积较小，故钟鼓楼尺度也较小，建筑间的距离亦很狭窄。麓山寺通过连廊的形式进入寺内，其钟鼓楼与连廊间的距离非常小，因连廊屋顶紧贴钟鼓楼，故将钟鼓楼做成重檐屋顶与楼阁式，以突出建筑的尺度特征。此外钟鼓楼以黄色琉璃瓦与朱红色墙面装饰，体现了寺院建筑的等级（图7-18）。

在所调研的湖南古代寺院中，钟鼓楼采用六边形平面形式的仅有石门夹山寺。该钟鼓楼采用封闭式格局，无外廊，仅以抬高的0.9米石阶围绕。正门从圆弧形拱券门进入，建筑上檐以歇山顶与攒尖顶结合，下檐以六边形出檐装饰，起翘较平。钟鼓楼整体为红色，屋顶使用黄色琉璃瓦，梁枋上饰以彩绘，以蓝色基调为主（图7-19、图7-20）。

图7-18　长沙麓山寺钟鼓楼

图片来源：作者自摄

图7-19　石门
夹山寺钟楼

图片来源：作者自摄

图7-20　石门
夹山寺鼓楼

图片来源：作者自摄

此外，钟鼓楼采用八边形平面形式的有大庸的普光禅寺。其钟鼓楼由于是八边形，因此每边尺寸都比较小，仅为1.41米，是典型的重檐八角攒尖。钟鼓楼建于高0.6米的石阶上，四周未采用墙围合，故整体透空。由于地处湘西少数民族地区，钟鼓楼的色彩和造型均具有少数民族建筑的特点。首层檐下装饰有蓝色格状挂落，一二层间的隔扇窗也别具特色，呈正圆形。整个建筑的色彩以青灰色和蓝灰色为主，屋顶的起翘也很高，体现了少数民族建筑的灵动之美（图 7-21 ~ 图 7-23）。

图 7-21　大庸普光禅寺鼓亭
图片来源：作者自摄

图 7-22　普光禅寺钟鼓楼立面图
图片来源：沅陵县文物局

图 7-23　普光禅寺钟鼓楼剖面图
图片来源：沅陵县文物局

（4）屋顶形式

钟鼓楼的屋顶形式多以重檐攒尖与重檐歇山为主，其中湖南寺院中采用重檐歇山的占 60%，重檐攒尖的占 40%。由于钟鼓楼本身尺度较小，因此会选择适合体量关系的歇山顶或攒尖。屋顶覆瓦常以黄色或蓝色琉璃瓦为主，而大庸普光禅寺因地处湘西少数民族地区，其钟鼓楼屋顶采用小青瓦覆盖，颇具民族特色。

7.3　天王殿、弥勒殿

7.3.1　历史渊源

天王殿又指弥勒殿，是寺院中较为重要的殿堂之一，一般位于山门与大雄宝殿之间。天王殿一般面向北方，殿内供奉着弥勒佛塑像，左右侧供奉四大天王塑像，背面供奉韦驮菩萨塑像，因此得名。天王殿最初多见于净土宗寺院，而禅宗寺院则是不供弥勒佛的。但到了两宋以后中国佛教逐渐出现禅净双修的局面，天王殿便在大部分中国寺院里普遍出现。至今，大中型寺院一般都会设置天王殿或弥勒殿，甚至也会设置关帝殿，这主要与中国儒释道文化都信奉关帝有关。因此，不少天王殿成为内设弥勒佛、四大天王、韦驮菩萨与关帝的殿堂。此外在笔者调研的寺院中，也有专门供奉韦驮菩萨的殿堂，例如沅陵龙兴讲寺便在天王殿后附设韦驮殿，以突显韦驮菩萨的重要性（图 7-24）。

图 7-24　沅陵龙兴讲寺天王殿平面图
图片来源：作者自绘

7.3.2　主要塑像

（1）弥勒佛

弥勒佛原名"阿逸多"，南天竺人，是释迦牟尼弟子，后由人间生在兜率天内院中教化菩萨，因此又称弥勒菩萨。弥勒佛是竖三世佛当中的未来佛，其中"弥勒"是梵文音译，意指"慈悲"。在民间，群众常向弥勒佛祈祷多子多福，故弥勒佛又有"送子弥勒"称号。此外，在汉传佛教中弥勒佛多为喜笑颜开、祖胸露腹的形象，故又称为大肚罗汉（图7-25）。在寺院中，通常将弥勒殿置于整座寺院的前面，这与弥勒佛"大肚能容"的特点有很大关系，旨在提醒进门朝拜的信众生起包容之心。

图7-25　麓山寺弥勒殿弥勒菩萨像
图片来源：作者自摄

（2）四大天王

天王殿（或弥勒殿）的东西两侧是威武的四大天王，他们分别是东方持国天王、南方增长天王、西方广目天王、北方多闻天王。东方持国天王名为多罗吒，守护东方，面白，穿白色铠甲，"持国"有慈悲为怀和扶持国土之意，手中法器是碧玉琵琶，常用音乐感化众生，有"调"音之意。南方增长天王名为毗琉璃，守护南方，面青，穿青色铠甲，"增长"有令众生增长善根之意，手中法器是青光宝剑，用以保护佛法，也代表"风"。西方广目天王名为毗留博叉，守护西方，红面，穿红色甲胄，手缠着一条龙，"广目"是用"净天眼"观察世界之意。北方多闻天王名为毗沙门，守护北方，左手执银鼠，右手握宝幡（混元宝伞），"多闻"的意思是声远近闻名，手中法器代指"雨"，既能制服妖魔，又能保证丰收。

四大天王是佛教当中的守护神，他们肩负着护佛、护法、护僧、护众生之责，然而普通民众则将其与"风、调、雨、顺"紧密联系，能保农业兴旺，众生平安（图7-26、图7-27）。

（3）韦驮尊天菩萨

弥勒佛像背面则是一尊韦驮塑像，相传佛祖授予其护佑寺院及佛教三宝之责，故又称护法天尊韦驮，常被视为寺院守护神。韦驮菩萨戴盔穿甲、手持金刚降魔杵，其中针对金刚杵韦驮一般有三种握姿，分别代表着三种含义：其一是韦驮双手合十挺直站立，金刚杵置于手腕上，代表该寺为十方丛林寺院，有接待云游僧人和信徒的能力；其二是

图7-26　麓山寺东方持国天王像	图7-27　麓山寺北方多闻天王像
图片来源：作者自摄	图片来源：作者自摄

韦驮左手握杵朝天，代表该寺仅有短期接待少量云游僧人的能力；其三是韦驮双手扶杵触地或左手叉腰、右手握杵触地，代表并非十方丛林寺院，不具接待云游僧人和信徒的条件（图7-28）。

（4）关帝（伽蓝菩萨）

一般情况下，寺院除供养韦驮菩萨外，还会供养关羽作为护法神。关羽在儒家被称为关圣人，在道教被称为关帝或关圣帝君，而在佛教则被称为伽蓝菩萨。也就是说，他是儒、佛、道三教都崇奉的神灵。但他为何能护持佛教呢，这与智者大师关系密切。相传关羽死后，其灵魂仍在做一些善事，包括降伏恶龙、为众祈雨等。直到唐朝，智者大

图7-28 麓山寺韦陀尊天菩萨像
图片来源：作者自摄

师在玉泉山打坐时，见关羽前来，便给他授幽冥戒，而关羽也发愿护持佛教。基于这种因缘，关羽便成为佛教护法神，而佛教徒也尊称他为伽蓝菩萨（伽蓝为寺院的通称）。

7.3.3 统计分析

以下就平面形制、尺度规模及立面形态三方面分别对天王殿（弥勒殿）进行讨论。

（1）平面形制

由于湖南省域地处丘陵地区，且潮湿多雨，因此寺院建筑一般有外廊的设置。根据廊道位置的设置，天王殿可分为四种不同的平面形式，即封闭式、前后廊式、敞廊式（通廊式）、副阶周匝式，如图7-29。

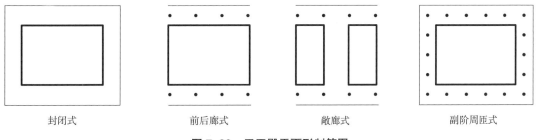

| 封闭式 | 前后廊式 | 敞廊式 | 副阶周匝式 |

图7-29 天王殿平面形制简图
图片来源：作者自绘

在调研的湖南寺院中，有16所均设有天王殿，其中封闭式有5所，占调研总数的31.25%；前后廊式有7所，占43.75%；敞廊式有2所，占12.5%；副阶周匝式亦有2所，占12.5%。可见前后廊式是湖南寺院的天王殿中最常见的平面形式（图7-30）。

1）封闭式

如图7-29所示，封闭式平面布局即天王殿前后无廊，空间较为封闭，整个殿堂相对

独立。由于湖南地区夏季潮湿炎热，如果寺院规模较大，采取封闭式布局使用很不方便，因此这种布局方式一般出现在规模较小的寺院中，事实上采用这种方式的 5 所寺院确为小型寺院，即上封寺、五岳殿、广济寺、凤凰寺、昭山寺。例如湘潭昭山寺地处偏僻山林，其天王殿面宽为一开间，通面阔 7.8 米，通进深 8.3 米，占地 64.74 平方米。大殿周围不设廊道，采用硬山屋顶，出檐约 0.8 米，东西两侧设置封火山墙。由于整体空间形态都是由天井与建筑组成的，四周较为开敞，因此该寺天王殿虽属封闭式布局，但其通风效果较好。在建筑细部处理方面，昭山寺采用勒脚与一定高度的柱础做法，使天王殿防潮效果较好，很好地适应了湖南地区的气候特点（图 7-31）。

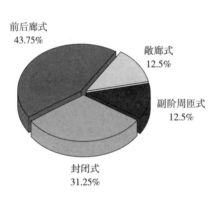

图 7-30　天王殿位置比例分析图

图片来源：作者自绘

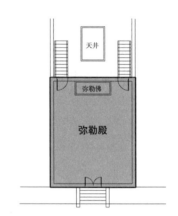

图 7-31　昭山寺弥勒殿平面图

图片来源：作者自绘

2）前后廊式

前后廊式平面布局是指天王殿作为完整单体，其前后侧均设有外廊。由于天王殿正中设弥勒佛像，四周设四大天王像，弥勒佛像后面还设韦驮菩萨或关帝等护法神，大殿整体空间形态应属绕佛空间，即环绕空间。因此，天王殿不同于一般传统建筑形式，在殿堂空间后面也设有出口，以便人群出入（图 7-32）。

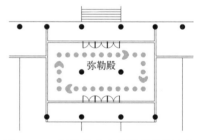

图 7-32　长沙麓山寺弥勒殿绕佛空间

图片来源：作者自绘

在湖南这种夏季潮湿炎热的气候地区，湘西、湘中与湘南地区的寺院均采用前后廊式，因此这种形式也是湖南寺院天王殿采用最为普遍的一种布局方式。采用前后廊式的寺院具体有南岳南台寺、南岳福严寺、南岳祝圣寺、石门夹山寺、攸县宝宁寺、长沙麓山寺、沅陵龙兴讲寺。其中南岳福严寺地处山林，寺院建筑沿山势而建，天王殿处于整体空间格局的中部，三开间，通面宽 12.9 米，前后均设有 2.4 米的外廊，通风良好。沅陵龙兴讲寺地处湘西地区，气候较为潮湿炎热，其天王殿采用前后廊式布局，两侧则采用封火山墙。明间金柱，次间中部立柱，高出一层屋面 1.6 米，形成两重檐悬山式屋面，室内空间内减中柱，扩大了空间使用面积，也使通风更为良好（图 7-33）。

图 7-33　沅陵龙兴讲寺天王殿
图片来源：作者自摄

3）敞廊式

敞廊式又可称为通廊式，该平面形式较为开敞，规模较小，一般为三开间。通常来说，敞廊式扩大了室内空间，将其向外延伸，与室外空间很好地结合起来。在适应湖南地区较为潮湿多雨气候的同时，也扩大了使用面积（图 7-34）。

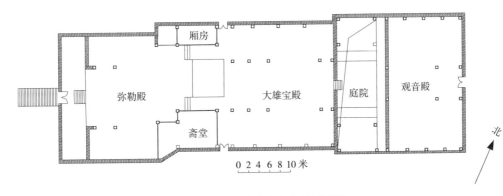

图 7-34　沅陵龙泉古寺总平面图
图片来源：作者自绘

在湖南寺院中，天王殿采用敞廊式布局的有沅陵龙泉古寺和白圆寺，这两所寺院都处于湘西地区，规模较小，如沅陵龙泉古寺和白圆寺的面积分别只有 407.17m² 和 109.24m²。

4）副阶周匝式

如图 7-35 所示，副阶周匝式布局相对于前后廊式，在使用上可增加围绕空间，因此比较方便。在湖南地区，长沙开福寺与浏阳石霜寺的天王殿（弥勒殿）均属于此种形式。这两个寺院地处湘中地区，虽然面积规模一般，但还是采用了占地面积较大的副阶周匝式。长沙开福寺的天王殿为三开间，通面阔为 20.4 米，外部走廊宽 2.4 米，采用硬山屋顶形式。此外，采用副阶周匝式也与佛教僧侣及信众的绕行和礼拜方式有一定关系，佛教仪轨要求一般在早课开始前，佛教徒们须绕殿堂顺时针方向经行，这种平面形式无疑给绕行方式提供了场所（图 7-36）。

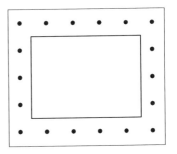

图 7-35　副阶周匝式简图
图片来源：作者自绘

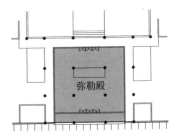

图 7-36　开福寺弥勒殿平面图
图片来源：作者自绘

综上所述，天王殿的平面形制与寺院的规模及所处地域有一定关系。规模较大的寺院采用前后廊与副阶周匝式的较多，而寺院规模较小的多采用封闭式与敞廊式布局。

（2）尺度规模

经详细测绘分析后，笔者针对湖南24所寺院天王殿的测绘数据进行整理如表7-3所示。

天王殿（弥勒殿）规模表　　　　　　　　　　表7-3

序号	规模类型	寺院名称	开间数	通面阔（m）	进深数	通进深（m）	面积（m²）	屋顶形式
1	大型	南岳庙	—	—	—	—	—	—
2	大型	南岳祝圣寺	5	22.200	3	11.100	246.12	硬山
3	大型	开福寺	3	20.400	3	18.600	379.44	歇山
4	大型	麓山寺	3	13.200	3	10.800	142.56	歇山
5	大型	沅陵龙兴讲寺	3	17.500	1	11.700	182.76	重檐硬山
6	大型	大庸普光禅寺	—	—	—	—	—	—
7	大型	石门夹山寺	5	17.900	1	9.800	157.82	歇山
8	大型	浏阳石霜寺	3	17.200	1	10.300	157.59	歇山
9	中型	南岳南台寺	3	13.350	2	10.200	137.7	硬山
10	中型	南岳福严寺	3	12.900	3	9.600	123.84	硬山
11	中型	攸县宝宁寺	3	9.900	1	8.800	87.12	硬山
12	小型	南岳上封寺	1	9.650	1	11.700	112.95	歇山
13	小型	南岳方广寺	—	—	—	—	—	—
14	小型	南岳藏经殿	—	—	—	—	—	—
15	小型	南岳高台寺	—	—	—	—	—	—
16	小型	南岳铁佛寺	—	—	—	—	—	—
17	小型	南岳五岳殿	1	4.600	1	9.900	47.44	硬山
18	小型	南岳湘南寺	—	—	—	—	—	—
19	小型	南岳祝融殿	—	—	—	—	—	—
20	小型	南岳广济寺	1	3.600	2	7.100	27.46	歇山
21	小型	沅陵白圆寺	3	14.400	1	7.500	109.24	硬山
22	小型	沅陵凤凰寺	3	17.800	5	14.200	257.92	硬山
23	小型	沅陵龙泉古寺	3	23.70	3	17.10	407.17	硬山
24	小型	湘潭昭山寺	1	7.800	1	8.300	64.74	硬山

表格来源：作者自绘

由表7-3可以看出，天王殿的开间数从1~5间不等。其中最为常见的是三开间，采用的寺院有10所之多，占到调研总数的62.5%，另外采用一开间的有4所，占25%，5开间的有2所，占12.5%。天王殿的通面阔从3米到20多米不等，通进深则从7米多到 10 多米不等，具体根据寺院规模而定。另外，天王殿的占地面积也各有差异，其中面积最小的是南岳广济寺，为 27.46 平方米，最大的是长沙开福寺，为 397.44 米。总体而言，占地面积也是要根据总体规模来确定的，总体规模越大，天王殿的面积越大，反之天王殿的面积一般较小。

（3）立面形态

表 7-3 不但详细分析了湖南地区 24 所天王殿的开间数、通面阔、通进深及占地面积，还列出了各种天王殿的屋顶形式。可以看出，大多数屋顶形式为硬山顶，歇山顶较为少见，而重檐歇山顶只有沅陵龙兴讲寺采用。由于湖南寺院均为汉传寺院，其整体格局多与传统民居、宫邸等建筑的风格类似。湖南地区传统建筑的风格大多具有湖湘建筑的特点，色彩大多较为朴素，尺度适中。然而由于寺院建筑本属宗教建筑，建筑等级较高，为表对佛教的尊重与推崇，建筑色彩通常采用红、黄明丽庄重的颜色。

图 7-37　龙兴讲寺总体布局
图片来源：作者自摄

然而也有以青灰色调为主的，具体情况有以下两种：1）地处少数民族地区的寺院。例如沅陵龙兴讲寺的屋顶形式以重檐歇山为主，采用小青瓦，檐角起翘较为深远，极具湘西地区少数民族建筑的特征。另外在整体色彩中加入了红色元素，整体显得较为活泼（图 7-37）。2）禅宗寺院与"禅"清静合寂的韵味相呼应。例如南岳南台寺为禅宗分支曹洞宗、云门宗和法眼宗祖庭，从建筑色彩与造型上体现出禅宗寺院的特点。由于寺院地处山林，用地有限，整个建筑群都是依山势而建，建筑尺度适中，天王殿采用硬山屋顶形式有利于排水，屋顶覆盖小青瓦，基本没有装饰（图 7-38、图 7-39）。

图 7-38　南台寺建筑空间布局
图片来源：作者自摄

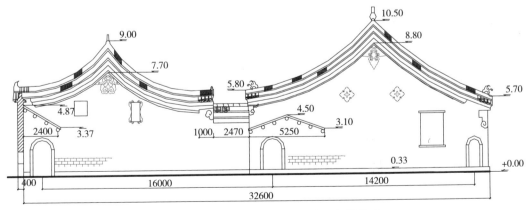

图 7-39　南台寺天王殿与大雄宝殿间的关系
图片来源：作者自绘

天王殿在寺院整体格局中位于前导空间与主体空间的交界部分，一般与大雄宝殿处于同一中轴线上，因此其视线关系与空间尺度会受到整体格局的影响。对于小型寺院中的单开间天王殿而言，其高度与面宽的比例接近1∶1，采用三开间的南台寺天王殿的高宽比则接近2∶3，且明间与次间尺寸接近；而五开间的福严寺则接近1∶3（图7-40、图7-41）。

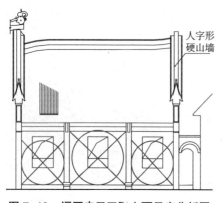

图7-40　福严寺天王殿立面尺度分析图
图片来源：作者自绘

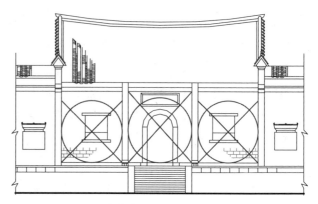

图7-41　南台寺天王殿立面尺度分析图
图片来源：作者自绘

7.4　大雄宝殿

7.4.1　历史渊源

在所有佛教寺院的空间格局中，大雄宝殿无论在尺度、空间形态还是造型装饰上都是最为重点的部分。大雄宝殿是整座寺院的核心建筑，也是僧众朝暮集中修持的地方，殿内一般供奉着本师释迦牟尼佛的佛像。大雄是佛的德号，大者，即有包含万有之意；雄者，有摄伏群魔的意思，因释迦牟尼佛具足圆觉智慧，能雄镇大千世界，故佛弟子尊称他为大雄。另外，宝殿的宝是指"佛"、"法"、"僧"三宝。在调研诸多湖南寺院过程中，所有寺院都设有大雄宝殿，可见其重要性。

大雄宝殿前正中摆放着一个大宝鼎，通常刻有该寺寺名，北面设置一个大香炉以供燃香供佛。此外，殿前还设有一对装有幡斗的旗杆，有些寺院还建有一对玲珑塔或一对雕龙柱。殿内佛像前均挂有许多欢门、经幡和诸多法器，大雄宝殿亦因此显得十分庄严，令信徒顿生恭敬心。

寺院因所主宗派不同，一般都布置有自己的主供佛或菩萨。由于湖南寺院主要为禅宗或禅净双修寺院，通常供奉本尊释迦牟尼佛或弥勒佛为主佛，还有不少寺院在大雄宝殿后侧建造其他佛殿以供奉其他神灵。例如，石门夹山寺在大雄宝殿后建大悲殿，供奉大慈大悲观世音菩萨（图 7-42）。长沙开福寺在大雄宝殿后建有毗卢殿，殿内居中者为毗卢遮那佛，左边是观世音菩萨，右边是大势至菩萨，周边供奉五百罗汉，表示由此三圣接引超度世人到西方极乐世界。不过也有许多寺院因受种种限制仅设有天王殿和大雄宝殿。

7.4.2 主要塑像

图 7-42 石门夹山寺大悲殿

图片来源：作者自摄

作为寺院最为重要的殿宇，大雄宝殿供奉的塑像一般比较多，归纳起来主要有三类：一是正中的本尊释迦牟尼主佛像，供奉在莲花座或须弥台上；二是东西两侧的十八罗汉或二十诸天菩萨像；三是主像后面的观世音菩萨像或三大士（文殊菩萨、普贤菩萨、观音菩萨）像，一般做成台架式、群像雕塑或壁画形式，具体根据殿堂空间尺度而定（图 7-43、图 7-44）。

（1）主尊释迦牟尼像

在汉传寺院中，主尊释迦牟尼塑像多种多样，一般设一尊或三尊。

图 7-43 麓山寺大雄宝殿观世音像

图片来源：作者自绘

1）一尊释迦牟尼佛像，有坐、立、卧式。坐式是释迦牟尼结跏趺坐像，或成道像或说法像。立式为释迦旃檀像，佛右手下垂作与愿印，表示能满足众生愿望；左手屈臂上升作无畏印，表示能解除众生苦难。卧式为佛祖涅槃像，即佛祖入寂前向众弟子们最后一次说法的法像。

2）三尊佛像，其中有横三世佛、竖三世佛和三身佛之分。横三世佛是指正中为释迦牟尼佛，左为药师佛，右为阿弥陀佛；竖三世佛是指正中为"现在世"释迦牟尼，左为"过去世"燃灯佛，右为"未来世"弥勒佛；三身佛则表示释迦牟尼的三种化身，正中是法身毗卢遮那佛，左为报身佛卢舍那佛，右尊为应身佛释迦牟尼。

图 7-44 麓山寺大雄宝殿阿弥陀像

图片来源：作者自摄

（2）罗汉像

大雄宝殿两侧通常供奉十八罗汉像。据说，佛祖涅槃前嘱咐了十六位大罗汉，让他们不要涅槃，常住世间为众生培植福德。这十六位罗汉是：一宾度罗跋罗惰阇、二迦诺迦伐蹉、三迦诺迦跋厘惰阇、四苏频陀、五诺矩罗、六跋陀罗、七迦理迦、八伐阇罗弗多罗、九戍博迦、十半托迦、十一罗怙罗、十二那迦犀那、十三因揭陀、十四伐那婆斯、十五阿氏多、十六注荼半托迦（见《法住记》和《十六罗汉因果识见颂》）。五代以后，《法注记》的作者难提密多罗和《因果识见颂》的作者摩拿罗多也被纳入罗汉范畴，合称十八罗汉。但也有不同说法，即将第一尊宾度罗跋惰阇错分为二人，再把难提密多罗作为第十八罗汉。（以上据周叔迦考证）

（3）三大士像

在正殿佛像背后，通常还设坐南向北的菩萨像，一般是文殊、普贤、观音三大士之像，其中文殊骑狮子，普贤骑六牙白象，观音骑龙。不过也有寺院于大殿背后修海岛，面北而设观音像于海岛上，此像是出自《法华经·普门品》中"观音救八难"的塑像。观音右手持杨柳，左手托净瓶，另外还有善财童子（出《华严经·入法界品》）和龙女（出《法华经·提婆达多品》）在侧作为胁侍，例如大庸普光禅寺便在大雄宝殿背后修建有观音三大士像（图7-45）。

图7-45　大庸普光
禅寺三大士像
图片来源：作者自摄

7.4.3　统计分析

（1）平面形制

在测绘24所具有代表性的湖南寺院大雄宝殿后，经详细对比分析可知，湖南寺院大雄宝殿的平面形制主要有前廊式、前后廊式、副阶周匝式和敞廊式四种。以下将针对各种平面形制进行简要介绍（图7-46）。

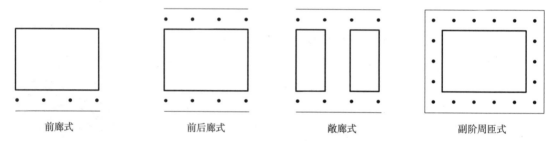

前廊式　　　　　前后廊式　　　　　敞廊式　　　　　副阶周匝式

图7-46　大雄宝殿平面形制简图
图片来源：作者自绘

1）前廊式

在前廊式布局中，大雄宝殿一般为一至三开间，并在殿前设外廊，廊道与殿堂一般以隔扇门分隔。由调研结果可知，前廊式形制的使用主要以小型寺院为主，包括南岳高台寺、广济寺、铁佛寺、五岳寺、昭山寺、祝融寺6所寺院，占调研总数的25%（图7-47）。

2）前后廊式

在前后廊式布局中，大雄宝殿一般为三至五开间，并在大殿前后均设外廊，廊道与殿堂一般以隔扇门分隔。由调研结果可知，前后廊式的使用主要以大中型寺院为主，包括攸县宝宁寺，南岳方广寺、福严寺、

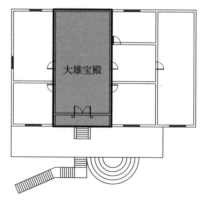

图7-47　南岳高台寺大雄宝殿平面图
图片来源：作者自绘

上封寺、祝圣寺，大庸普光禅寺，浏阳石霜寺 7
所寺院，占调研总数的 29.1%（图 7-48）。

3）副阶周匝式

在湖南寺院中，由于副阶周匝式能最为典型
地反映出寺院集体绕佛的仪轨空间，故被广泛应
用到大雄宝殿这一最重要的建筑空间中。在此布
局中，大雄宝殿一般为三至七开间（最大的是南
岳庙 7 开间），大殿四周以回廊作为联系空间和
交通空间，同时也有避雨的功用。平面形制为副
阶周匝式的寺院有南岳藏经殿、南台寺、南岳庙、

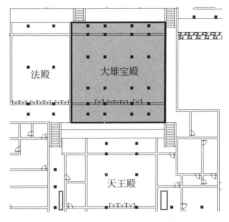

图 7-48 福严寺大雄宝殿平面
图片来源：作者自绘

石门夹山寺、长沙开福寺、麓山寺、沅陵龙兴讲
寺 7 所寺院，占调研总数的 29.1%，且多数为大中型寺院（图 7-49，图 7-50）。

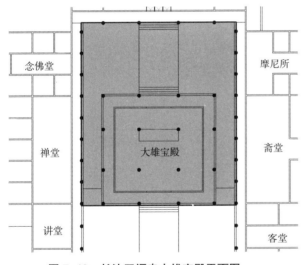

图 7-49 长沙开福寺大雄宝殿平面图
图片来源：作者自绘

图 7-50 长沙开福寺大雄宝殿廊道
图片来源：作者自摄

4）敞廊式

在敞廊式布局中，大雄宝殿一般设为 3 开间，中间的明间与前廊完全敞开，前后如
有庭院的话，也可能以隔扇门隔开。由调研结果可知，敞廊式布局的采用主要以小型寺
院为主，包括南岳湘南寺，湘西沅陵白圆寺、凤凰寺、龙泉古寺 4 个寺院，占调研总数
的 16.5%。从分布地区来看，采用敞廊式布局的都是位于湘西少数民族地区的寺院，究
其原因主要有以下三点：①地处山区，气候潮湿多雨，敞廊式有利于通风与防潮；②少
数民族建筑多开敞，分区自由，这影响到了寺院格局；③小型寺院的大雄宝殿采用敞廊
式可满足尺度和空间的需求，而同处湘西地区的大庸普光禅寺和沅陵龙兴讲寺便未采取

此类平面形式（图7-51、图7-52）。

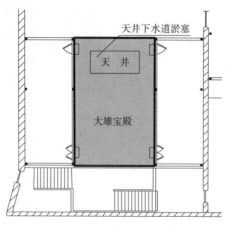

图 7-51　沅陵凤凰寺大雄宝殿平面图
图片来源：作者自绘

图 7-52　沅陵凤凰寺大雄宝殿前天井
图片来源：作者自摄

（2）尺度规模

经详细测绘分析后，笔者针对湖南24所寺院大雄宝殿的测绘数据进行整理如表7-4所示。

大雄宝殿测绘数据表　　　　　　　　　　　　　　　　表 7-4

序号	规模类型	寺院名称	总基址规模（m²）	大雄宝殿面积（m²）	通面宽（m）	开间数目	通进深（m）	进深数目	出廊方向	廊宽（m）
1	大型	南岳庙	19381.83	1027.94	43.38	9	23.65	5	ESWN	7.96
2	大型	南岳祝圣寺	11621.7	286.38	22.20	5	12.90	3	SN	2.55
3	大型	长沙麓山寺	10531.89	262	20.00	5	13.10	3	SN	2.90
4	大型	长沙开福寺	17933.97	249.28	16.7	3	17.10	3	ESWN	2.00
5	大型	浏阳石霜寺	10497.63	254	19.10	5	13.30	3	SN	1.95
6	大型	沅陵龙兴讲寺	9348.45	202.1	17.80	5	12.30	3	SN	2.50
7	大型	大庸普光禅寺	10178.53	224.77	24.00	5	9.40	3	S	3.10
8	中型	南岳南台寺	4324.7	167.4	13.50	3	12.40	3	N	2.05
9	中型	南岳福严寺	6455	210.33	17.06	5	12.30	3	SN	3.15
10	中型	石门夹山寺	8046.16	147.46	14.60	5	10.10	4	ESWN	1.95
11	中型	攸县宝宁寺	4139.36	188.5	18.30	5	10.30	3	S	1.95
12	小型	南岳上封寺	1763.1	221.5	13.80	3	16.05	3	S	2.50
13	小型	南岳藏经殿	998.61	121.91	12.70	3	9.60	4	SN	5.00
14	小型	南岳方广寺	1558.26	141.35	13.04	3	10.84	2	SN	1.88
15	小型	南岳高台寺	574.22	143.42	8.70	3	17.35	1	S	1.65

续表

序号	规模类型	寺院名称	总基址规模（m²）	大雄宝殿面积（m²）	通面宽（m）	开间数目	通进深（m）	进深数目	出廊方向	廊宽（m）
16	小型	南岳铁佛寺	268.26	84.66	10.20	3	8.30	2	S	1.20
17	小型	南岳五岳殿	626.22	110.7	12.30	3	9.00	3	S	1.95
18	小型	南岳湘南寺	167.75	49.66	7.10	1	9.55	1	—	—
19	小型	南岳祝融殿	543.04	247.75	13.20	3	20.60	4	S	2.50
20	小型	广济寺	640.94	107.46	9.28	3	11.58	2	SN	2.70
21	小型	沅陵白圆寺	1367.75	197.15	17.40	3	12.60	4	—	—
22	小型	沅陵凤凰寺	804.02	247.3	14.20	3	17.30	5	—	—
23	小型	沅陵龙泉古寺	1917.25	399.28	27.90	3	17.30	4	—	—
24	小型	湘潭昭山寺	475.02	88.14	7.80	1	11.30	1	—	—

表格来源：作者自绘

　　由表 7-4 可以看出，大雄宝殿的开间数从 1 ~ 9 开间不等，其中最为常见的是三开间和五开间，采用三开间的有 13 所寺院，占调研总数的 54.1%；采用五开间的有 8 所，占 33.3%。通面阔从 8.7 米到 43.38 米不等，通进深从 9 米多到 23.65 米不等，具体根据寺院的规模确定。大雄宝殿作为主要叩拜和礼佛的殿堂，其占地面积一般居所有殿堂之首。与天王殿相似，各寺院大雄宝殿的面积也各有差异，其中面积最小的是南岳铁佛寺，为 268.26 平方米，最大的是南岳庙，为 19381.83 平方米，相差 90 倍之多。总体而言，占地面积也是根据寺院规模而定的。寺院规模越大，大雄宝殿的占地面积就越大，反之大雄宝殿占地面积就相对较小。廊宽一般根据大雄宝殿的面积尺度而定，最窄的是铁佛寺，为 1.20 米，最宽的为南岳庙，为 7.956 米。此外从出廊方向可以看出，大雄宝殿的朝向（"S"、"N"、"E"、"W"分别指南北东西方向）一般为南北向，这是最为吉祥的朝向，从通风上来讲也是很合适的朝向。

　　（3）立面形态，见表 7-5。

大雄宝殿立面形态表　　　　　　　　　　表 7-5

序号	规模类型	寺院名称	屋顶	色彩
1	大型	南岳庙	重檐歇山	屋顶为黄色琉璃瓦，红黄色为主
2	大型	南岳祝圣寺	硬山屋顶，带封火山墙	屋顶为灰色小青瓦，红、灰色为主
3	大型	长沙麓山寺	重檐歇山	屋顶为黄色琉璃瓦，红黄色为主
4	大型	长沙开福寺	歇山	屋顶为黄色琉璃瓦，红黄色为主
5	大型	浏阳石霜寺	重檐歇山	屋顶为灰色小青瓦，红、灰色为主
6	大型	沅陵龙兴讲寺	重檐歇山	屋顶为灰色小青瓦，红、灰色为主
7	大型	大庸普光禅寺	歇山	屋顶为灰色小青瓦，蓝、灰色为主
8	中型	南岳南台寺	硬山，带封火山墙	屋顶为灰色小青瓦，灰色为主

序号	规模类型	寺院名称	屋顶	色彩
9	中型	南岳福严寺	硬山，带封火山墙	屋顶为灰色小青瓦，灰、黑色为主
10	中型	石门夹山寺	重檐歇山	屋顶为黄色琉璃瓦，红黄色为主
11	中型	攸县宝宁寺	硬山，带封火山墙	屋顶为灰色小青瓦，红、灰色为主
12	小型	南岳上封寺	歇山	屋顶为灰色小青瓦，灰、白色为主
13	小型	南岳藏经殿	歇山	屋顶为绿色琉璃瓦，红色为主
14	小型	南岳方广寺	硬山，带封火山墙	屋顶为灰色小青瓦，红、灰色为主
15	小型	南岳高台寺	硬山	屋顶为灰色小青瓦，灰色为主
16	小型	南岳铁佛寺	硬山，带封火山墙	屋顶为灰色小青瓦，红、灰色为主
17	小型	南岳五岳殿	硬山，带封火山墙	屋顶为灰色小青瓦，红、灰色为主
18	小型	南岳湘南寺	硬山	屋顶为灰色小青瓦，灰色为主
19	小型	南岳祝融殿	硬山	屋顶为灰色小青瓦，灰色为主
20	小型	广济寺	重檐歇山	屋顶为黄色琉璃瓦，蓝、灰色为主
21	小型	沅陵白圆寺	硬山	屋顶为灰色小青瓦，黄、灰色为主
22	小型	沅陵凤凰寺	歇山	屋顶为灰色小青瓦，红、灰色为主
23	小型	沅陵龙泉古寺	硬山	屋顶为灰色小青瓦，灰色为主
24	小型	湘潭昭山寺	硬山	屋顶为灰色小青瓦，灰色为主
25	小型	南岳大善寺	硬山，带封火山墙	屋顶为灰色小青瓦，灰色为主
26	小型	永州蓝山塔下寺	硬山，带封火山墙	屋顶为灰色小青瓦，灰色为主
27	小型	南岳寿佛殿	硬山，带封火山墙	屋顶为灰色小青瓦，红、灰色为主
28	中型	浏阳宝盖寺	重檐歇山	屋顶为灰色小青瓦，蓝、灰色为主
29	中型	宁乡密印寺	重檐歇山	屋顶为黄色琉璃瓦，红、黄色为主
30	小型	湘乡云门寺	硬山、中间为歇山屋顶形式，两边有猫弓背封火山墙	屋顶为灰色小青瓦，黑灰色为主
31	小型	长沙铁炉寺	重檐歇山	屋顶为黄色琉璃瓦，黄色为主
32	大型	长沙洗心禅寺	重檐歇山	屋顶为黄色琉璃瓦，黄、红色为主

表格来源：作者自绘

　　表7-5列出了调研的32所寺院大雄宝殿的屋顶形式和色彩使用情况。可以看出，大型寺院的大雄宝殿通常采用歇山顶的屋顶形式，特别是重檐歇山顶，据统计共有10所寺院采用这种形式，约占30%。而中小型寺院则较多采用硬山式屋顶，其中较有特点的是，硬山式屋顶两边设封火山墙的情况比较多，而设封火山墙的原因主要有以下两点：1）湖南寺院大多建于山林中，周边林木茂盛，很易引起火灾，而山林取水不便，出于防火考虑故在较为重要的殿堂设置封火山墙；2）相对单纯的硬山屋顶而言，从体量上设置封火山墙增加了大雄宝殿的群体感和分量感。湖南最有特色的封火山墙形式当属猫弓背形式，这一点在湘乡云门寺的大雄宝殿上体现得最为明显，整个大雄宝殿形式优美，比例适中，

特别是封火山墙弧线的部分，体现了湖湘建筑浪漫的情怀（图7-53）。

由于佛教建筑本身属于宗教建筑，等级较高，为表对佛教的尊重与推崇，通常在色彩使用方面采用红、黄明丽庄重的颜色，大雄宝殿作为寺院整体建筑群中的主殿更是如此。然而湖南古代寺院受湖南本土传统多元文化影响深刻，建筑色彩多与湖南本土传统建筑采用的建筑色彩相似，因此不少寺院的大雄宝殿也有以青灰色调为主的。经仔细对比分析，可知大雄宝殿的色彩使用情况主要分为以下两种：1）重要寺院的大雄宝殿屋顶一般采用黄色琉璃瓦，建筑整体一般以红黄色为主，与皇家建筑所用色彩保持一致，显示其等级。2）少数民族地区寺院的大雄宝殿屋顶一般不会用到琉璃瓦，而是采用小青瓦，檐角起翘较为深远，极具湘西地区少数民族建筑的特征，但一般还会在整体色彩中加入红色或蓝色元

图7-53 湘乡云门寺大雄宝殿
图片来源：作者自摄

图7-54 长沙洗心禅寺大雄宝殿
图片来源：作者自摄

素，显得较为活泼（图7-55、图7-56）。由于现今不少寺院的大雄宝殿为新建建筑，对建筑等级的约束较少，因此很多小型寺院的大雄宝殿也有重檐歇山的出现，还会使用红黄等级较高的色彩。例如长沙洗心禅寺的大雄宝殿为新修建筑，采用了重檐歇山顶，且建筑整体为红黄色，过分表现了寺院高等级规格（图7-54）。

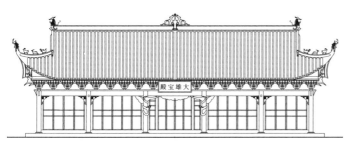

图7-55 普光禅寺大雄宝殿立面
图片来源：作者自绘

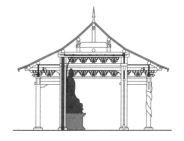

图7-56 普光禅寺大雄宝殿纵剖面
图片来源：作者自绘

7.5 观音殿（阁）

7.5.1 历史渊源

"观音"原指"观世音"，也可译作"观自在"或"光自在"，观音菩萨是汉传佛教中最著名的菩萨之一。以观音菩萨为主尊的寺院殿堂，可称为观音殿（阁）。因观世音是西

方极乐世界的上首菩萨，表现出一切佛的慈悲心、大悲心，是救世最切者，故观音殿又称为"大悲坛"或"大悲殿"。在众多寺院中，有不少寺院建筑修成观音阁的形式，建筑体量较为高耸，体现出观音菩萨威严庄重的地位。

7.5.2　总体位置

在诸多寺院中，观音殿（阁）的位置差别很大。在细致归纳后，可知观音殿（阁）在寺院的位置大体有三种，以下将对这三种位置形式进行阐述。

（1）位于中轴线主体建筑靠后或最后的位置，如攸县保宁寺、石门夹山寺、长沙麓山寺、大庸普光禅寺、浏阳石霜寺、沅陵白圆寺、沅陵凤凰寺、沅陵龙泉古寺、沅陵龙兴讲寺、昭山寺 10 所寺院的观音殿（阁）或大悲殿。从佛教文化的角度来看，在民众心目中观音菩萨是大慈大悲普度众生的救世菩萨。当民众礼拜过诸位佛菩萨后，心灵上需求一个得到抚慰的地方，而此时通常已经到达寺院靠后的佛殿中。因此，供奉观音菩萨的观音殿（阁）便设在中轴线上靠后的位置上。据统计，湖南寺院中观音殿（阁）位于这一位置的约占 76.6%。此外，湘西地区民众的观音信仰非常强烈，因此不管当地寺院规模大小，都会设置观音殿（阁）（图 7-57、图 7-58）。

图 7-57　沅陵龙泉古寺观音殿平面
图片来源：作者自绘

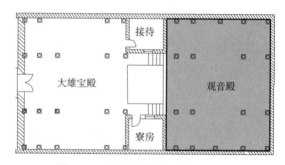

图 7-58　沅陵白圆寺观音殿平面
图片来源：作者自绘

（2）位于中轴线靠左的位置，通常也是在整体建筑格局的后部，如南岳南台寺的观音殿。南台寺地处山地，地形较为陡峭。因受山地条件的限制，观音殿只能建在中轴线偏左的位置。另一方面，由于观音菩萨是西方三圣之一，故观音殿亦设在西边位置，即一般寺院靠左的位置（图 7-59）。

（3）位于中轴线左边靠前的位置，如南岳庙、南岳祝圣寺的观音殿。南岳庙的观音殿位置是特殊的历史发展演变造成的，南岳庙中佛道与祭祀建筑集为一体，因此观音殿的位置没有严格按照典型的平面布局，但还是建在寺院西侧。南岳祝圣寺本为净土宗寺院，后改为禅净双修，且作为皇帝南巡的行宫，其观音阁位置处于寺院西厢的前侧，也是多年来朝代更替寺院格局变化的产物（图 7-60）。

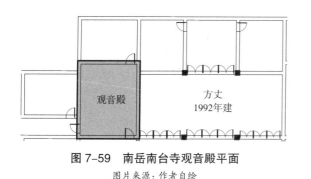

图 7-59　南岳南台寺观音殿平面　　　　图 7-60　南岳祝圣寺观音阁平面
　　　图片来源：作者自绘　　　　　　　　　　图片来源：作者自绘

7.5.3　主要塑像

（1）观世音菩萨

观世音菩萨在梵文名为"阿婆卢吉低舍婆罗"，而在中国也有译成"光世音"、"观自在"、"观世自在"等名称的。至唐朝，为避唐太宗李世民之讳，将"世"字去掉，简称"观音菩萨"。中国民间又称其为救世菩萨、救世净圣、大悲圣者、莲花手等。《妙法莲花经·普门品》中说观世音菩萨是大慈大悲的菩萨，能现三十三身，救十二种大难，遇难众生只要念诵其名号，"菩萨即时观其音声"，前往拯救解脱，故被称为"大慈大悲救苦救难观世音菩萨"，简称"大悲观音菩萨"。观音菩萨以大悲救度为突出特点，被民间认为是最完美的菩萨，可以与佛陀相媲美。

为体现观音救度众生的慈悲心，其和阿弥陀佛、大势至菩萨一起组成了"西方三圣"，接引众生往生西方极乐世界。据《悲华经》记载，将来西方极乐世界阿弥陀佛涅槃后，观音菩萨将补佛的空缺，名为"遍一切光明功德山王如来"，其净土名为"一切珍宝所成就世界"，比起阿弥陀佛的极乐世界更庄严微妙。

（2）胁侍塑像

观音像两旁有一对童男童女像，童女为龙女，因《法华经·提婆达多品》中有龙女成佛的故事，而观音又住在南海普陀珞珈山，因此便有"龙女拜观音"的传说。童子即善财童子，《华严经》记载善财童子为求佛法，参谒五十三位善知识，其中曾谒观世音菩萨而得教益。

善财童子是观音的左胁侍，但也是一位菩萨，头梳抓髻，腰带兜肚，眉清目秀。"善财"是梵文的意译，而童子在佛教中并非"少年"、"儿童"之意。在佛教中童子一般有两个含义，其一是还未成佛，但将来要登佛位；其二是赞扬菩萨持戒清净，十分纯真，像童子般没有淫欲贪念。因此，许多菩萨如文殊、月光都被称为童子。

参观寺院的人崇拜观音，也喜欢旁边善财、龙女及其天真造型，还将善财理解为"招财童子"。因此，民间有不少"善财童子"的吉祥画，有趣的是把善财双手合十参拜五十三位大师的形象理解为将金银财宝捧上门的动作。善财作为观音菩萨的胁侍能够招财进宝,那么观音菩萨在民间的威力就更大了。至于佛经是怎样说的,民众便不做追究了。

（3）千手千眼观世音菩萨

在诸多寺院中,也设有供奉千手千眼观世音菩萨的观音殿。相传观世音菩萨往昔在人间修行时,有位佛名叫千光王静住如来的佛传授观音菩萨一个咒子,即千手千眼无凝大悲心大陀罗尼（简称大悲咒）。观世音菩萨一闻此咒,欢喜无量,便发大愿心说:如果我能利益一切众生,即生千手千眼。千眼表遍照,千手表遍能,所以千处祈求千处应,苦海常做度人舟。

7.5.4 统计分析

（1）平面形式

在调研的 32 所湖南寺院中,有 15 所建有观音殿（阁）,其中石门夹山寺称之为大悲殿。类似于天王殿和大雄宝殿,观音殿（阁）的平面形式可分为以下几种（图 7-61）:

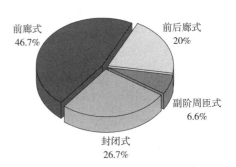

图 7-61　观音殿（阁）平面形式比例图
图片来源:作者自绘

1）前廊式,在这种布局中观音殿前设外廊,廊道与殿堂一般以隔扇门分隔。采用这种平面布局形式的寺院有攸县宝宁寺、长沙麓山寺、南岳南台寺、南岳庙、沅陵凤凰寺、湘乡云门寺、南岳方广寺 7 所,约占调研总数的 46.7%。

2）前后廊式,在这种布局中观音殿一般为三至五开间,前后均设外廊,廊道与殿堂一般以隔扇门分隔。由调研结果可知,前后廊式的使用主要以大型寺院为主,包括石门夹山寺、浏阳市石霜寺、大庸普光禅寺三所,占 20%（图 7-62、图 7-63）。

图 7-62　石门夹山寺大悲殿
图片来源:作者自摄

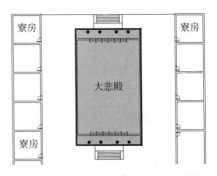

图 7-63　石门夹山寺大悲殿平面图
图片来源:作者自绘

3）副阶周匝式,在这种布局中观音殿四周以回廊作为联系空间和交通空间,同时兼具避雨的功用,如图 7-64 所示。然而在湖南寺院的诸多观音殿中,采用这种平面形制的仅沅陵龙兴讲寺一所（图 7-65）。龙兴讲寺观音阁为清光绪年间建筑，具有湘西少数民族建筑的特色。建筑采用三重檐歇山顶，两层阁楼式，面阔三间、进深四间，通面阔为 11.60 米，以台阶计算时其占地面积为 217.50 平方米。底层高 7.1 米，东北角设楼道可至二楼。自挑檐枋上立二楼檐柱，阁四周设隔扇窗。观音阁底层原供奉有 7.23 米高的观音铜像，而二楼则用于藏经书。

4）封闭式

封闭式平面布局如图 7-64 所示，在这种布局中观音殿前后均无外廊，建筑空间较为封闭，整个殿堂因此相对独立。由于湖南地区夏季较为潮湿炎热，规模较大的寺院如果采取封闭式布局的话，使用起来就比较不方便，因此封闭式布局的使用以小型寺院为主。据统计，湖南省内使用这种形式的有沅陵白圆寺、沅陵龙泉古寺、昭山寺、南岳祝圣寺 4 所，占调研总数的 26.7%。例如沅陵白圆寺的观音殿面宽为三开间，通面阔为 17.4 米，通进深为 12.5 米，占地 194.78 平方米。大殿四周不设廊道，采用硬山屋顶，出檐约 0.8 米，东西两侧设置封火山墙。由于寺院整体空间形态是由天井与建筑组成的，四周较为开敞，因此虽然观音殿属于封闭式布局，但是其通风效果较好。

（2）尺度规模

由表 7-6 可以看出，所调研的 15 座观音殿（阁）开间数从 1 ~ 5 开间不等，其中最为常见的是三开间，有 7 所之多，占到调研总数的 46.7%，另外一开间的有 3 所，占 20%，五开间的 5 所，占 33.3%。大殿通面阔从 7.5 米到 27.3 多米不等，通进深从 4.5 米多到 20.1 米不等，具体根据寺院规模而定。在诸多寺院中，观音殿的占地面积都不相同，其中最小的是南岳南台寺，为 39.30 平方米，最大的是沅陵龙泉古寺，为 377.80 米。可见，观音殿的规模并不完全由寺院的整体规模确定，更多是依据当地对观音菩萨的信仰程度。

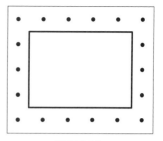

副阶周匝式

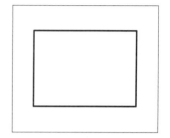

封闭式

图 7-64　观音殿（阁）部分平面形式

图片来源：作者自绘

图 7-65　沅陵龙兴讲寺观音阁

图片来源：作者自摄

观音殿（阁）尺度规模表						表 7-6
规模类型	寺院名称	开间数	通面阔（m）	进深数	通进深（m）	面积（m²）	屋顶形式
大型	南岳庙	3	7.500	1	4.500	47.70	硬山
大型	南岳祝圣寺	1	9.000	1	8.400	91.8	硬山
大型	长沙麓山寺	5	14.000	1	11.800	167.1	重檐歇山

续表

规模类型	寺院名称	开间数	通面阔（m）	进深数	通进深（m）	面积（m²）	屋顶形式
大型	浏阳石霜寺	5	17.200	1	6.300	96.39	歇山
大型	沅陵龙兴讲寺	3	11.600	4	11.000	217.50	三重檐歇山
大型	大庸普光禅寺	5	19.500	3	9.800	208.33	歇山
中型	南岳南台寺	1	7.700	1	6.600	39.3	硬山
中型	石门夹山寺	5	13.800	1	20.100	277.38	重檐歇山
中型	攸县宝宁寺	5	16.70	1	7.100	114.31	硬山
小型	南岳方广寺	3	13.000	1	6.200	81.4	硬山
小型	沅陵白圆寺	3	17.400	3	12.500	194.78	硬山
小型	沅陵凤凰寺	3	10.600	3	10.200	108.12	重檐歇山
小型	沅陵龙泉古寺	3	27.300	3	14.900	377.80	硬山
小型	湘潭昭山寺	1	7.800	1	7.500	58.50	硬山
小型	湘乡云门寺	3	8.400	1	6.200	89.60	重檐歇山

表格来源：作者自绘

（3）立面形态

表7-6不仅列出了诸多寺院的开间数、进深数、通面阔、通进深及占地面积等，还列出了15座观音殿（阁）的屋顶形式。经分析可知，硬山顶和歇山顶在湖南寺院观音殿中的使用量大体相同，其中使用重檐歇山顶的寺院有4所，以沅陵龙兴讲寺观音殿的三重檐屋顶尤为突出。湖南寺院均为汉传寺院，因此其整体格局多与中国传统建筑的风格相似。由于佛教建筑本身属于宗教建筑，等级较高，为表对佛教的尊重与推崇，观音殿在色彩使用方面多以红、黄明丽庄重的颜色为主。此外，湖南寺院还深受湖南地区传统建筑风格的影响，色彩较为朴素，其中有不少观音殿便以青灰色调为主，颇具湖湘建筑的特点。观音殿中一般供奉有观音菩萨圣像，因观音像尺度一般较大，观音殿（阁）的尺度因此较其他殿堂大些。除了大雄宝殿与天王殿之外，观音殿便是等级最高的佛殿了（图7-66、图7-67）。

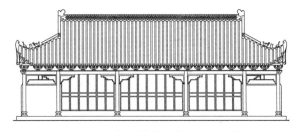

图7-66 普光禅寺观音殿正立面图

图片来源：作者自绘

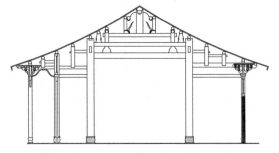

图7-67 普光禅寺观音殿明间横剖面图

图片来源：作者自绘

7.6　藏经阁（兼法堂）

7.6.1　功能释义

藏经阁是寺院讲经说法藏经的场所，在许多寺院中藏经阁常与法堂结合设置。高僧大德们讲演说法的地方被称为法堂，也称作说法堂。法堂也是寺院举行重大佛教活动的地方。法堂一般不设置在小规模寺院中，而是在藏经楼摆一法台或在某殿堂内部辟出一侧，以供高僧讲法之用。

一般情况下，大雄宝殿等佛殿之后常设置藏经楼（阁），用以存放各种各样的佛教经典。藏经楼的建筑明亮、宽敞、洁净，内部常安置大量藏经柜，用以存放着不同年代、不同版本、不同地区的经书。佛经的种类极为繁杂，因此有"三藏十二部"的说法。"三藏"包括"经"藏、"律"藏和"论"藏，是佛教经典的统称，而"十二部"则是依据体裁和性质分出的 12 类经文。其中，"经"藏是佛陀所讲的理论、思想与方法，"律"藏即指佛教所说的戒律，"论"藏则是菩萨以及佛学大师们对佛陀所述经义加以解释、论述的文论。有些寺院的藏经楼用途较多，既可藏经，又可作僧众学习佛经的场所，还可用作贵宾接待室。

7.6.2　统计分析

湖南寺院中现存的藏经殿（法堂）不多，主要分布在南岳祝圣寺、福严寺、藏经殿、石门夹山寺、长沙麓山寺、开福寺内。这六所寺院主要分布在湘中和湘南地区。众所周知，湘中和湘南地区是湖南佛教发展和发达的主要地区，因此用于说法藏经的殿宇在这些地区的寺院中广泛存在。而湘西地区主要以少数民族聚居，所信仰的佛教通常与民间信仰相结合，信众对经藏的重视程度相对不足，因此当地寺院鲜有设置一定规模的藏经殿（法堂）。值得一提的是，藏经殿（法堂）一般存在于大型寺院中，这主要因为大型寺院的信众相对较多，需要足够空间尺度来为僧侣和信众讲经说法。

（1）平面形制

在湖南诸多寺院中，只有南岳祝圣寺、福严寺、藏经殿，石门夹山寺、长沙麓山寺、开福寺设有藏经殿（法堂）。藏经殿的平面形式大体可分为前廊式、前后廊式和副阶周匝式。其中采用前廊式布局的有长沙开福寺、麓山寺法堂，采用前后廊式布局的有南岳福严寺、石门夹山寺，采用副阶周匝式的则是南岳藏经殿。南岳藏经殿是独立的藏经殿，位于南岳祥光峰下。该寺原名"小般若禅林"，始建于南北朝陈废帝光大二年（公元 568 年），后因明太祖朱元璋赐大藏经一部存放寺中，故改名藏经殿。这里没有普通寺院的建筑物群，仅有一栋殿宇，占地 300 平方米，为单檐歇山顶宫殿式建筑，殿内外有 26 根花岗岩质石柱，上盖碧色琉璃绿瓦，月曹翘入云天。殿堂四周墙壁朱红，有石墀环绕殿廊。殿宇有房五间，正中为佛殿，殿内供奉毗庐遮那佛像（图 7-68，图 7-69）。

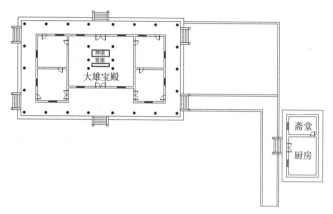

图 7-68　南岳藏经殿平面图

图片来源：作者自绘

图 7-69　南岳藏经殿

图片来源：作者自摄

（2）尺度规模

由表 7-7 可以看出，藏经殿（法堂）的开间数从 3 ~ 5 开间不等；通面阔最小的是开福寺，8.2 米，最大的是南岳藏经殿，23.70 米；通进深最小的是石门夹山寺，6.3 米，最大的是福严寺，12.3 米；占地面积最小的是开福寺，60.68 平方米，最大的是藏经殿，267.81 平方米。

藏经殿（法堂）尺度规模表　　　　　表 7-7

序号	寺院名称	开间数	通面阔（m）	进深数	通进深（m）	面积（m²）	屋顶形式
1	南岳祝圣寺	3	13.800	3	11.700	161.46	硬山，有封火山墙
2	南岳福严寺	3	10.800	2	12.300	132.84	硬山，有封火山墙
3	南岳藏经殿	5	23.70	2	11.30	267.81	歇山
4	石门夹山寺	5	11.300	1	6.300	71.19	歇山
5	长沙麓山寺	5	20.000	1	9.200	184	硬山
6	长沙开福寺	3	8.200	1	7.400	60.68	硬山

表格来源：作者自绘

（3）立面形态

在六座藏经殿中，除了南岳藏经殿和夹山寺藏经殿外，其余皆采用硬山式屋顶。在色彩和造型方面，藏经殿与寺院的整体色彩和造型相协调。例如，福严寺普遍采用白墙和深灰的小青瓦顶，整体色彩呈白色和深灰色，而藏经殿则采用绿色琉璃瓦顶、红色墙身，在南岳郁郁葱葱的树木掩映下独具特色。另外夹山寺法堂与寺院整体的红色色调相应，融合于整体格局中（图 7-70，图 7-71）。

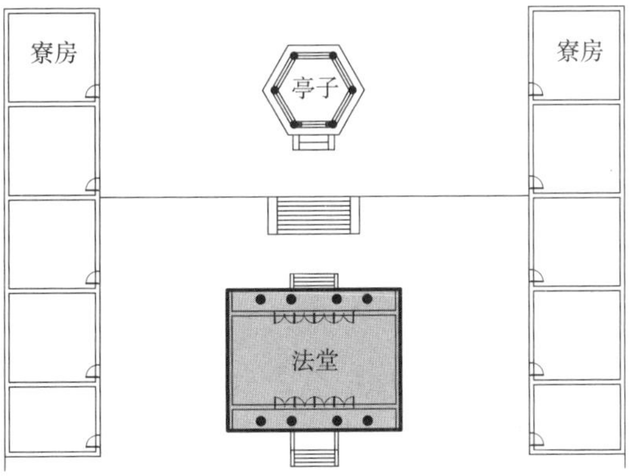

图 7-70 石门夹山寺法堂平面图
图片来源：作者自摄

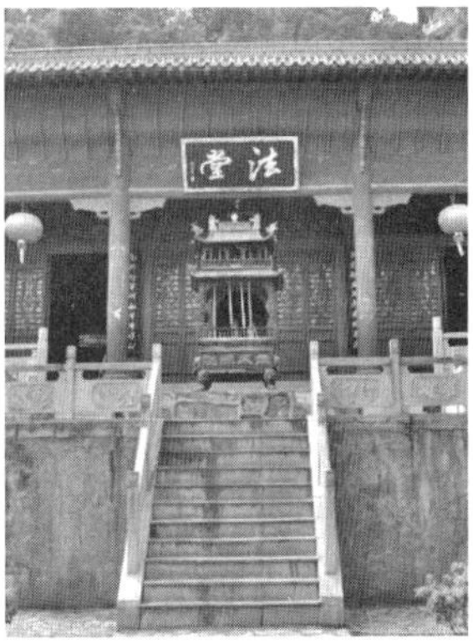

图 7-71 石门夹山寺法堂
图片来源：作者自摄

7.7 禅堂（念佛堂）

7.7.1 功能释义

禅宗在湖南的思想和流布，已在 3.1.2.2 节中论述，在此不做赘述。此节主要讨论禅堂。

在我国汉传佛教的丛林寺院中，一般都设有禅堂或念佛堂。禅堂和念佛堂有同工异曲之妙，都是僧众参禅念佛、用功办道、安心修持的场所，二者的主要区别在于禅堂以“静坐止观（禅定观想、明心见性）”为主，而念佛堂以“持佛名号（专称南无阿弥陀佛或阿弥陀佛）”为主。禅堂与念佛堂作为修行空间一般设置于同一区域内。

禅堂的设立由来已久，早在唐代百丈怀海禅师创立《清规》时便有规定，凡丛林中的常住僧人不论人数多少、辈分高低，都应住在禅堂里用功办道。禅堂是十方丛林的核心，也是僧人求得开悟的地方，故又称大彻（大彻大悟）堂。禅堂还有许多别名，或称为“选佛场”，即指凡夫们进去后，其中会选出开悟的佛来；或称为“大冶洪炉”，即指我们将身心投进去，经受种种规矩的约束和师父的棒喝锻炼，战胜来自身心的种种障碍，最终脱胎换骨。历代以来，国内丛林寺院中的禅堂可容纳数百人甚至上千人坐卧。禅堂四面都做成铺位，中间则空出一个大空间，以作大众集体踱步行走之用，这种踱步行走的修行方式便是修禅定者的适当活动，称作“经行”。因此，禅堂空间需要符合修禅需要，能容纳数百甚至千余人的经行之用。

禅堂一般位于寺院中心偏西的僻静处，呈长方形，阔三间或五间，但开间的大小具体依丛林规模而定。禅堂门口一般挂有两块小木牌，一块是“止静”牌，一块是“放参”牌（也有禅堂仅挂一块木牌，正面写有“止静”，反面写有“放参”）。放参与止静牌一般宽六寸，高四寸，厚六分，挂在禅堂门帘上。在僧人参禅打坐时，木牌则呈现“止静”二字，意即任何人不得入内，不得发出任何响声，此时禅堂的门窗都用布幕遮掩起来，以免受到堂外干扰。而在其他时间则呈现"放参"二字，此时僧人可自由活动，但仍不得高声喧哗，走路要轻缓，不得踏步有声。禅堂中央有一佛龛，供奉药师佛、阿弥陀佛或禅宗初祖菩提达摩，后壁中间为"维摩龛"。佛龛周围留有宽敞空地，以作行香之用。行香与坐禅在禅堂中交替进行，其目的是克制僧众在禅坐时昏沉。禅堂内一般将所有床铺并在一起，紧靠墙壁排列，供僧人休息，称为"广单"，"广"即"并在一起"之义。紧挨床铺外侧陈设的是坐香用的禅床，又称禅凳，禅凳后方的墙壁上有坐禅僧众的名单，僧众们按帖单标名的位置在禅凳上打坐。禅凳外侧则是供行香、跑香用的空地。可见，禅堂既是参禅打坐的地方，又是禅宗僧众传统生活起居的场所。僧人在禅堂内修行是清苦而有规律的，一切行动包括行住坐卧在内都必须在法器的指挥下进行，不得闲语杂话。此外，僧人在禅堂里的位次是有严格规定的，必须按照规定依次就位。

7.7.2　修行仪轨

禅宗的修行仪轨与禅堂有密切关系，故在此处简述，其中包括：

（1）禅七

禅七是佛门中精进修行的一种仪轨，是禅宗门庭的重要法事活动，于每年秋冬之交定期举办。此时全寺僧众放下一切外缘进堂坐禅，以求短期内能够克期（限期）取证之修行。

（2）坐禅

坐禅为禅宗寺院僧众们的每日功课，禅堂日行规矩，每日教规矩之次第如下：1）散香日行事：教请、敲、交、卓散香法；2）巡香日行事：教请香板、下香板、巡香大小规矩；3）当值日行事：教敲报钟及扬板、接交仪式；4）悦众日行事：教接值、过堂、回向、圆礼等仪轨。

（3）跑香

跑香是晚饭后禅堂静坐前后的快步行走，用以疏松筋骨、训练定境及长养威仪。坐禅时间过长时，容易痉挛，气血不通，故在一定时间需要跑香疏松筋骨。

7.7.3　主要空间形式

由7.7.2节中禅堂里的修行仪轨可知，禅堂主要为僧众坐禅修行提供场所。一般来说，日常修行包括坐禅和跑香两部分，可谓动静结合，而禅堂也是根据这两方面来设置的。因此，禅堂需要提供较大的空间，其空间形式需要亦动亦静，可分可合，使得僧人坐禅前后能有足够的活动空间。例如南台寺的禅堂共分两层空间，其中在第一层设置大空间以供僧众们打坐经行，第二层则划分出私密隔间，以供僧人深度修禅，不被打扰（图7-72、图7-73）。

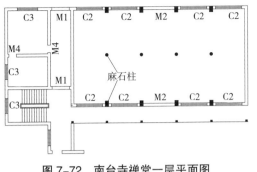

图 7-72　南台寺禅堂一层平面图

图片来源：作者自绘

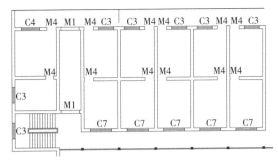

图 7-73　南台寺禅堂二层平面图

图片来源：作者自绘

7.7.4　统计分析

经详细测绘分析后，笔者针对湖南 9 所现存的禅堂和念佛堂的测绘数据进行整理如表 7-8 所示。

禅堂及念佛堂测绘数据表　　　　　　　　　　　　表 7-8

类型	寺院名称	开间数	通面阔（m）	进深数	通进深（m）	面积（m²）	屋顶形式
禅堂	南岳南台寺	5	19.600	1	9.900	194.04	硬山
	南岳上封寺	1	7.700	1	11.300	64.41	硬山，有封火山墙
	南岳祝圣寺	5	14.900	1	6.300	92.93	硬山，有封火山墙
	南岳福严寺	3	16.300	1	6.600	117.12	硬山，有封火山墙
	浏阳石霜寺	3	10.300	1	7.200	54.6	硬山，有封火山墙
	攸县宝宁寺	1	11.400	1	8.300	94.62	硬山
	长沙麓山寺	5	20.000	3	9.200	184	硬山
	长沙开福寺	5	19.400	1	7.400	143.56	硬山
念佛堂	南岳方广寺	3	10.60	1	3.400	40.60	硬山
	长沙开福寺	3	11.40	4	14.60	166.14	硬山
	浏阳石霜寺	5	16.20	1	7.200	87.50	硬山

表格来源：作者自绘

（1）平面形式

据调研，在湖南诸多寺院中禅堂（念佛堂）的主要形式大体可分为前廊式、前后廊式、封闭式 3 种。其中，采用前廊式布局的有南岳福严寺、长沙麓山寺、长沙开福寺（包括禅堂与念佛堂）、南岳南台寺、南岳上封寺 5 所寺院，占调研总数的 57.6%，采用前后廊式的有长沙麓山寺、浏阳石霜

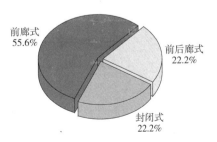

图 7-74　禅堂（念佛堂）平面形式比例图

图片来源：作者自绘

寺（包括禅堂与念佛堂）2所，占22.2%。封闭式的寺院只有攸县宝宁寺和南岳方广寺，占22.2%（图7-74）。

综上所述，前廊式在湖南禅堂的平面布局中最为常见，而念佛堂则以前后廊式为主，其主要原因是：1）禅宗修行的方式以坐禅和跑香为主，而非念佛拜佛，因此只需在禅堂前面部分留出等候和活动的空间即可；2）念佛以礼拜和绕佛为主，需要环状空间，故念佛堂外部的前后部分都需设置外廊，以便信众出入。这也是禅堂与念佛堂平面形式最大的区别。

（2）尺度规模

由表7-8可以看出，在笔者详细测绘的24所寺院中，有3所设有念佛堂，8所设有禅堂，合计11所，其中长沙开福寺和浏阳石霜寺兼具念佛堂和禅堂，实际为9所寺院，接近测绘总数的37.5%。禅堂（念佛堂）开间数由1～5开间不等。通面阔最小的为南岳上封寺，7.7米，最大的为南岳南台寺，19.6米。而进深普遍较小，一般为一进。此外，各寺院的禅房面积大小不一，其中面积最大的为南岳南台寺，194.04平方米。

图7-75　浏阳石霜寺念佛堂
图片来源：作者自摄

（3）立面形态

由于禅堂（念佛堂）在整体空间格局上属于附属建筑，因此其立面形态一般较为朴素。禅堂通常采用硬山式屋顶，个别建筑还设有封火山墙，这种设计的主要原因是：1）禅宗主要以"清、和、寂、空"为主要思想，体现在建筑色彩和形式层面时，多以低调朴素作为建筑立面形态的特征；2）在山林寺院中设置封火山墙可起到防火作用（图7-75～图7-78）。

图7-76　浏阳宝盖寺万佛殿
图片来源：作者自摄

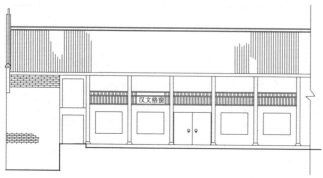

图7-77　南岳南台寺禅堂正立面图
图片来源：作者自绘

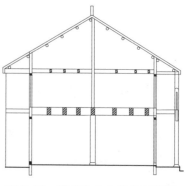

图7-78　南岳南台寺禅堂剖面图
图片来源：作者自绘

7.8　斋堂与香积厨

7.8.1　历史渊源

（1）斋堂

斋堂是寺院僧众吃饭的地方，又称"五观堂"。"五观"是僧人吃饭时应该想见的五种思维境界，即计功多少、自忖德行、防心离过、正事良药、为成道业。斋堂廊柱上刻有楹联"试问世上人，有几个知道饭是米煮？请看座上佛，也不过认得田自心来"，这正体现了"五观"思想。

在汉地寺院中，素食是佛教僧众应当奉行的饮食规则。笔者调研的诸多湖南寺院也均以简单朴素的素菜为食。寺院僧众们过的是集体生活，即同吃、同住、同修、同劳动，因此无论寺院共住多少僧众都应在同一斋堂用斋。出家人将吃饭称为过堂，开梆和打典是过堂的信号，用斋前众人应在法师带领下念诵供养咒、行出食仪式，其目的是提醒僧尼们钵中之食来之不易，要内外威仪当具足。诵经结束后众人才可进食，且在进食过程中众人必须专注于饭食而不能言语，这与俗世中讲的"食不言，寝不语"类似。此外，斋堂供奉有弥勒佛像，故僧众在进门后需要顶礼。斋堂的座椅多采用长条形，以免僧众用餐人数较多时有失威仪。在过堂时会专设僧人为僧众们打饭食，即行堂，因此在两排座椅之间需留出足够空间以便行堂人员走动。在寺院功能空间中，就餐空间或许不算主要的建筑空间，但在笔者看来正是佛教将生活中的细小俗务神圣化，才显出佛教本身的宗教性与教导性（图 7-79 ~ 图 7-82）。

（2）香积厨

香积一词来自于《维摩诘经》，指香积如来佛祖及供养众仙人的香饭。香积厨多指历史久远且规模较大的寺院的厨房。佛教讲处处皆修行，因此一般僧众刚出家时都是从

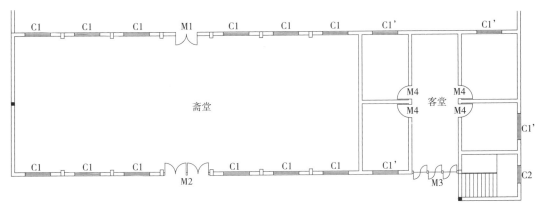

图 7-79　南岳南台寺斋堂一层平面图

图片来源：作者自绘

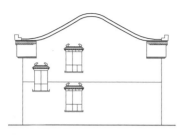

图 7-80　南台寺斋堂侧立面图

图片来源：作者自绘

图 7-81　南台寺斋堂剖面图

图片来源：作者自绘

图 7-82　浏阳宝盖寺过堂仪式

图片来源：作者自摄

厨房内粗重的体力活做起。在中国寺院中，香积厨空间属于较为次要的建筑空间，一般与斋堂空间联系在一起，以方便行堂与饭食的处理。在笔者调研的诸多湖南寺院中，香积厨空间大体上以三种方式出现：

1）结合斋堂空间紧密联系，如南岳广济寺的厨房与斋堂位置基本联系在一起，又如长沙麓山寺的厨房紧靠在斋堂后侧。2）结合庭院空间布置，以便污水排放，这主要出现在保存较为完整的古代寺院中。例如南台寺厨房结合山势而建，由于排水原因又与庭院相结合，通过庭院的排水设施将污水排出去。3）独立设置，如南岳藏经殿、福严寺等（图 7-83 ~ 图 7-86）。

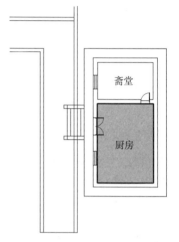

图 7-83　南岳藏经殿厨房平面图

图片来源：作者自绘

图 7-84　福严寺香积厨正立面图与纵剖面图

图片来源：作者自绘

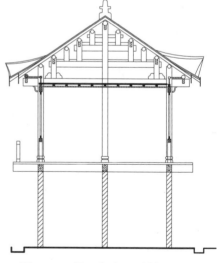

图 7-85　福严寺香积厨横剖面图

图片来源：作者自绘

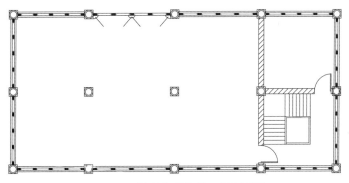

图 7-86　福严寺香积厨一层平面图

图片来源：作者自绘

7.8.2　统计分析

针对湖南 24 所寺院中的斋堂（香积厨）的测绘数据进行对比，如果两者位置在一起的则一起计算，如果独立设置则分项组合计算。数据整理如表 7-9 所示。

斋堂（香积厨）尺度数据表　　　　　　　　　　　　表 7-9

寺院名称	开间数	通面阔（m）	进深数	通进深（m）	面积（m²）
南岳南岳庙	—	—	—	—	—
南岳南台寺	3	14.800	1	9.900	146.20
南岳上封寺	1	11.000	1	4.500	49.50
南岳祝圣寺	5	18.300	1	6.600	126.23
南岳福严寺	3	12.200	2	9.000	109.80
沅陵龙兴讲寺	—	—	—	—	—
大庸普光禅寺	1	5.000	6	22.700	113.50
石门夹山寺	1	6.000	4	24.000	144.00
浏阳石霜寺	3	10.300	1	7.200	54.59
攸县宝宁寺	3	8.000	1	12.000	96.00
南岳藏经殿	1	10.800	1	7.300	64.96
南岳方广寺	3	11.500	1	3.800	43.70
南岳高台寺	—	—	—	—	—
南岳铁佛寺	1	4.500	1	2.700	12.15
南岳五岳殿	1	4.500	3	10.500	47.25
南岳湘南寺	1	3.500	1	4.650	16.275
南岳祝融殿	—	—	—	—	—
南岳广济寺	1	4.300	1	7.820	25.03
沅陵白圆寺	—	—	—	—	—
沅陵凤凰寺	—	—	—	—	—

续表

寺院名称	开间数	通面阔（m）	进深数	通进深（m）	面积（m²）
沅陵龙泉古寺	1	7.400	2	11.340	83.92
湘潭昭山寺	—	—	—	—	—
长沙麓山寺	5	20.000	2	8.000	160
长沙开福寺	5	19.400	2	12.700	246.38

表格来源：作者自绘

由表 7-9 可以看出，但凡寺院，无论大小一般都设有斋堂和厨房。香积厨通常设置在大型寺院中，而普通厨房则为方便起见紧邻斋堂而设。不设斋堂的寺院主要是由于某些历史原因以致现今已无僧人常驻，因此渐渐荒废，但不代表此寺没有设置斋堂。斋堂一般为 1～3 开间或进深，5 开间或进深的极少，仅存在于大型寺院当中。通面阔（通进深）尺寸一般在 20 米以内，面积也大多为几十平方米到 200 平方米，只有长沙开福寺斋堂的面积为 246.38 平方米。

（1）平面形式

斋堂的平面形式主要有前廊式和前后廊式两种，其中多为前廊式布局，仅有个别为前后廊式布局如浏阳石霜寺。斋堂的设置通常与庭院空间相结合，如长沙麓山寺的斋堂面对庭院，环境优雅。廊外挂有木鱼（梆），敲木鱼则是僧人进堂用斋的讯号，故有"梆响过堂"之说。"梆"还有表示寺院规模的作用：鱼头向外说明该寺是丛林大寺，可接待云游僧人挂单；鱼头向内说明该寺是子孙小庙，无力接待云游僧人挂单；头尾横向则说明该寺属一半子孙庙、一半丛林，可部分接待云游僧人挂单。斋堂内用斋的桌凳安放整齐，僧人用斋前须念"供养咒"，盛菜添饭有行堂僧人经管，斋堂过堂规矩很严，用斋时不得说话。一般情况下，斋堂旁边即为僧人厨房，内设监斋菩萨龛（图 7-87、图 7-88）。

图 7-87　长沙麓山寺斋堂

图片来源：作者自摄

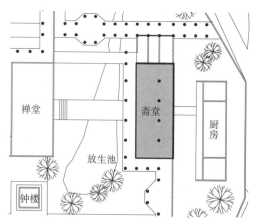

图 7-88　长沙麓山寺斋堂平面图

图片来源：作者自绘

（2）内部空间格局

斋堂是寺院僧众们的用餐之所，与普通的殿堂空间格局不太一样。僧众们在斋堂用餐时不能发出嘈杂声音，因此桌椅之间的距离稍远，一来方便众人挪动桌椅，二来使得行堂僧人有足够空间走动。此外，斋堂内通常设置长条形座椅，座椅的摆放要形成环状空间，同时还要通过整齐的摆放保持一定的威仪。

（3）立面形态

斋堂的立面造型通常较为简洁，屋顶形式一般采用硬山顶，色彩朴素，整体风格与寺院整体格调一致。

7.9 僧寮

僧寮主要用于出家人休息的地方，一般较为简洁朴素。由于一般较为隐蔽，不允许打扰，因此对僧寮的分析主要从调研数据上得来，对其内部空间不做讨论。

经详细测绘分析后，湖南 17 所建有僧寮的寺院，其建筑面积的数据经过整理，如表7-10 所示。

僧寮面积表　　　　　　　　　　　　　　　　　　　　　　表 7-10

序号	寺院名称	建筑面积（m²）
1	南岳南台寺	488.48
2	南岳上封寺	439.56
3	南岳祝圣寺	1112.37
4	南岳福严寺	658.08
5	石门夹山寺	651.42
6	浏阳石霜寺	450.80
7	攸县宝宁寺	537.14
8	南岳藏经殿	151.16
9	南岳方广寺	141.35
10	南岳高台寺	220.59
11	南岳铁佛寺	114.69
12	南岳五岳殿	103.68
13	南岳湘南寺	74.5
14	南岳祝融殿	100.44
15	广济寺	273.36
16	麓山寺	450.45
17	开福寺	178.48

表格来源：作者自绘

从上表可以看出，僧寮一般根据寺院的出家人的数量而决定，与寺院的规模成正比。其中比较特殊的例子是，南岳祝圣寺的僧寮面积为 1112.37m²，主要由于祝圣寺作为"小行宫"设置的缘故。

7.10 其他殿堂

在寺院中，除前面涉及的重要殿堂和普遍性建筑外，还有一些附属性殿堂。这些殿堂不太普遍，通常根据寺院供奉菩萨的不同来设置，如地藏殿、罗汉堂、药师殿等。此外，方丈室则是根据寺院的等级来设置的，仅在一些大中型寺院中存在，而在一般小型寺院中几乎不设置方丈室。以下就这些附属殿堂来分项论述。

7.10.1 方丈

（1）方丈释义

印度佛教之僧房多以方一丈为制，维摩禅室亦依此制，遂有方一丈之说。故知方丈原指一丈见方之室，又称方丈室、丈室，形容极其狭小的居室。后来专指寺院住持的居室，亦曰堂头、正堂，这是方丈一词的狭义说法。而广义的方丈除指住持居处外，还包括其附属设施如寝室、茶堂、衣钵寮等。方丈原是道教固有的称谓，佛教在传入中国后借用了这一俗称，如今用于对禅林住持或师父的尊称，俗称"方丈和尚"或"方丈"。

（2）历史渊源

通常来说，只要有寺院便存在住持，但只有大规模的寺院群才能具有方丈，也就是说方丈能够兼任多座佛教寺院，但住持却不能。一般来说，方丈存在于大型寺院或丛林寺院中。根据笔者的调研结果来看，事实确实如此。湖南寺院中仅长沙麓山寺、南岳福严寺、南台寺、祝圣寺中设有方丈室，这些寺院均为有名的大型寺院。例如，福严寺是南禅宗的著名传法胜地，据李元度在《南岳志》记载：福严寺原称为般若寺或般若台，由天台宗二祖慧思禅师于陈光大元年（公元 567 年）创建。嗣后，怀让禅师至南岳将其改为禅宗道场，经过道一禅师的弘法，使得南宗的"顿悟"佛法渊源流传，天下佛子一时均以该寺作为南宗的传法佛院，足以见得福严寺在南禅宗中的重要地位。此外，历代均有高僧大德在此修行传法，故福严寺在整体格局的最后一进设置方丈室。福严寺旁边便是禅宗分支曹洞宗、云门宗、法眼宗三派的祖庭南台寺，南台寺以曹洞宗更为昌盛，成为中国佛教史上规模最大、影响最深远的宗派主流，其法嗣遍布天下。由此可见，凡是法嗣源远流长、历史悠久且传播较广的寺院才会考虑设置方丈。祝圣寺由高僧承远创建，他信奉的是净土宗，以称念阿弥陀佛名号，求生西方极乐净土为宗旨。净土宗有十三位师祖，依次是慧远、善导、承远、法照、少康、延寿、省常、智旭、行策、实贤、际醒和印光，可见祝圣寺的高僧承远被尊为"净土宗第三代祖师"。

（3）方丈室方位及空间布局

在福严寺、南台寺和祝圣寺中，所设置的方丈室均位于寺院中轴线的最后部分，均为前廊式布局。但这三座方丈室之间亦有一定区别：1）南台寺的方丈室旁边为药师殿和观音殿等殿堂，福严寺旁边为祖堂，而祝圣寺旁边为观岸堂和罗汉堂；2）祝圣寺的方丈室空间非常简洁，而南台寺和福严寺的方丈室空间内还设寝室和茶堂等分区部分（图7-89 ~ 图7-93）。

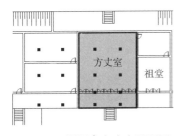

图 7-89　福严寺方丈室平面图

图片来源：作者自绘

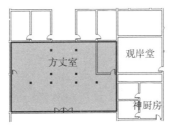

图 7-90　祝圣寺方丈室平面图

图片来源：作者自绘

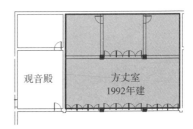

图 7-91　南台寺方丈室平面图

图片来源：作者自绘

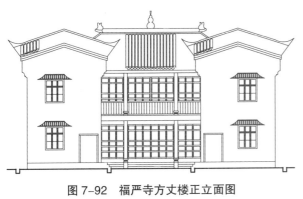

图 7-92　福严寺方丈楼正立面图

图片来源：作者自绘

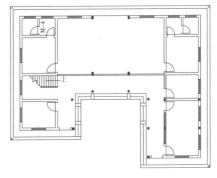

图 7-93　福严寺方丈楼一层平面图

图片来源：作者自绘

7.10.2　地藏殿

（1）地藏殿释义

地藏殿主供地藏王菩萨，是寺院的重要配殿之一。地藏王菩萨是四大菩萨之一，根据《地藏十轮经》记载，其名号来源于"三安忍不动犹如大地，静虑深密犹如宝藏"。佛经中说地藏王菩萨受释迦牟尼佛的嘱托，在释迦圆寂入灭后而弥勒佛尚未降生前，教化六道（天、人、阿修罗、饿鬼、地狱、畜生）轮回中的众生，拯救一切苦难。他在九华山修行时曾发大誓愿说：地狱不空，誓不成佛，众生度尽，方证菩提！我不入地狱谁入地狱！是故在所有菩萨中，地藏王菩萨愿力第一，右手九环锡杖振开地狱之门，左手明珠照亮地狱之黑暗，放大光明，让受苦众生能够离苦得乐，因此地藏王菩萨又被称"悲愿菩萨"、"大愿地藏王菩萨"。

（2）空间形态特征

在笔者调研的湖南寺院中，专门设有地藏殿的仅有南岳祝圣寺和攸县宝宁寺两所，可见它并非寺院的主要殿宇（图7-94、图7-95）。这两座地藏殿都采用前廊式平面布局方式，且在殿前都有庭院设置。因不属于主要殿宇，故寺院在整体格局中并未将地藏殿设在寺院中轴线上。不过，也有寺院直接将地藏王菩萨的塑像列于大雄宝殿之后，如长沙开福寺。

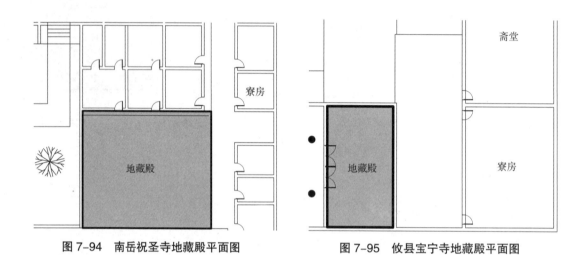

图7-94　南岳祝圣寺地藏殿平面图
图片来源：作者自绘

图7-95　攸县宝宁寺地藏殿平面图
图片来源：作者自绘

7.10.3　药师殿

药师殿又称药王殿，殿内主供东方净琉璃世界药师佛，左右胁侍为日光、月光两菩萨，即"东方三圣"。药师佛也称药师琉璃光如来，是东方净琉璃世界之教主。据《药师琉璃光如来本愿功德经》记载，日光遍照菩萨与月光遍照菩萨同为药师佛的二大胁士，且二位同为无量无数菩萨众之上首，依次递补佛位，悉能持药师如来之正法宝藏。药师佛面相慈善，仪态庄严，身呈蓝色，乌发肉髻，双耳垂肩，身穿佛衣，袒胸露右臂，右手膝前执尊胜诃子果枝，左手脐前捧佛钵，双足跏趺于莲花宝座中央，身后有光环、祥云、远山。

笔者调研的湖南寺院中只有南岳祝圣寺和南台寺设有药师殿。从寺院整体布局来看，这两座寺院的药师殿均位于中轴线右侧，即东边，这与药师殿供奉东方三圣有一定关系。又因药师殿中并无绕佛仪轨，故常采用前廊式平面布局方式。药师殿属于次要殿堂，因此在布局方面处于次要位置，建筑造型相对朴素，空间尺度也较小（图7-96、图7-97）。

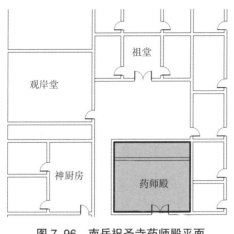

图 7-96　南岳祝圣寺药师殿平面

图片来源：作者自绘

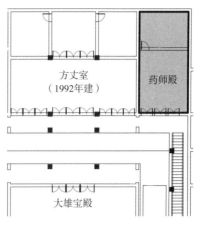

图 7-97　南岳南台寺药师殿平面

图片来源：作者自绘

7.10.4　罗汉堂

　　罗汉堂是专门供奉罗汉的殿堂。而罗汉则是阿罗汉的简称，其梵名为 Arhat。阿罗汉即自觉者，在大乘佛教中低于佛、菩萨，列第三等，而在小乘佛教中则是修行所能达到的最高果位。佛教认为，获得罗汉这一果位即断尽一切烦恼，应受天人供应，不再生死轮回。

　　罗汉有十六罗汉、十八罗汉、五百罗汉之多。一般寺院通常在大雄宝殿两侧塑十八罗汉，而规模较大的寺院则会专建罗汉堂并在殿内塑很多罗汉，可能是五百罗汉或者更多。五百罗汉通常是指佛陀在世时常随教化的大比丘众五百阿罗汉，或佛陀涅槃后结集佛教经典的五百阿罗汉。值得注意的是，印度古代惯用"五百"、"八万四千"等来表示多数的意思，这与中国古人的"三"、"九"的含义很相像，因此五百罗汉并不一定就是五百个。由于罗汉的数量、姓名和造像没有经典仪轨依据，所以各地寺庙在建罗汉堂时，往往数量规模和人物造型都可能不一致。

　　在湖南寺院中，大雄宝殿一般都会设罗汉塑像，而南岳方广寺和祝圣寺则专门设置了罗汉堂。一般情况下，大雄宝殿正中供奉佛祖，两侧则塑罗汉像，左右各九个，合称十八罗汉。然而正式的罗汉堂供奉的罗汉颇多，如南岳祝圣寺和方广寺供有五百罗汉。从寺院整体布局来看，方广寺罗汉堂位于中轴线上，而祝圣寺罗汉堂则位于中轴线偏西的地方，可见罗汉堂位置布局并无严格规定。其中祝圣寺罗汉堂及其罗汉像是寺内最有特色的建筑和雕塑，这是清朝光绪年间祝圣寺僧人心月和尚以常州天宁寺的五百罗汉拓本为基础，经过三年艰苦的艺术再创造在青石上雕刻出来的。殿内罗汉神态、动作各异，或执禅杖，或挥禅帚，或态似游戏，或闭目养神，或笑容可掬，或怒气冲冲……形象生动传神，造型千姿百态，栩栩如生，雕刻精致细腻，是祝圣寺的一座艺术宫殿。然而在十年动乱中该寺罗汉堂遭到严重毁损，现今仅遗存下来一百多尊（图 7-98 ～图 7-101）。

图 7-98　祝圣寺罗汉堂

图片来源：作者自摄

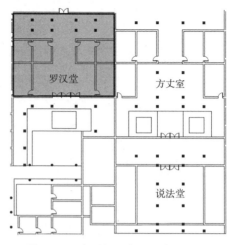

图 7-99　南岳祝圣寺罗汉堂平面图

图片来源：作者自绘

图 7-100　普光禅寺罗汉殿横剖面图

图片来源：作者自绘

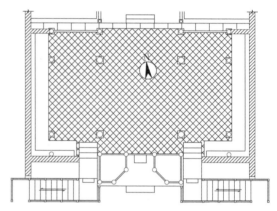

图 7-101　普光禅寺罗汉殿平面图

图片来源：作者自绘

7.10.5　祖堂（祖师殿）

对于禅宗寺院而言，祖堂（祖师殿）供奉的是中土禅宗六祖，其中殿内正中是梁朝来华的禅宗初祖达摩禅师，左侧是达摩的六传弟子唐朝六祖慧能禅师，右侧是慧能的三传弟子建立丛林制度的百丈怀海禅师。与此相似，其他宗派的寺院也在祖师殿内加祀本宗祖师的塑像。在一些寺院中，祖师殿与伽蓝殿通常设在大雄宝殿两侧的东西配殿内。

（1）各寺历史渊源

祖堂（祖师殿）在湖南寺院特别是禅宗寺院中较为常见，著名寺院如南岳福严寺、南台寺、祝圣寺、长沙开福寺和浏阳石霜寺均设有祖堂，这主要因为这五所寺院或为禅宗寺院，或有禅宗高僧曾驻锡于此。

南岳福严寺在隋唐前是以弘扬般若和法华思想为主的寺院，直至唐朝才逐渐成为禅宗的著名道场。南台寺由南朝梁天监年间海印禅师创建，唐天宝年间禅宗七祖希迁将其定名为南台寺，迄今南台寺被日本佛教曹洞宗视为祖庭，其中曹洞宗和南台寺所属的临济宗同出禅宗南宗创始人慧能一宗。此外，该寺著名高僧希迁禅师亦是南宗两大派系之一的青原系的重要人物。祝圣寺由唐代高僧承远创建，被命名"弥陀台"、"般若道场"。唐武宗灭佛时（公元 845 年）弥陀寺被毁，而五代时楚王又加以修复，并改名"报国寺"。至宋朝时，神宗赐建御书阁并藏宋太宗御书于寺内，而徽宗时期一度将该寺改为道教宫观，称"神霄宫"，但这种用行政命令促使佛道融合的做法没维持多久，该寺又还原成佛教道场并改名"胜业寺"。在宋孝宗时期朱熹和张栻畅游祝融峰，就曾寄住过胜业寺。清康熙四十四年（公元 1705 年）湖南巡抚赵申乔听闻康熙皇帝要到南方巡视，遂大兴土木将该寺扩建成一座规模宏大的行宫，后因康熙未来而改名为"祝圣寺"。此外，长沙开福寺是佛教禅宗临济宗杨岐派的著名寺院，始建于五代时期，后历经宋、元、明、清各朝，香火不绝，名僧辈出。浏阳石霜寺是临济宗杨歧派和黄龙派的共同祖庭，且有楚圆、方会、慧南等名僧辈出，在中国和日本禅宗史上占据极其重要的地位。从上述五所寺院的简要历史沿革可以看出，这些寺院都经历了时代变迁，且有名僧大德在此修行或常驻。另外除祝圣寺外，其他皆是禅宗各宗的祖庭，因此在这些寺院设置祖堂或祖师殿是非常必要的。

（2）空间形态特征

笔者发现上述五所寺院的祖堂均位于中轴线两侧，其中祝圣寺、福严寺、石霜寺祖堂位于中轴线末端的左边，而开福寺和南台寺则位于右边。在平面形制上，除石霜寺采用前后廊式外，其他各寺均采用前廊式的平面布局。此外，石霜寺的祖师殿是一座单独设置的建筑，而其他各寺则通过连廊与各殿堂联系在一起，且屋顶也与其他殿堂保持一致（图 7-102 ~ 图 7-104）。

图 7-102　南岳
南台寺祖堂
图片来源：作者自摄

图 7-103　浏阳
石霜寺祖师殿
图片来源：作者自摄

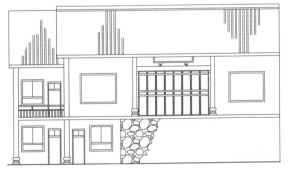

图 7-104　南台寺祖堂正立面图
图片来源：作者自绘

7.10.6 月台（须弥座）

须弥座是指大雄宝殿的基座，须弥是佛教中"位于世界中心的最高之山"。因此，将大雄宝殿置于须弥座上，借助于台基高隆的地势和周围建筑群体的烘托，可显示大殿的宏伟庄严。月台即大雄宝殿前面那部分连着前阶的平台，平台尺寸可根据平面图确定，并由所处高度可算出所需几级台阶，其中每级台阶尺寸通常为 180 ~ 200mm。

由表 7-11 可见，月台尺度与寺院规模基本成正比关系，规模越大的寺院，月台的尺度越大。在形式上基本以正踏跺式为主（图 7-105、图 7-106）。

月台尺度规模表　　　　　　　　　　表 7-11

寺院名称	寺院面积（m²）	长（mm）	宽（mm）	高（mm）	宽长比	形式
南岳庙	19381.83	18400	6600	1600	0.36	正踏跺式
南岳南台寺	4324.7	—	—	—	—	无月台
南岳上封寺	1763.1	13200	5000	1600	0.38	正踏跺式
南岳祝圣寺	11621.7	—	—	—	—	无月台
南岳福严寺	6455	—	—	—	—	无月台
沅陵龙兴讲寺	9348.45	—	—	—	—	无月台
大庸普光禅寺	10178.53	25800	3100	1200	0.12	抄手踏跺式
石门夹山寺	8046.16	6000	3000	1200	0.5	正踏跺式
浏阳石霜寺	10497.63	18500	1950	600	0.1	正踏跺式
攸县宝宁寺	4139.36	17700	1950	1200	0.11	正踏跺式
南岳藏经殿	998.61	12100	5000	1200	0.41	正踏跺式
南岳方广寺	1558.26	20160	1880	1200	0.09	正踏跺式
南岳高台寺	574.22	8100	1650	1200	0.20	正踏跺式
南岳铁佛寺	268.26	—	—	—	—	无月台
南岳五岳殿	626.22	—	—	—	—	无月台
南岳湘南寺	167.75	—	—	—	—	无月台
南岳祝融殿	543.04	12000	2600	800	0.22	正踏跺式
广济寺	640.94	17400	2040	1200	0.12	三面式
沅陵白圆寺	1367.75	—	—	—	—	无月台
沅陵凤凰寺	804.02	6500	3000	2400	0.46	抄手踏跺式
沅陵龙泉古寺	1917.25	—	—	—	—	无月台
湘潭昭山寺	475.02	3000	1500	600	0.5	正踏跺式
长沙麓山寺	10531.89	19800	2900	1200	0.15	正踏跺式
长沙开福寺	17933.97	16400	2000	800	0.12	正踏跺式

表格来源：作者自绘

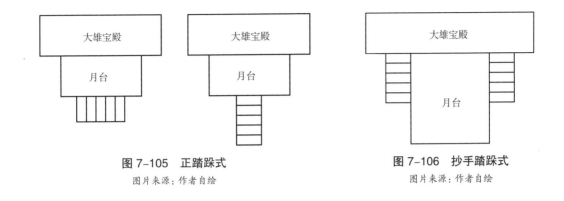

图 7-105　正踏跺式　　　　　　　　　图 7-106　抄手踏跺式

图片来源：作者自绘　　　　　　　　　图片来源：作者自绘

7.11　本章小结

　　本章通过 11 个测绘数据表，24 个完整的寺院测绘总图，106 幅第一手实拍图片和数据分析图，并查阅了上百份参考文献，运用符号学、现象学及统计学的相关理论和方法，对多元文化影响下的建筑形制进行分析。

　　主要建筑包括了山门、钟鼓楼、天王殿、弥勒殿、大雄宝殿、观音殿（阁）、藏经阁（说法堂）、禅堂（念佛堂）、斋堂、香积厨、僧寮、其他殿堂等 12 个部分。从历史渊源、总体分析、主要塑像、平面分析、尺度规模、立面形态等六方面进行详细剖析。在湖南古代寺院中，遗存建筑大多为明清时期建造的。天王殿、观音阁及其他各殿一般为 1 ~ 5 开间，大雄宝殿为 3 ~ 7 开间不等。平面形式则根据建筑功能、尺度、规模以及使用空间而不同。并通过分析大量的数据，对平面形式、尺度规模以及立面形态三个方面做了较为深入的分析。主要结论包括：（1）由于湖南省域地处丘陵地区，且潮湿多雨，因此寺院建筑一般有外廊的设置。主要平面形式包括封闭式、前后廊式、敞廊式（通廊式）、副阶周匝式等。（2）由于湖南寺院均为汉传佛教寺院，其整体格局多与传统民居、宫邸等建筑的风格类似。立面形态具有湖湘建筑的特点，色彩大多较为朴素，尺度适中。同时由于属于宗教建筑，建筑等级较高，为表对佛教的尊重与推崇，重要的建筑如大雄宝殿、观音殿等殿堂的建筑较为宏伟，规模也较大。（3）地处少数民族地区的寺院建筑檐角起翘较为深远，极具湘西地区少数民族建筑的特征。

第8章 湖南古代寺院建筑装饰艺术

8.1 主要建筑风格

8.1.1 整体建筑风格

从 32 所调研的湖南古代寺院的具体情况来看，多元文化对寺院主要建筑风格的影响非常之大。这主要因为寺院在儒、佛、道及祭祀等多元文化影响下呈现出不同的风格与特征，同时又结合了当地民族的审美特点，充分利用了当地建筑材料和装饰手法，使得整体建筑风格不能以朴素或华丽一概而论。总的来说，湖南寺院的整体风格属于北传大乘佛教寺院的风格。

由表 8-1 和表 8-2 可以看出，在所调研的 32 所典型湖南寺院中官式风格占 25%，综合式占 60%，少数民族式占 15%（图 8-1）。大多数寺院采用综合性建筑风格，建筑屋顶多为灰色小青瓦，色彩以白、红、深灰色为主；较为重要的大型寺院则采用官式建筑风格，以红色或黄色琉璃瓦装饰，墙身也多为红色或黄色，气势宏大，金碧辉煌；湘西地区的寺院通常采用少数民族建筑风格，屋顶起翘较为夸张，檐口较为深远。

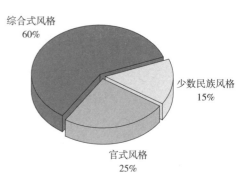

图 8-1　湖南现存寺院建筑风格类型比例图

图片来源：作者自绘

湖南现存寺院建筑风格类型表　　　　　　　表 8-1

序号	规模类型	寺院名称	建筑风格类型
1	大型	南岳庙	官式风格
2	大型	南岳祝圣寺	官式风格
3	大型	长沙麓山寺	官式风格
4	大型	长沙开福寺	官式风格
5	大型	浏阳石霜寺	综合式风格
6	大型	沅陵龙兴讲寺	少数民族风格
7	大型	大庸普光禅寺	少数民族风格

序号	规模类型	寺院名称	建筑风格类型
8	中型	南岳南台寺	综合式风格
9	中型	南岳福严寺	综合式风格
10	中型	石门夹山寺	官式风格
11	中型	攸县宝宁寺	综合式风格
12	小型	南岳上封寺	综合式风格
13	小型	南岳藏经殿	官式风格
14	小型	南岳方广寺	综合式风格
15	小型	南岳高台寺	综合式风格
16	小型	南岳铁佛寺	综合式风格
17	小型	南岳五岳殿	综合式风格
18	小型	南岳湘南寺	综合式风格
19	小型	南岳祝融殿	综合式风格
20	小型	南岳广济寺	综合式风格
21	小型	沅陵白圆寺	少数民族风格
22	小型	沅陵凤凰寺	少数民族风格
23	小型	沅陵龙泉古寺	少数民族风格
24	小型	湘潭昭山寺	综合式风格
25	小型	南岳大善寺	综合式风格
26	小型	永州蓝山塔下寺	综合式风格
27	小型	南岳寿佛殿	综合式风格
28	中型	浏阳宝盖寺	综合式风格
29	中型	宁乡密印寺	综合式风格
30	小型	湘乡云门寺	综合式风格
31	小型	长沙铁炉寺	官式风格
32	大型	长沙洗心禅寺	官式风格

表格来源：作者自绘

湖南现存寺院建筑风格类型实例表　　　　表 8-2

建筑风格	官式建筑风格	少数民族建筑风格	综合性建筑风格
实例			
数量	8	5	19

表格来源：作者自绘

8.1.2 不同宗派寺院的建筑风格

在佛教历史发展过程中,有许多宗派都在湖南境内传播发展并逐渐壮大。毫无疑问,寺院的建筑风格与寺院的修行宗派有莫大的关系,而寺院宗派修行的定位又与驻锡的高僧有关,例如寺院住持或方丈若修行禅宗的话,该寺则可能会形成禅宗寺院的风格❶。此外,寺院的建筑风格也会随着历史发展不断变化,例如原为净土宗风格的寺院若在后世有禅宗高僧管理,则可能逐渐演变为禅宗寺院,并在原有殿堂基础上增设了禅堂和法堂之类的修行空间。对于这种情况,笔者仅能根据该寺院现有主要风格来确定其具体类型。

如 4.1.1 节中所述,在调研的 32 所寺院中,禅宗寺院有17 所之多,占调研总数的 53.12%;禅净双修的寺院有 8 所,占 25%;净土宗寺院有 3 所,占 9.38%;天台宗或其他类型寺院有 4 所,占 12.5%。这一数据结果基本与湖南佛教以禅宗和净土宗寺院为主的观点相吻合,而本节也专门针对这两种寺院的建筑风格进行讨论。

图 8-2 石门夹山寺大雄宝殿
图片来源:作者自摄

在湖南古代寺院中,禅宗寺院的建筑多遵循禅宗"空、无、和"的思想理念,在建筑色彩及材料使用方面一般低调朴素,多采用综合性建筑风格。净土宗寺院也基本遵从汉传寺院的建筑风格,但净土宗以念佛为主要修行方式,专称"阿弥陀佛"以求往生西方极乐世界。净土宗认为西方极乐世界有无数珍贵珠宝,建筑亦是金碧辉煌的,因此净土宗寺院相对而言要华丽一些。禅净双修的寺院则结合了两者的建筑风格,在寺院整体格局上既有禅宗寺院的朴素,在主要殿堂方面又有净土宗寺院的庄严隆重。如石门夹山寺为禅净双修寺院,南岳南台寺则属于禅宗寺院,两者建筑风格都较为朴素,采用的也是综合性的建筑风格（图 8-2、图 8-3）。从表 8-1看出,浏阳宝盖寺为净土宗寺院,建筑风格也为综合式。由此可以看出,佛教不同宗派对建筑风格的影响较小。

图 8-3 南岳南台寺大雄宝殿
图片来源:作者自摄

8.2 建筑装饰艺术

经详细对比分析,湖南古代寺院建筑的装饰艺术特征主要包括以下四方面:(1)在

❶ 施植明,高小倩.异法门的禅宗寺院建筑形式研究:中台禅寺 [A].第三届中华传统建筑文化与古建筑工艺技术学术研讨会暨西安曲江建筑文化传承经典案例推介会论文集 [C].古建园林技术,2010:10.

多元文化的影响下，寺院的装饰具有与其文化相应的特点，如南岳庙建有圣帝殿用以祭祀圣帝，其建筑装饰则具有祭祀建筑特征。少数民族地区寺院的建筑装饰风格则具有少数民族建筑的特征。（2）寺院在儒、佛、道等多元文化的影响下可以集各类建筑于一身，例如沅陵龙兴讲寺集寺院与书院于一体，而大庸普光禅寺旁还建有道观和儒家贞节牌坊。麓山寺则儒释道建筑同处一山，南岳庙中，祭祀建筑与寺院和宫观同处一庙。因此，其装饰特点也与所对应的文化特征相应，装饰上还集多样性于一体。（3）受地域建筑文化的影响，不少寺院的建筑与装饰借鉴了湖南民居朴素明快的风格。（4）除了几所大型寺院如南岳庙、祝圣

图 8-4　长沙麓山寺天王殿台座
图片来源：作者自摄

寺、开福寺外，诸多寺院的整体建筑装饰都较为朴素，这与湖南地区禅寺较多有一定关系。禅宗寺院强调"空、无、和"，其建筑风格和装饰也都顺应了这一理念。相较于整体建筑装饰，佛像台座的装饰则显得金碧辉煌、庄严华丽，这体现出寺院僧众非常崇仰佛祖与众菩萨（图 8-4）。以下就装饰题材与内容、装饰材料与工艺及装饰色彩三方面针对湖南寺院的建筑装饰艺术分别进行讨论。

8.2.1　装饰题材与内容

湖南寺院的建筑装饰受到佛教、道教、儒教及祭祀文化、民俗文化等多元文化的影响，另外少数民族地区的寺院还受到当地民族文化的影响❶。纵观这些宗教文化与地域文化，佛教文化对寺院的建筑装饰影响最大，这也是寺院建筑装饰不同于其他装饰的主要原因。佛教文化对寺院建筑装饰的影响主要体现在建筑装饰题材与内容的选择上，例如使用宗教故事题材和卐字形莲花纹样等。以下将从植物图案、动物图案、几何图案、佛教故事及器物五个方面对湖南寺院装饰题材与内容的选择进行详细论述。

（1）植物图案

表 8-3 列出了湖南古代寺院中常见的六种装饰题材，即莲花、梅兰竹菊四君子、卷草、宝相纹、石榴和松树。这些装饰题材显然在民间传统建筑中经常见到，这反映了寺院在多元文化影响下呈现出与传统建筑装饰题材相融合的特征。

在这六种装饰题材当中，莲花在寺院的建筑装饰过程中出现的频率最高，而寺院建筑中的花纹图案往往具有一些象征意义。随着佛教的传播和净土宗（也称莲宗）的建立与发展，佛教对莲花的崇拜形式日益丰富多彩。在此过程中，佛教把莲花的自然属性与佛教的教义、规则、戒律相类比，逐渐形成了对莲花的完美崇拜。

❶　杜鹃，童泽望.中国古代佛教建筑装饰图案内涵的哲学诠释 [J].华中农业大学学报（社会科学版），2008（6）：108-112.

植物装饰图案统计表　　　　　　　　　　　　　　　表 8-3

题材意义	实例照片	题材意义	实例照片	题材意义	实例照片
莲花		卷草纹		石榴	
梅兰竹菊		宝相纹		松树	

表格来源：作者自绘

佛教素有"花开见佛性"之说，此花即指莲花，也指莲的智慧和境界。在佛教看来，莲花出淤泥而不染的圣洁性象征着佛与菩萨超脱红尘、四大皆空，莲花的花死根不死、来年又发生象征着人灵魂不灭、不断轮回中，而人一旦有了莲的心境就会出现佛性。佛教把莲花看成圣洁之花，以莲喻佛，象征菩萨在生死烦恼中出生，而不为生死烦恼所干扰。由于莲花在佛教中的神圣意义，佛经中将佛教圣花称为"莲花"，将佛国称为"莲界"，将袈裟称为"莲服"，将和尚行法手印称为"莲冀华合掌"，甚至还将佛祖释迦牟尼称为"莲花王子"。

如表 8-4，莲花在佛教中有着举足轻重的象征意义，因此在寺院的建筑装饰中出现的频率也非常之高，例如佛殿的柱础，建筑的天花以及壁画彩绘中都可见到莲花的装饰，而莲花图案的变体也很多，如束莲、缠枝莲、仰覆莲等。

莲花图案运用统计表　　　　　　　　　　　　　　　表 8-4

寺院	部位	实例	寺院	部位	实例
龙兴讲寺	柱础		塔下寺	柱础	
普光禅寺	柱础		南岳庙	看板	
夹山寺	柱础		梅花殿	柱础	

表格来源：作者自绘

此外，形式独特的宝相纹、卷草纹也是植物装饰题材中非常重要的装饰纹样。宝相花原本仅是佛教中一种具有代表性的装饰纹样，后来由于佛教以"宝相庄严"形容佛相，因此被称为宝相花。宝相花的纹样在唐代仅取自莲花，然而它在吸收茶花、牡丹等特色花纹后逐渐形成了一种独特的装饰纹样，成为佛教植物装饰纹样的代表。与此相似的是，卷草纹的装饰纹样受到了大量花卉如牡丹、莲花、团花、石榴、葡萄等的影响（图 8-5、图 8-6）。

在佛教建筑的诸多植物装饰纹样中，梅花的纹样并不常用，然而慈利的梅花殿专以梅花作为寺院装饰主题，其工艺之精湛，图样之华美，令人叹为观止（图 8-7）。

图 8-5　宝相纹 ❶

图 8-6　祝圣寺廊下横梁
卷草纹

图片来源：作者自摄

图 8-7　慈利梅花殿
梅花装饰

图片来源：作者自摄

（2）动物图案

寺院建筑装饰中关于动物的题材主要以孔雀、象、狮子、凤、龙等为主，其中孔雀象征着智慧，象象征着高贵稳重，狮子象征着威武雄壮，凤则是中国传统文化中富贵吉祥的母文化象征。以下将针对佛教建筑装饰中的龙、凤、狮子做详细介绍，见表 8-5。

动物图案运用统计表　　　　　　　　　　　　　　　　表 8-5

题材意义	实例照片	题材意义	实例照片	题材意义	实例照片
龙		狮子		象	
孔雀		鹿		凤	

表格来源：作者自绘

---

❶ 李元 . 唐代佛教植物装饰纹样的艺术特色 [J]. 文物世界，2010（6）: 13-16.

此外，龙的图案也经常出现在佛教建筑装饰中，但此时龙并不是中国传统文化中的祖先或图腾崇拜，而是以佛教护法神的身份出现的。佛经中讲到天龙八部因受到佛的教化皈依佛法，并以护持佛法、保护众生为天职。其中，"龙众"中的"龙"又叫那迦，是一种长身无足、多头剧毒、以眼镜蛇为原型的蛇神，如吴哥窟的前广场中便出现了以九头蛇为原型的雕塑（图8-8）。

图8-8　吴哥窟前广场
九头蛇装饰
图片来源：作者自摄

佛经中有五龙王、七龙王、八龙王等名称，而作为护法神龙在佛像装饰上也有着几种不同的表现方式，龙的形态也随着佛教的深入发展不断变化，由最初的安详宁静变得优雅舒展，苍劲矫健变得富丽尊贵。佛像雕塑作品中出现的龙纹既象征了佛地位的尊贵，也顺应了佛法上天龙八部的护法形象❶。随着佛教艺术的不断演变，佛教意义上的护法龙到了唐代便已成为了天子皇帝的象征，逐渐形成了具有我国本民族特色的龙文化。现存湖南寺院中的龙图案主要体现在如表8-6所示部位。

龙纹图案运用统计表
表8-6

寺院	部位	实例	寺院	部位	实例
龙兴讲寺	门楼		南岳庙	丹陛	
龙兴讲寺	丹陛		南岳庙	圣帝殿额枋	
南岳庙	额枋彩绘		普光禅寺	山门石鼓	
上封寺	山门浮雕		祝圣寺	山门浮雕	

❶　彭燕凝.南北朝与隋唐时期佛教造像中龙纹研究 [J].装饰，2012（5）；104-105.

续表

寺院	部位	实例	寺院	部位	实例
南岳庙	棂星门石雕		普光禅寺	大雄宝殿龙柱	

表格来源：作者自绘

　　凤是指传说中的鸟王（雄为"凤"，雌为"凰"）。在中国传统文化中，凤凰代表着天下太平的景象，也象征着吉祥如意。同时凤凰也是中国皇权的象征，常和龙一起使用。在佛教的建筑装饰中，凤凰的使用与佛教教义并没有太多关系，而主要是因为中国图腾文化和皇权文化的影响。在湖南佛教的建筑装饰中凤凰也很常见，但远不如龙那么多。一般情况下，凤凰主要用于门饰、天花藻井、梁柱及脊首等位置，这些位置与凤凰的地位一样，都属于次要地位。例如龙兴讲寺的观音殿门饰上采用了凤凰图案，栩栩如生，异常精美。现存湖南寺院中的凤凰图案主要体现在如表 8-7 所示部位。

凤凰图案运用统计表　　　　　　　　　　　　　　　　　　　　表 8-7

寺院	部位	实例	寺院	部位	实例
龙兴讲寺	观音殿门饰		南岳庙	大雄宝殿脊首	
塔下寺	传芳塔藻井	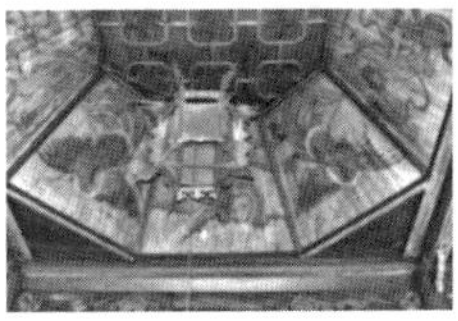	南岳庙	大雄宝殿梁柱	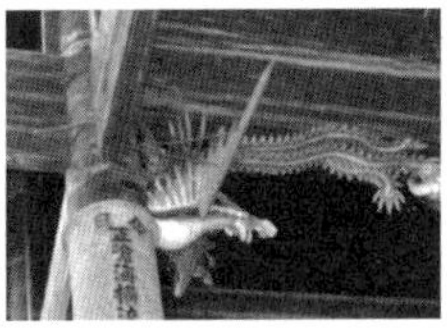

表格来源：作者自绘

　　与龙、凤图案一样，狮子也是湖南寺院的建筑装饰中出现频率很高的动物装饰题材，一般成对出现在门楼或重要殿堂的门前。狮子被誉为"百兽之王"，大约在东汉时期传入中国，随着佛教的广泛传播，狮子逐渐成为民众信仰中的一种图腾，甚至还与龙凤一起成为唯我独尊、威震八方的胜利和王权的象征。因此，古代政府和民众在修建宫殿、陵墓、府第等诸多建筑时总喜欢设置石狮子。在当时，为体现出装饰作用的守护神角色和主人的高贵身份，石狮的设置常有许多规矩。一般建制中，门东侧的狮子脚踩一只绣球，而门西侧的则用脚抚一只幼狮，寓意子孙昌盛（表8-8）。

狮子图案运用统计表   表8-8

寺院	部位	实例	寺院	部位	实例
宝宁寺	山门前		南岳庙	棂星门前	
藏经殿	殿前		普光禅寺	大雄宝殿前	
南台寺	山门前		普光禅寺	门饰	

表格来源：作者自绘

寺院中的狮子与佛教教义有一定关系，其中大乘佛教多崇拜狮子，而文殊菩萨更是以狮子为坐骑。当然，狮子在寺院中经常出现在一定程度上也受到了儒家思想和风水观念的影响，因此现今寺院在使用石狮时主要有以下几点考虑：其一，避邪纳吉。古人认为石狮可以驱魔避邪，而人们亦将这种灵兽称作"避邪"，故在早期常用来镇守陵墓，后来寺院也以狮子作护法之用。其二，彰显寺院地位。经过调研发现，石狮主要出现在重要的寺院中，而一般寺院是不设石狮的。其三，狮子威风凛凛，神奇异常，常被作为一种艺术装饰品❶。现存湖南寺院中的狮子图案主要体现在如表8-8所示部位。

❶ 王吉.苏州地区佛教建筑空间和装饰研究[D].苏州：苏州大学，2009.

（3）几何图案

湖南寺院建筑装饰中的几何图案主要出现在门窗的窗棂和看板上。经详细观察和统计后，笔者发现所调研的寺院主要采用几何纹、福字纹、正字纹、回字纹、花形纹、吉祥纹这六种几何图案。表8-9则统计了笔者调研的寺院中常见的几何纹饰。

几何纹饰运用统计表 表8-9

类型	实例	类型	实例	类型	实例
几何纹		回字纹		吉祥纹	
福字纹		正字纹	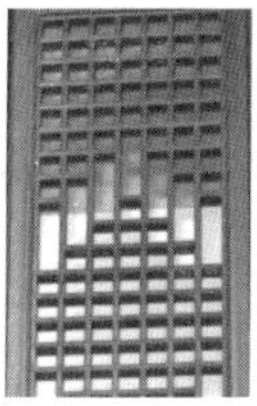	花形纹	

表格来源：作者自绘

（4）佛教故事或民间故事

寺院作为佛教教理和教义的传播载体，其建筑装饰中有不少装饰题材来自于佛教故事或民间故事。这些佛教故事或民间故事主要包括三类：第一类为西天取经题材，表现形式为唐僧师徒的取经场景。第二类为佛教经典中的场景，如释迦牟尼佛得道弘法、观世音菩萨救苦救难、目犍连救母、轮回之苦等场景。第三类为民间故事中的弘文开馆、剪须和药等场景，多为表达儒家的仁义礼智信等思想。表8-10统计了湖南寺院中的佛教或民间故事题材。

佛教故事运用统计表 表8-10

主题	寺院	实例	主题	寺院	实例
回头是岸	开福寺		西游记 孙悟空	龙兴讲寺	

主题	寺院	实例	主题	寺院	实例
唐僧师徒四人西天取经	普光禅寺		释迦牟尼佛开示	乾州观音阁	
目犍连救母	石霜寺		弘文开馆、剪须和药	南岳庙	

表格来源：作者自绘

8.2.2 装饰材料与工艺

湖南寺院的建筑常结合当地建筑材料与工艺特点采用木雕、石雕、砖雕和泥塑等工艺对建筑进行装饰，其中使用最多的工艺是木雕、石雕、砖雕。

（1）木雕

木雕工艺在寺院的建筑装饰中使用极为普遍，几乎可装饰的部位都有木雕的存在，其中主要体现在建筑的结构构件如额枋、斗栱、雀替、梁架、檐檩等部位，另外天花、藻井、门窗、栏杆等部位也有木雕装饰，而最为讲究的当属额枋和雀替。南岳庙集佛教、道教、祭祀等多种文化于一体，在木雕工艺的使用上已经达到登峰造极的状态，故以下将结合南岳庙内多处木雕工艺进行叙述。

南岳庙中的额枋作为承托斗栱的构件，便有足够的空间使用木雕工艺。由于南岳庙中轴线上的建筑主要为皇家祭祀之用，体现在额枋上的装饰因此极尽华丽，以彰显其等级尊贵的地位。又因为南岳庙受儒家思想与宋明理学的影响深重，在题材选择上常以名人、文学故事、戏曲唱本为主。例如，第八进圣公圣母殿的额枋便雕刻着"君臣鱼水"、"露台惜费"、"弘文开馆"、"委任贤相"等历史典故，人物或立、或坐、或跪，场面较为宏大，额枋采用朱红底漆，并饰之以金箔，以显富贵华丽。值得一提的是，通过额枋上斗栱雕工的难度还可判断建筑的等级，例如主体建筑第七进圣帝殿内斗栱中的昂嘴被雕成梅花形，并在表面以金箔装饰，层层交错似繁星点点一般，繁密且纤巧，极具美感（图8-9）。

图8-9 圣帝殿九踩如意斗栱

图片来源：作者自摄

木雕的选材十分讲究，多以银杏、香梓、檀、楠等木材为原料，再用整块木头雕刻而成。一般情况下，寺院建筑中的木雕工艺都是比较精细的，其中最为突出的便是南岳庙第七进圣帝殿外额枋下采用的雀替，这些雀替使用镂空雕刻装饰出"大禹治水"、"姜子牙占卜"、"渔人"等神话故事，玲珑精美的透空花格类似于花牙子雀替装饰。作为置于梁柱间的支撑物，这些雀替像是一对翅膀在笔直的柱子上端舒展，既缓解了柱子给人的单调空旷之感，又填充了屋檐下的建筑空白，使整个建筑物充满了无限张力。

　　南岳庙长于雕工，木雕工艺根据建筑物部件的不同以深浅浮雕、镂空雕、透雕、线刻为主，局部还可见到立体圆雕。不同雕刻工艺的运用会因在建筑中所处的主次位置及视线位置而具明显差异。例如，玉皇殿的梁枋部位在扇形木雕装饰方面采用深雕技法，其技艺之精湛让人惊叹。采用深雕技法的原因有两点，其一是建筑部件的位置处于人视线的顶端，其二是需要描述生动复杂的图案（图 8-10）。另外，立体圆雕一般适宜运用于小件陈列品，而极少使用在古建筑中，但在圣帝殿内却见此类经典之作。这主要因为在视线内处于梁架范围的装饰一般不太引人瞩目，因此将木雕做成花篮式的柁墩在视觉上便形成了强烈装饰感，表面饰以彩漆，精巧别致。金柱顶部孔雀撑拱与梁上花瓶式变形柁墩在装饰上形成对称感，极具装饰艺术价值。圆雕孔雀展翅翘尾，昂首鸣叫，非常传神。花瓶式柁墩则彩漆精绘，五彩斑斓（图 8-11）。由此可见南岳庙的木雕装饰艺术回应着人的感受，具有高超的技艺。

图 8-10　玉皇殿下扇形梁枋板木雕

图片来源：作者自摄

图 8-11　南岳庙圣帝殿内花篮式柁墩

图片来源：作者自摄

　　此外，木雕图案的内容对雕刻工艺的选择有一定影响，而同一图案在不同位置的装饰手法也会有所不同。例如，南岳庙中的龙形图案会根据不同位置而采用不同的雕工。圣帝殿上下檐施九踩如意斗拱，重檐上的额枋木雕纹饰图案以有龙凤等华丽图案为主，采用立体浮雕的工艺显示出磅礴大气的等级地位。而檐下梁枋板也绘有龙形图案，但多运用线刻，线条简洁明快，表达出木雕装饰上的层次感。

　　（2）石雕

　　石雕的雕刻工艺多种多样，大体可分为浮雕、圆雕、沉雕、影雕、镂雕、透雕，其中浮雕多用于建筑物的墙壁及寺院的龙柱、抱鼓等装饰。湖南寺院主体结构的材料一般以木材为主，由于石材的坚固性能较好且能防潮，因此多被用于柱础、台阶、门槛等处，这些地方通常也运用了石雕工艺特别是浮雕工艺加以装饰。在有些寺院，甚至直接运用石雕工艺整体雕出狮子或其他动物。例如，南台寺门前的狮子毛发栩栩如生，威风凛凛。上封寺山门上的龙形石雕采用浅浮雕、高浮雕、线刻等工艺，工艺精湛（图8-12）。

（3）砖雕

砖雕为模仿石雕而成，但其细腻度和色泽有所差别，一般较少采用，主要用在墙面装饰或山墙、门楣、窗棂等不重要的部位。例如龙兴讲寺弥勒殿原供弥勒佛和韦陀菩萨，前檐砌成三间牌坊式门楼，中开拱门，上额为"敕建龙兴讲寺"竖匾，旁嵌圆形龙纹砖雕。采用蓝色，图案为龙形与彩云镶嵌，颇具少数民族特色（图8-13）。

图8-12　上封寺龙形石雕

图片来源：作者自摄

图8-13　沅陵龙兴讲寺墙面砖雕

图片来源：作者自摄

8.2.3　装饰色彩

湖南寺院受佛教、儒教、道教、祭祀及民俗文化等多元文化影响很大，寺院建筑的装饰色彩也各有不同。在经过对比分析后，笔者认为寺院建筑装饰色彩的运用主要与以下3点有关：

其一，佛教教义的影响。湖南寺院以修行禅宗和净土宗为主，净土宗对西方极乐世界的描述是极尽华美庄严的，因此在装饰色彩的运用上主要以黄、红色为主。禅宗教理主张不立文字，这使得寺院对装饰色彩的使用不再是外在的奢华迷离，而是发自内在的明心见性，因此对色彩的运用并无一定之规。譬如《金刚经》有云："凡所有相，皆是虚妄，若见诸相非相，即见如来。"色彩艳丽也好，朴素也罢，都是外在的，"法无定法"，因此对色彩的使用也较为自由。

其二，如前所述，儒家礼制思想对寺院有一定影响，同时也涉及建筑装饰色彩方面。在寺院中，黄色等皇家建筑专用的建筑色彩被广泛地使用，以体现寺院的庄严肃穆，同时还有助于凸显其重要性。在封建社会中，色彩是具有阶级性的。经详细调研后统计出寺院建筑构件的色彩使用情况，见表 8-11。

湖南寺院装饰色彩统计表

表 8-11

建筑构件	颜料	色彩属性
大门	朱砂	红
窗框	墨	黑
柱	朱砂、朱红	红
屋顶	土黄、鎏金	黄
额枋	石青、石绿、雌黄、朱红	蓝、绿、黄、红
墙身	白土、朱红、土黄	白、红、黄

表格来源：作者自绘

其三，根据地理位置的不同，其寺院的装饰色彩也会有所区别，如山林寺院的装饰色彩较为朴素，城市寺院则较为艳丽。除了与所处环境相协调的因素之外，也可运用色彩营造不同地段的建筑风格。

8.3　本章小结

本章在详细调研的基础上，结合 60 余幅第一手的图片，11 个统计分析表，对湖南古代寺院主要建筑风格及建筑装饰艺术做了较深入的分析。湖南古代寺院建筑的装饰艺术特征主要包括以下 4 方面：（1）在多元文化的影响下，寺院的装饰具有与其文化相应的特点。（2）在儒、佛、道等多元文化的影响下，寺院集合了各类建筑。由此，装饰特点也与所对应的文化特征相应，呈现出多元化的特征。（3）受地域建筑文化的影响，不少寺院的建筑与装饰借鉴了湖南民居朴素明快的风格。（4）除了几所大型寺院，诸多寺院的整体建筑装饰都较为朴素。佛教不同宗派对建筑风格的影响较小，但对建筑装饰题材与内容的选择上有一定程度的影响，主要表现在植物图案、动物图案、几何图案、佛教故事及器物等五个方面。装饰的材料和工艺上，主要体现为结合当地建筑材料与工艺的特点，采用木雕、石雕、砖雕和泥塑等工艺对建筑进行装饰。建筑装饰色彩的运用主要与佛教教义和儒家礼制思想及地理位置的不同有关。

第9章　湖南古代寺院建筑实例分析

9.1　湘南地区寺院

9.1.1　南岳庙

（1）历史沿革

我国自殷周以来便有对五岳的祭祀，五岳即指东岳泰山、西岳华山、南岳衡山、北岳恒山及中岳嵩山。从汉代开始,针对五岳的祭祀便开始形成制度,据《汉书·郊祀志下》称,汉宣帝神爵元年（公元前61年）,自是五岳、四渎皆有常礼。而五岳在人们心目中真正形成观念却在汉武帝前后,那时人们认为五岳具备通天地、兴风雨、主万物生长的能力,从此庙祀五岳的制度历代沿袭,形成祀典。

衡山为五岳之一,《史记·封禅书》记载:"汉武帝元封五年（公元前106年）登礼潜之天柱山,号曰南岳。"显然,当时的南岳并非今日湖南衡山,而是安徽霍山。事实上,安徽霍山在唐朝以前一直被列入五岳之一,直至唐朝以后南岳才由安徽霍山改回湖南衡山。另有《癸辛杂识》记载:"衡岳之庙,四门皆有会郎神,唯北门主兵。朝廷每有兵事,则前期差官致祭。"沈作哲亦在《寓简》中提到:"衡山南岳庙,国家每大出兵,则遣使祭告。"旧时全国各地均建有南岳庙,其中以湖南衡山南岳庙最为著名。

南岳庙是中国南方及五岳之中规模最大、保存最完整的古建筑群,坐落在衡阳市南岳镇北,赤帝峰下。据《南岳志》记载,南岳庙是一组集皇家祠庙、寺院、道教宫观于一体的建筑群,始建于唐开元十三年（公元725年）,历经宋、元、明、清六次大火和十六次重修扩建,现存建筑为清代重建时的格局（图9-1、图9-2）。

图 9-1　衡州府志图之南岳 ❶

---

❶　图9-1取自:刘昕,刘志盛.湖南方志图汇编.长沙:湖南美术出版社,2009.

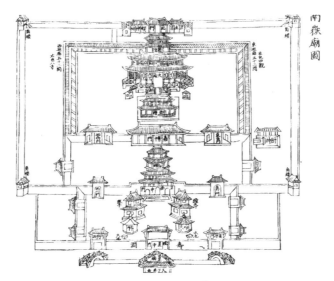

图 9-2　南岳庙图 ❶

（2）多元文化基础

南岳庙是集佛教、道教、儒家、祭祀等多元文化于一体的古建筑群，深受各种宗教文化、儒家思想以及祭祀文化的影响。

在儒家礼制思想的影响下，南岳庙正殿坐落于工字形麻石台基上，工字前沿出月台，采用副阶周匝平面形式布局。若以上南下北方位，台基又似"土"字，按照五行观念，土居中央最为尊贵。此外，《礼记·礼器篇》记载："有以高为贵者，天子之堂九尺，诸侯七尺，大夫五尺，士三尺……"经测量，南岳庙的正殿台基（堂）高 2.56m，合清营造尺正好八尺，高度在天子与诸侯之堂间。经查证，南岳庙正殿高于北京故宫太和殿、山东孔庙大成殿和其他四岳中所有正殿，另外南岳庙正殿的建筑面积大于孔庙大成殿和其他四岳的所有正殿，仅次于故宫太和殿，可见南岳庙主殿的地位之高。殿内外共有七十二根大石柱，象征南岳的七十二峰，柱的收分、侧脚都比较明显。

在祭祀文化的影响下，南岳庙成为南岳乃至江南地区规模最大、祭祀文化影响最广的庙宇。其中，主殿圣帝殿是整个建筑群中的最主要建筑，等级、形制也都是最高级的。

（3）整体空间形态

南岳庙占地面积 98500 平方米，建筑规模恢宏，红墙黄瓦，金碧辉煌。大庙南入口处有"天下南岳"石坊，传为宋真宗字迹。南岳庙的主体建筑包括棂星门、奎星阁、正南门、御碑亭、嘉应门、御书楼、正殿、寝宫以及北后门九进四重院落。因主体古建筑群仿北京故宫而建，故有"江南小故宫"的美称。其中，中轴线上的建筑采用皇家建筑

❶　图 9-2 取自：刘昕，刘志盛. 湖南方志图汇编. 长沙：湖南美术出版社，2009.

风格，中轴线东侧设八个道观，西侧设八个寺院。八寺八观为民间庙宇建筑风格，众星拱月，围绕着中心皇家祭祀的大庙，这种建筑格局为国内乃至世界独一无二。

1）主次分明

南岳庙在整体布局上由祭祀、寺院、道观、庭院、广场五部分组成。其中，中轴线上的建筑为祭祀圣帝的部分，然而须经正门、奎星阁、正川门、御碑亭、嘉应门、御书楼等六进才能到达主体建筑圣帝殿，圣帝殿后是圣公圣母殿，最后才是庭院部分。祭祀部分前边是广场，用于举行祭祀仪式或人流的汇集，中轴线西侧是寺院部分，东侧是道观部分，因此南岳庙的整体空间格局是多元文化在同一建筑群中的体现。同时，南岳庙的功能体现出以祭祀文化为主宗教文化为辅的建筑空间形态（图9-3）。

2）节奏相续

在空间序列上，南岳庙遵循起始空间-过渡空间-高潮空间-结尾空间的空间序列，部分起始空间甚至从前面的广场部分便开始了，基本上符合"起、承、转、合"的空间序列。在规模大、占地广、功能多的南岳庙中，这种空间序列非常清晰，将空间的节

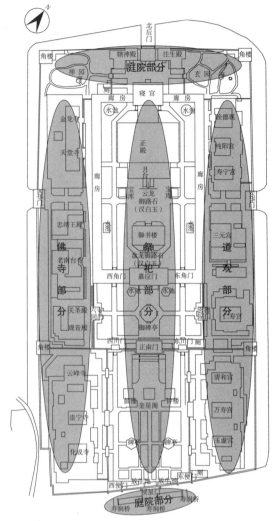

图9-3　南岳庙整体空间格局
图片来源：作者自绘

奏感脉脉相续，引导信众们到达他们想去的空间场所中。两侧的宗教建筑可通过东川门、西川门等进入，形成了一种折转空间，空间的节奏感也极为流畅（图9-4、图9-5）。

（4）建筑形制

1）遵循礼制

南岳庙中轴线上第一进建筑是正门，也叫棂星门，由花岗石砌成。棂星门的建筑结构原为木构，至民国时期改修为砖石结构，采用牌楼门式样，三开间，中间开正门（图9-6）。第二进为奎星阁，其上为戏台，阁东有钟亭，阁西有鼓亭，现有建筑为清光绪八年（公元1882年）重建，采用三开间重檐歇山顶，面阔14米，进深12米（图9-7）。下层台基有通道，建筑形式为十字交叉拱。第三进为城门式的三大券门，称正川门，为城楼式建筑。城台上为五间重檐门楼，围以石栏，毁于抗日战争时期，未再修复。第四

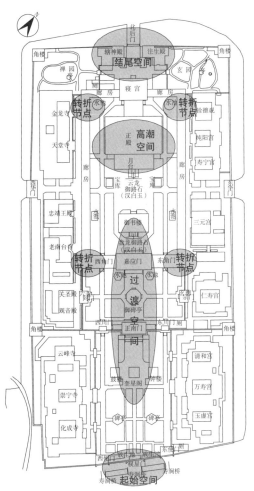

图 9-4　南岳庙空间序列

图片来源：作者自绘

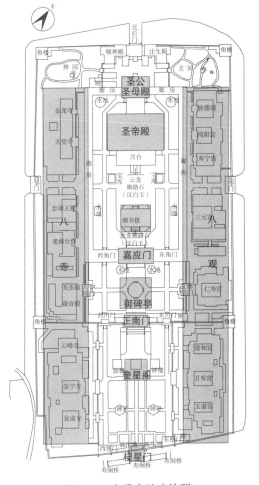

图 9-5　南岳庙总建筑群

图片来源：作者自绘

图 9-6　南岳庙棂星门

图片来源：作者自摄

图 9-7　南岳庙奎星阁

图片来源：作者自摄

进为御碑亭，平面形式为八角形，带回廊，重檐，内砌方形平面，下层八角，上层歇山顶，屋顶形制十分罕见。亭内有清圣祖康熙四十七年（公元 1708 年）为重修南岳庙而立的一块巨大石碑，碑文系康熙亲笔。第五进为嘉应门，属明代建筑，面阔七间，采用穿斗式构架，单檐硬山顶，高18米。第六进为御书楼，采用重檐歇山顶，楼中保存了宋代和明代的建筑构件，另外还有数代清帝题写的匾额、碑文和历代名家的题刻。第七进则为正殿圣帝殿，该殿前辟有一块大坪，设有宽阔月台，而殿堂立于17级石阶之上，其中在正中石阶上嵌有游龙浮雕，为清光绪五年（公元1879年）重建，丹墀御路为皇家建筑专有。正殿高7.2丈，采用穿斗式构架，为典型重檐歇山顶建筑，正殿内外共筑有72根大石柱，意指南岳的72峰。正殿面阔七间，带回廊，前设月台、御道，围以白色浮雕石栏，上下檐施如意斗栱，门窗隔扇、雀替雕工精美。殿堂屋顶以橙黄色琉璃瓦覆盖，同时饰有大小蟠龙、宝剑以及八仙之中的人物，屋顶飞檐四角均设置铜铃，另外在檐下窗棂、壁板上都刻有诸多花木鸟兽及人物故事，在后墙上则绘制大幅云龙、丹凤。殿堂台阶的四周则以麻石栏杆围绕，栏杆内嵌有144块汉白玉浮雕，另外在柱头上还刻有大象、狮子、麒麟和骏马。正殿之前设有岳神牌位，历朝统治者对岳神均赐有封号，如唐初封为"司天霍王"，开元间又封为"南岳真君"，宋代加封为"司天昭圣帝"等，现存的"南岳圣帝"牌是1983年复制的。第八进为寝宫，相传是南岳圣帝父母的寝宫，现为清同治四年（公元1865年）重建，面阔三间带回廊，采用重檐歇山黄色琉璃瓦顶。下檐是五踩斗栱，上檐七踩斗栱。斗栱施彩画，装饰华丽。第九进是北门，采用单檐硬山顶，东有注生宫，西为辖神祠，属于附属建筑，相对比较简朴。

总体上来讲，南岳庙的建筑基本遵循礼制建筑的特点，并用高度、规模、开间等界定了建筑的等级。

2）样式多元

作为主体建筑的圣帝殿和圣公圣母殿，其建筑样式明显较其他建筑更为隆重。正川门至嘉应门之间的第二重院落与东西两路相通，经"立德尊门"通往东边，则见道教八观包括万寿宫、玉皇殿、清和宫、寿宁宫、新三元宫、老三元宫、新铨德观、老铨德观，向西通过"六寺同门"则见新崇寺、玄帝寺、天峰寺、观音阁、关帝殿、双峰寺、寿寺院、老南台寺、忠靖王殿、天堂寺、龙塘寺、金宝寺等建筑，这反映了南岳庙儒释道共处一庙的文化特色。此外，这些寺观建筑样式比较简朴，多采用砖木青瓦的民间样式（图9-8、图9-9）。

图9-8　南岳庙圣帝殿

图片来源：作者自摄

图9-9　南岳庙药师殿

图片来源：作者自摄

（5）装饰艺术

1）皇家装饰

南岳庙是皇家祭祀南岳圣帝的场所，因此附属其上的建筑装饰也多体现出皇家寺庙装饰的特征与等级。正殿圣帝殿是南岳庙中最重要的建筑，殿内有不少祭祀圣帝的木雕装饰，其中以八百蛟龙为最大特色的龙形图案是最主要的装饰表达形式。在大殿内，无论梁柱、屋檐，还是柱基、神座、门框、斗栱，神态各异的蛟龙都随处可见，甚至槅扇、窗户、梁枋及藻井都是龙形图案的装饰重点。这些龙形图案的构成时而朴实时而繁缛，凸显出建筑的特色与韵味，营造一种气势磅礴、富丽堂皇的氛围。殿内圣帝像也雕刻得非常细密，遍贴金箔，富丽堂皇。此外，中轴线上的其他建筑如圣公圣母殿、嘉应门等的木雕装饰也不同程度地体现出皇家寺院的特征，然而由于建筑规模和等级的不同，木雕装饰所处的位置也有差异。大型建筑如圣帝殿和圣公圣母殿的典型木雕装饰多半体现在斗栱、雀替与额枋等引人注目的部分，

图 9-10　圣帝殿花牙子镂空雀替
图片来源：作者自摄

而在嘉应门、御书楼、奎星阁等小规模建筑中，有代表性的木雕装饰多半体现在梁枋板、隔扇门窗等细节部位（图 9-10）。

此外，斗栱的繁杂程度也是区别建筑等级的标志，南岳庙内的建筑等级不一，因此各斗栱的形式也不尽相同。南岳庙中轴线上大型建筑的斗栱都极其华丽繁杂，而等级较低的建筑如奎星阁、御书楼及旁边寺观等的斗栱做法相对较为朴实简单，形式上也都别致多样。例如圣帝殿为九踩如意斗栱，圣公圣母殿为七踩三翘仿明斗栱，嘉应门为元代的七踩双昂单翘溜金斗栱，御书楼为井式异形斗栱，东西角门后为七踩三翘溜金斗栱。斗栱卷杀大多做成海棠如意纹，栱眼内多刻以卷草纹样，极具地方特色。因南岳庙远离京城，朝廷钦定的营造法则便可以变通，当时民间传统工艺、地方手法也得以发挥。因此，南岳庙内各式斗栱与宋《营造法式》相去甚远，与清《营造则例》也不尽相同。例如第七进圣帝殿的斗栱便是传统斗栱的变异形制，传统建筑斗栱以榫卯结构交错叠加而成，有承挑外部尾檐荷载的作用，而这种斗栱的装饰作用大于力学性能，它呈网状结构，昂嘴雕刻成梅花形，并以金箔饰面，层层交错犹如繁星点点，繁密而纤巧，极富美感（参见图 8-9）。

2）三教共存

南岳庙集儒、佛、道三教文化于一体，既有道教的宫观，也有佛教的寺院，管理大庙的官员均由朝廷任命，其中朱熹等一百多位儒生均担任过监管南岳庙之职。相对于中

图 9-11　南岳庙门饰

图片来源：作者自摄

轴线上富丽堂皇的皇家宗教寺庙，大庙两侧的宗教建筑都较为朴素，大多采用砖木青瓦的民间装饰风格，其所用的木雕装饰亦十分雅致朴素。例如，圣帝殿的隔扇门上局部设置独立浮雕作品，其中人物栩栩如生，表情丰富。从木雕装饰的处理方法可以看出，殿堂的门窗隔扇雕刻极为精美，其中上部花心是弧形棂条与直线构成的花格，棂条还以雕工缀饰，金色的缀饰与棕色的棂条产生鲜明对比，充分体现出皇家宗庙的等级地位。然而两侧寺院与道观则使用明代手法来装饰门，裙板、绦环板、框架、格心的线条装饰不饰雕工，仅以线刻、窝角等简单低调的工艺制作。此外，裙板与绦环板有时也会使用透雕方式，但大多采用全素形式，突出了寺院与道观建筑自然朴素的装饰风格（图 9-11）。

此外，笔者还发现南岳庙中道观建筑在木雕装饰方面相对寺院建筑而言略显华丽，究其原因主要有以下两点：其一，较之佛教，道教建筑在南岳地区发展的时间更为久远。虽历经多次损毁，修复后的建筑在根本上大体依照原有风格，因此其木雕装饰略显成熟丰富。其二，两种宗教主张大不相同，其中佛教建筑以庄严、清静、干净、朴素的装饰特点为主，而道教建筑装饰崇尚自然。例如寺院中老南台寺檐下的额枋与梁板毫无装饰，仅在雀替部分局部透雕，但雀替尺度较小，并不引人注目。相对寺院的低调朴素，道观中玉皇殿的额枋与雀替合一，采用镂空雕，中间镶嵌自然花卷纹饰，较为雅致。而铨德观的门楼部分也采用了透雕，纹样以花草等自然图案为主，并使用了暗红、金色等较为华丽的颜色。

3）民俗题材

在当地寿福文化的影响下，南岳庙也呈现出有关寿文化的木雕装饰，如奎星阁戏台上饰有八洞神仙图，保存完好，雕花屏风上也有"福禄寿"三幅画像。其寿星身材矮短，高额长脸，须眉银白，左手握龙头拐杖，右手托一蟠桃，红光满面，相传人见寿星则"天下理安"。

总之，南岳庙的装饰艺术是在圣帝（祝融火神）崇拜的基础上产生的，以圣帝殿为代表的中轴线上建筑中出现不少表现祭祀圣帝的木雕装饰，体现了皇家祭祀宗庙的特点。同时，南岳庙又受到佛道儒三家思想及宋明理学的影响，装饰题材体现了多种思想合流的特点，雕饰的图案与手法共同刻画了佛教和道教所蕴含的教义。此外，一些建筑的木雕装饰还体现了当地福寿文化的特点。南岳庙的木雕装饰艺术充分利用了当地材料、工艺、技术的特长，综合体现了南岳祭祀及宗教建筑装饰艺术之美，是我国宗教建筑当中的一颗熠熠生辉的明珠。

9.1.2　南岳南台寺

（1）历史沿革

南台寺始建于南朝萧梁武帝天监年间（公元 502 年），是南岳地区最早的寺院，现存建筑为清光绪二十八年（公元 1902 年）重建。南台寺原为海印和尚修行的处所，在寺后左侧的南山岩壁上有一如台的大石，据说当年海印和尚常在此石上坐禅念经，故命寺为"南台"，现在石边还清晰可见"南台寺"三个二尺见方的字，左边有"梁天监年建"，右边有"沙门海印"两行直刻小字。南台寺是六朝古刹，历史悠久，更重要的是该寺在唐末五代时出了一位著名高僧，即石头希迁禅师。石头希迁，人称石头和尚，是禅宗南宗两大系中的青原系重要人物，唐贞元六年（公元 790 年）希迁圆寂，卒谥"无际大师"，塔曰"无相"。随后其弟子道司、憔俨等 21 人宣教弘法，创立了曹洞宗、云门宗、法眼宗三派，其中曹洞宗最为昌盛，形成了南宗禅，成为中国佛教史上规模最大、影响最深远的主流，法嗣遍布天下。南宋时期，临济、曹洞二宗还传至日本。清光绪年间，僧人谈云率徒捐款重建寺院，竣工后日本佛教曹洞宗法脉、石头和尚第四十二代法孙高僧水野晓梅于公元 1907 年率日本佛教礼祖代表团来南台寺，带来《铁眼和尚仿明本藏经》全部 5700 余卷，贝叶佛像 32 张，赠予该寺。当时的赠经法会被誉为天下盛事，从此南台寺成为中日文化友好往来的交流之地。

（2）禅宗文化

梁天监年间（公元 502 年），时近九十高龄的海印曾与三祖慧思论道，二人"忻然合契"，于是打破昔日道家一统南岳衡山的局面，开创了南岳佛教新天地，法脉昌隆，因而使莲宗、律宗、禅宗相继进入南岳。特别是禅宗进入南岳后，南禅创始人六祖慧能及弟子怀让、行思、法嗣希迁均以南岳为活动中心。他们广为弘法，从南至北，传承遍布海内域外，远及日本、朝鲜，并形式禅宗最著名的南岳、青原两大法系：希迁传法于惟俨，惟俨传云岩昙晟，再传洞山良价，三传曹山本寂，进而形成了著名的曹洞宗。另一法脉至道悟，传龙潭崇信，再传德山宣鉴，三传雪峰义存，雪峰门下又分为两支：一为云门文偃开创云门宗，一为玄沙师备传罗汉桂琛，桂琛传清凉文益开法眼宗。最终禅宗南宗由南岳、青原两系繁衍为沩仰、临济、曹洞、云门、法眼五宗及黄龙、杨歧两派，这便是南禅的"五家七宗"。因这五家皆系六祖慧能南宗一脉，故佛教史上称之为"一花五叶"，而"五叶"都出自南岳，法脉繁衍海内域外，佛徒布满天下，故世上又有"五叶流芳"之誉。自唐末、五代至宋以来，这"五叶"法徒之多使时人赞为"临济临天下，曹洞曹半天"，故此怀让曾主持的福严寺门额题款为"天下法院"，石头曾驻锡的南台寺额有"天下法源"。南台寺是曹洞祖庭，云门、法眼之源，三宗教演，佛嗣繁衍，龙象万千。南台古寺自淡云、妙见师徒中兴之后，梵音高唱，香火鼎盛，佛事兴旺，日本、朝鲜及东南亚等国佛教徒频频来此礼祖，以表尊崇，且日本佛教界曹洞宗一直视南台寺为其祖庭。

（3）整体空间形态

1）轴线折转

南台寺位于南岳衡山半山腰中，瑞应峰下。该寺建于台地上，背山临崖。因受地形限制，进山门后须先横向行走，至正殿前再转向纵深方向。该寺主体建筑沿中轴线逐渐升高，两侧建筑则按地形高低逐一上收，在平面布局上很好地处理了建筑与环境的关系，是山地寺院依山就势的范例。同时，寺院在整体空间形态上也很好地对应了佛教"佛"、"法"、"僧"三宝的位置（图9-12、图9-13）。

2）塔寺结合

现今南台寺规模之宏大超过了历代所建的规模。从整体空间布局来看，南台寺可分为四部分：一进山门挂有"古南台寺"匾额；二进为弥陀殿，内设欢喜佛像，袒腹露胸，

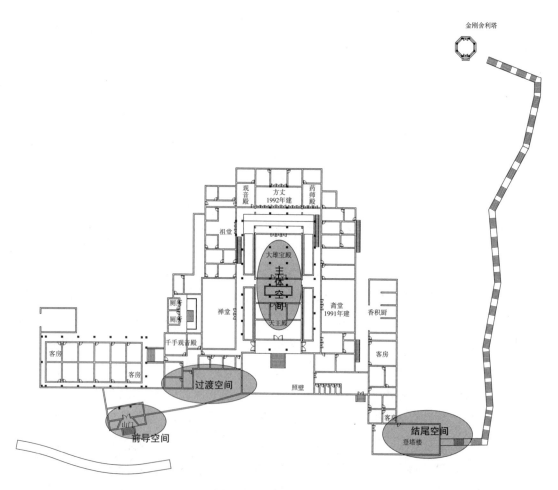

图9-12　南台寺整体空间形态分析图

图片来源：作者自绘

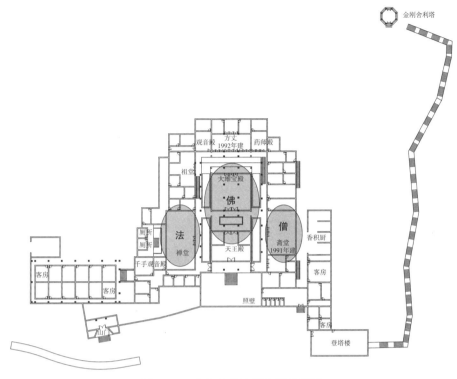

图 9-13　南台寺佛法僧空间分析图

图片来源：作者自绘

满脸笑容；三进为佛殿，设有塑像饰龛；四进为法堂、祖堂、云水堂。另外两厢各有斋堂、禅堂、客房等，大小舍房合计一百余间。近年来，南台寺兴建一座高达 49 米的"金刚舍利宝塔"，以作供奉佛陀舍利及珍藏贝叶佛像之所。该塔虽为新修建筑，但塔即是"佛"，也说明了南台寺是佛教禅宗历史上非常重要的寺院（图 9-14、图 9-15）。

图 9-14　从山上鸟瞰南台寺屋顶

图片来源：作者自摄

图 9-15　南台寺金刚舍利塔

图片来源：作者自摄

（4）建筑形制及装饰

南台寺主体建筑包括四部分，即嵌挂"古南台寺"匾额的山门、弥陀殿、奉有塑像饰龛的佛殿及法堂、祖堂、云水堂。另外两厢各有斋堂、禅堂、客房等，大小舍房合计一百余间。山门面阔三间，为硬山式小青瓦屋面。主体部分采用中轴对称式布局，其中大雄宝殿居中间，面阔三间，方形平面，为硬山小青瓦屋面，檐下无斗栱，用卷棚装饰，朴素庄重。大雄宝殿前有关帝殿，后有方丈室，左侧为斋堂，右侧为法堂，与禅堂等建筑组成院落。周围建筑均为硬山式屋顶，青瓦屋面，装饰较为朴素（图9-16、图9-17）。

图9-16　南台寺外山门

图片来源：作者自摄

图9-17　南台寺内山门

图片来源：作者自摄

9.1.3　南岳祝圣寺

（1）历史沿革

祝圣寺位于南岳大庙东南侧，是南岳五大佛教丛林之一。该寺为唐代高僧承远所创，初名弥陀寺。五代十国时，马殷据湖南而称楚王。适逢掌诰夫人杨子莹施钱，在弥陀寺旧基上重建寺院，而后马殷名"报国寺"。至宋朝，赵氏朝廷笃信佛教，法远兴启。太平兴国年间（公元968-976年），太宗赵光义更寺名为"胜业寺"。宣和元年（公元1119年），宋徽宗崇信道教，并诏天下建"神霄宫"，胜业寺又被改为神霄宫，设官提举，后复为寺。在元朝的一百六十余年间，胜业寺经多次维修，并在周围培植树木。至明代，胜业寺亦经多次修缮，其中崇祯八年（公元1635年），住持佛顶法师对寺宇、佛像展开了大规模修缮。清初，祝圣寺经修缮、重建后成为盛极一时的大寺院。康熙五十一年三月（公元1713年），正值康熙帝六旬大寿，湖南、湖北诸宪台齐聚南岳建"万寿国醮"，而后湖广总督额伦特、湖南巡抚王之枢奏改行宫为祝圣寺。雍正五年（公元1727年），湖南巡抚王国栋承雍正帝朱批将行宫改回祝圣寺，祝圣寺名从此始。

（2）文化背景

祝圣寺始建于唐代，为净土宗著名道场。唐天宝初年（公元742年），净土宗高僧承远在南岳西南岩石下苦修，唐代宗国师法照赐其居所为"般舟道场"，后又赐名弥陀寺。

五代时楚王名其"报国寺"。清康熙四十四年（公元 1705 年），湖南巡抚赵申乔听说康熙帝将来南方巡视，便大兴土木将其扩建为行宫，然康熙终究没来，行宫关闭了近十年。康熙五十一年三月十八日（公元 1713 年）为康熙帝六旬晋一大寿，湖广总督额伦特、湖南巡抚王之枢奏改行宫为"祝圣寺"并请颁《龙藏》获准，随后 1669 部、7838 卷的《龙藏》运抵南岳。雍正五年（公元 1727 年），湖南巡抚王国栋又一次将行宫改祝圣寺的情况向上汇报，雍正帝知悉并允肯"祝圣寺"一名。随后，将迁出的胜业寺归并一起，并于寺内建行台，为诏使停骖之所，晓堂和尚受命住持并承宣御藏。雍正以后，祝圣寺的住持先后有淡远、前参、佛格，将寺院修缮得更加雄伟壮观，前来烧香拜佛的人络绎不绝。时人总结出"祝圣十景"：中亭测日、双阁凌霄、松涛泛月、翠柏撩云、猿知入定、鹅惯听经、炉霭天香、山钟自动、岳云光檐、瀑布流厨，可见其景色之美。

（3）整体空间形态

1）遵循儒家礼制

祝圣寺中轴线上前面为两道山门、天王殿、大雄宝殿，后面则包括说法堂和方丈室。总体来看，前面是公共活动区域，后面是内部修行场所，两侧是僧侣休息场所，形成类似宫殿朝堂的"前朝后寝"格局。整体分区十分明确，而穿插于其中的牌楼也显示出礼制建筑的格局（图9-18）。

2）空间形态呈现多元发展的特点

祝圣寺自唐创建后，经过宋、元、明、清各朝多次修缮，整体空间形态兼具各朝代建筑特征。其中，中轴线上建筑依次是山门、天王殿、大雄宝殿、说法堂、方丈室，这是典型宋代禅宗寺院的基本格局；禅堂和观音阁位于中轴线建筑西侧，地藏殿、药师殿、祖堂位于东侧，这又具明代禅宗寺院的特征。此外，寺院生活区尺度较大，寮房极多，庭院空间丰富，兼设观岸堂等建筑，这又有清代寺院建筑的特点。

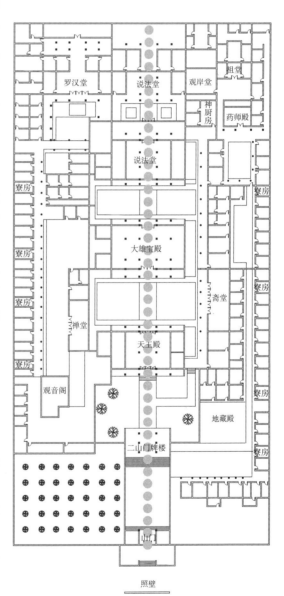

图 9-18　祝圣寺整体平面分析图

图片来源：作者自绘

（4）建筑形制及装饰

祝圣寺采用坊门式山门，此为一种结合牌楼形式的山门入口，上面嵌满了泥塑彩绘（图9-19）。山门以内则是一块长约30米的过道庭院，古樟蔽空石板铺路，长圃夹道，为一个浓荫清幽的院落。走过庭院为第三进天王殿，天王殿采用前后廊式平面布局，即其前后侧均设外廊（图9-20）。过天王殿为第四进大雄宝殿，也采用前后廊式平面布局。大殿面阔五间，进深三间，采用硬山屋顶，带封火山墙。屋顶覆以灰色小青瓦，整体色调以红、灰色为主（图9-21）。第五进为说法堂，楼上设藏经阁，内藏经千卷（图9-22）。过说法堂为第六进，另有一道砖墙与前五进隔开，形成一个独立的后院，正中一道麻石大门面向方丈室。方丈室东为药师殿，药师殿后新建颜观堂，方丈室西为罗汉堂，罗汉堂后为客房。药师殿与罗汉堂前各有一幽静的天井庭院，连接东西厢房。东厢有库房、香积厨、斋舍、

图9-19　祝圣寺山门
图片来源：作者自摄

寮房（图9-23），西厢最前面有观音阁，接着是神堂、接待室、招待用房、法物流通处。正中五进连在一条线上，两厢包绕，曲廊回环，庭院错落，构成一座庄严、雄伟的古寺院落。

图9-20　祝圣寺天王殿
图片来源：作者自摄

图9-21　祝圣寺大雄宝殿
图片来源：作者自摄

祝圣寺最有特色的建筑和雕塑是罗汉堂内的罗汉像。这些皆是由光绪年间寺内一位名叫心月的和尚雕刻的。心月和尚擅长石刻，他从常州天宁寺得来罗汉摩本后，不断努

力师法古人，体验现状，刻苦钻研，终于用三年时间完成了五百罗汉的石刻。这些罗汉线条流畅，栩栩如生，它们或双膝盘坐，或袒胸欲行，或持禅杖，或挥禅帚，或目光前视，或俯首沉思，或卧或立，或哭或笑，或怒或乐，众貌各殊，神采迥异，各相毕具，无一雷同，真是忘情物外，意境天然，镌刻工巧，深得佛教界和艺术界的赞赏。

图 9-22 　祝圣寺说法堂
图片来源：作者自摄

图 9-23 　祝圣寺寮房
图片来源：作者自摄

9.2 　湘中地区寺院

9.2.1 　长沙麓山寺

（1）历史沿革

麓山寺位于长沙市西郊的岳麓山中，古时又名岳麓寺、慧光寺、麓苑、万寿寺。该寺由高僧竺法崇建于西晋泰始四年（公元 268 年），初名"慧光明寺"，乃湖南第一座寺院，有"汉魏最初名胜，湖湘第一道场"之称，至唐朝初期才改名"麓山寺"。唐武宗会昌五年（公元 845 年）灭佛时，麓山寺所有殿堂全部被毁，致使僧侣离散。公元 847 年景岑禅师又在旧址上重建麓山寺，改名麓苑，如今寺内"虎岑堂"便是为纪念他重修麓山寺而建的。至宋朝，麓山寺逐渐兴旺，当时来此弘扬佛法的高僧有山恽、文袭、从悦、清素、慕哲、悟新、惠洪、智才、智海等。而至元明时期，麓山寺又经两废两兴。明神宗万历年间，妙光和尚在清风峡寺旧址处重建大雄宝殿、观音阁、万法堂、藏经楼等建筑，命名"万寿寺"，明末高僧憨山大师德清就曾驻寺讲经，而李东阳、张洵、张邦政、蒋希禹、陶汝鼎、冯一第、胡尔恺等诗人也在此留下佳句。至清朝，在智檀、文惺等法师主持下，麓山寺经历了几次大规模修建，前殿、大雄宝殿、法堂、方丈室都焕然一新。当时该寺有弥篙、天放、笠云等诗僧辈出，故称为中兴时期。20 世纪以来，筏喻、道香等僧人均住过麓山寺，他们还曾随笠云法师出访日本，深受日本佛教界的欢迎。然而在抗战时期，麓山寺的弥勒殿、大雄宝殿、禅堂和斋堂等大部分建筑都被日本飞机炸毁，仅留下山门、观音阁、虎岑堂等建筑❶。

（2）湖湘道场

麓山寺是中国佛教史上著名的道场之一。自晋朝以后，历经法崇、法导、摩诃、衍那、智谦等高僧住持，麓山寺佛事日益兴盛。隋开皇九年（公元 589 年），天台宗创始人智颛在此宣讲《法华玄文》等天台名著，一时听众云集，对三湘佛教影响深远。至唐朝，

---

❶ 戒圆 . 湖南佛教的发源地——麓山寺 [J]. 法音，1989（10）：38-40.

麓山寺盛极一时，寺院规模宏大，气势磅礴，殿堂华丽，声名显赫，文人雅士竞相携游，或赋诗，或作文。诗圣杜甫便有"寺门高开洞庭野，殿脚插入赤沙湖"之吟咏，刘禹锡亦有"高殿呀然压苍嗽，俯瞰长沙疑欲吞"之惊叹。唐开元十八年（公元730年），大书法家李邕撰写《麓山寺碑》以纪其胜，并因其文章、书法、刻工俱为上乘，世称"三绝碑"。麓山寺自晋代创建以来，经过隋唐的发展，宋元的延续，至明代中期业已成为中国佛教禅宗临济宗著名的胜地。

（3）整体空间形态

1）今非昔比

麓山寺自始建以后，隋开皇九年（公元589年）天台宗创始人智额游化荆、湘二州，住麓山寺开讲《妙法莲华经》，弘扬天台宗"一念三千"、"三谛圆融"教义及"圆顿止观"的禅法，后世有人将其讲经处命名为讲经堂，如今讲经堂已毁，原址在今蔡锷墓处。隋仁寿二年（公元602年），文帝赐建舍利塔一座于麓山寺，用以供奉印度僧人带来的舍利。唐朝时期，麓山寺规模宏大，殿堂雄伟，杜甫便称"寺门高开洞庭野，殿脚插入赤沙湖"。当时头山门在湘江之滨，二山门即如今麓山门，大雄宝殿位于今岳麓书院处，前有放生池，两侧设钟鼓楼，沿清风峡回廊蜿蜒而上，经舍利塔、观音阁、藏经楼、讲经堂、法华泉，直至山顶的法华台。清朝时期，智檀、文惺等法师对麓山寺进行了几次大规模的修建，前殿、大雄宝殿、法堂、方丈室都焕然一新。抗战时期，麓山寺的弥勒殿、大雄宝殿、禅堂和斋堂等大部分建筑都被日本飞机炸毁，仅留山门、观音阁、虎岑堂等建筑，现存建筑大多为后世所修。

2）依山而建

麓山寺占地面积为8428平方米，总体建筑由山门、弥勒殿、大雄宝殿、观音阁、斋堂等组成，建筑面积约800平方米。寺院四周筑起围墙，整体依山而建，根据地势起伏修建各座殿堂。麓山寺虽然规模不大，但寺院选址与朝向极好，寺内的佛教修行氛围很浓，现已成为僧侣和信众修行的极佳道场（图9-24、图9-25）。

（4）建筑形制

麓山寺的山门保持了清代形制，为牌楼式山门，门楼正中镌"古麓山寺"四字，两侧镌有著名楹联"汉魏最初名胜，湖湘第一道场"。在修复时寺门略微增高，并在两侧增设了边门。入麓山寺山门后便可见放生池，前进即为弥勒殿，由清代木构建筑改建，三开间，单檐歇山顶，殿内主供弥勒佛像。弥勒殿左侧设钟楼，右侧设鼓楼，中进为大雄宝殿。大雄宝殿为主体建筑，采用仿唐建筑风格，重檐歇山顶，面阔七间，进深六间，施黄琉璃瓦，殿内供奉释迦牟尼佛三身佛像，庄重至极（图9-26）。大雄宝殿左侧为五观堂和客堂，三开间，硬山式屋顶，右侧是讲经堂。后进即为观音阁（图9-27），又名藏经阁，阁前坪有两株罗汉松，称"六朝松"。两树对生，虬枝交错，宛若关隘，称"松关"。此外，阁右下方有一井，名龙泉。

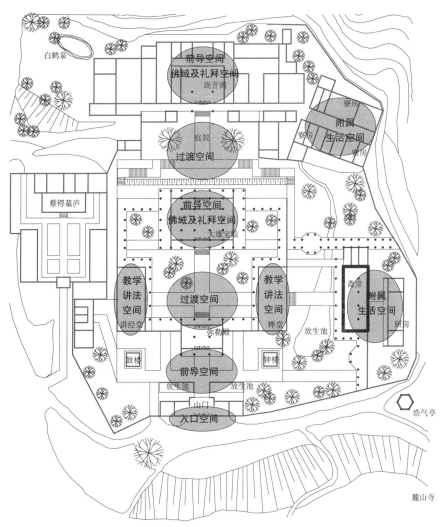

图 9-24　麓山寺总体空间形态示意图

图片来源：作者自绘

图 9-25　麓山寺纵剖面图❶

图片来源：作者自绘

❶　杨慎初 . 湖南传统建筑 [M]. 长沙：湖南教育出版社，1993.

图 9-26　麓山寺大雄宝殿

图片来源：作者自摄

图 9-27　麓山寺观音阁

图片来源：作者自摄

9.2.2　长沙开福寺

（1）历史沿革

开福寺位于长沙市湘春路，为禅宗临济宗杨岐派著名的寺院，也是中国佛教重点寺院之一。开福寺建于五代时期，当时马殷占据湖南而建楚国，后称"马楚"。马氏在都城长沙以北修建行宫，并以会春园作为避暑胜地。后唐天成二年（公元927年）马殷之子马希范将会春园部分空间施于僧人，因而便有了如今的开福寺。马希范继位后寺院周围大兴土木，北开碧浪湖，旁垒紫微山，使得开福寺一带成为当地著名的风景胜地。开福寺在鼎盛时期住有千余僧众，历经宋、元、明、清各朝，名僧辈出，香火不绝。

（2）文化背景

开福寺始建于五代时期，历经宋、元、明、清各朝，名僧辈出，香火不绝，并在兴盛时期住僧达千余人。明代李冕便曾题诗《开福寺》赞曰："最爱招提景，天然入画屏。水光含镜碧，山色拥螺青。抱子猿归洞，冲云鹤下汀。从容坐来久，花落满闲庭。"北宋时期，洪蕴佛医俱精，被宋太祖召见并赐紫方袍。宋徽宗时，道宁禅师在此住持使得寺院中兴。此外，他还将临济宗杨岐派禅法传给日本求法僧人觉心。觉心回国后创法灯派，并在圆寂时被日皇赐以"法灯圆明国师"谥号，日本佛教临济宗因而视开福寺为祖庭圣地，几乎每年都要派人朝拜。光绪十二年（公元1887年），名僧寄禅、笠云与著名诗人王闿运等19人在此组织碧湖诗社，赋诗谈禅，一时传为美谈。光绪末年，诗僧笠云还在寺内创办了湖南省立师范学堂。

（3）整体空间形态

开福寺占地面积4.8万平方米，其中建筑面积1.6万平方米。整个建筑群以明清时期宫殿式建筑风格为主体，而现存建筑主要为清光绪年间重建。寺前有山门，中轴线上的建筑大体可分为三进，从前到后分别为三圣殿（弥勒殿）、大雄宝殿、毗卢殿。此外，东边厢房有斋堂、客堂、方丈、藏经楼、库房等，西边厢房有禅堂、讲堂、营旧寮等，还有不少附属建筑物（图 9-28）。

1）前导开阔

由整体空间形态示意图可知，开福寺的前导空间尺度几乎占到整个寺院占地面积的一半，这与开福寺地处闹市环境有很大关系。想要营造幽然清静的修行环境，就必须与尘世保持一定距离。因此在整体空间的布置上，寺院结合放生池与前坪广场，营建出尺度巨大的前导空间。这样一来，信众从熙熙攘攘的城市进入寺院中，心情便很快沉静下来。

2）闹中取静

由于开福寺地处繁华闹市，每逢重大佛教节日，寺院的人流量非常大，而门口的开福寺路又极为狭窄，在前导空间中设置较大的广场有利于人流疏散和聚集，也可作为朝拜空间。同时在开福寺四周也设置了围墙，使其隔绝了寺外喧嚣嘈杂的声音，营造出清静的氛围。

（4）建筑形制与装饰艺术

1）古韵悠然

开福寺的山门为清代所建，是古朴别致的牌坊式建筑，采用三门四柱的形式，左右与之相连的朱墙将寺院环抱。楼门正中有"古开福寺"四字匾，乃光绪年间福山镇总兵陈海鹏所书，另有石刻楹联"紫微栖凤，碧浪潜龙"，是嘉庆年间书法家韩葑所作，昭示着古开福寺的宏伟底蕴。门坊上分栏为浮雕彩绘，或人物，或树木花草，色彩斑斓，栩栩如生，还有"回头""是岸"四个字赫然入目。山门两侧立有石狮、石象各一对，门前还有一段石板路，这都给寺院增加了一些古韵（图 9-29）。

进入山门后即见放生池，为原碧浪湖残部。上架单拱花岗石桥，左右侧为钟鼓楼，方形平面，四周两层围廊，重檐歇山顶。前殿为弥勒殿，又称三圣殿，面阔三间，四周围廊，外檐方柱，内檐圆柱，均为花岗石整石凿成（图 9-30）。殿内抬梁构架，单檐歇山黄琉璃瓦顶，彩色屋

图 9-28　开福寺整体空间形态示意图

图片来源：作者自绘

图 9-29　开福寺山门

图片来源：作者自摄

脊。殿内原供奉西方三圣，但均无存，现重塑有弥勒佛、韦驮菩萨、四大天王。

中殿为大雄宝殿，高20米，面阔三间，四周围廊，单檐歇山黄琉璃瓦顶。殿内檐柱、金柱全为上木下石，正面装雕花隔扇门。出檐深远，翼角高翘，屋面陡峻，正脊中有宝瓶、宝轮，直插云霄，脊吻饰有龙凤禽兽，四角飞檐垂有铜铃，风动则铃声清脆。翼角中央供奉着汉白玉释迦牟尼佛像，宝相庄严，两侧是披着红色袈裟的弟子阿难和迦叶。释迦牟尼佛背面供奉着金色的千手千眼观世音菩萨，大殿两侧还有文殊菩萨和普贤菩萨，殿门外的匾额书写"慈航普渡"（图9-31）。

2）传统民居风格

后殿为毗卢殿，为清代木构架，单檐硬山小青瓦顶，前檐装雕花隔扇门，简洁朴素。三殿之间有庭院，内植古树名花，并立有清代石碑数座，显得十分古朴典雅。三大殿东侧为客堂、斋堂、摩尼所、紫微堂，其中紫微堂上为藏经楼，西侧为禅堂、说法堂、念佛堂等。建筑皆为硬山小青瓦屋面，各堂间用封火墙相间隔（图9-32）。

图9-30 开福寺弥勒殿
图片来源：作者自摄

图9-31 "慈航普渡"匾
图片来源：作者自摄

图9-32 开福寺毗卢殿
图片来源：作者自摄

9.2.3 攸县宝宁寺

（1）历史沿革

宝宁寺又名保宁寺，位于攸县县城东北50公里的黄丰桥镇乌井村。该寺为禅宗曹洞宗祖庭，始建于唐天宝十年（751年），后于唐元和三年（808年）、明洪武三十年（1397年）、明永乐十五年（1477年）展开了大规模增修与复修，最后一次大规模修复是在清康熙癸卯年（1663年）。据《宝宁志》记载，修复后的宝宁寺有殿、堂、楼、阁、台共24座。

（2）文化背景

宝宁寺创于唐天宝十年，是湖南较早的禅宗寺院之一。据《攸县志》记载："开山祖师长髭旷，六祖三代孙，唐时本邑人。"长髭旷嗣法南岳石头希迁，是希迁众多弟子中年龄最长、得法最早的一位。唐天宝九年，受石头和尚指示，长髭旷跨过大庾岭，赶赴广东曹溪拜谒慧能大师后回到南岳，以"洪炉见雪"的悟性，得到石头和尚首肯，旋于第二年回攸县，在圣寿山之左的空王台修禅，诛茅斩棘，开辟道场，大扬佛法。唐元和三年（808年），长髭旷法嗣石室善道禅师、法孙勇禅师继而建刹，取"慈恩报国答皇王"

之意，正式命名为"保宁寺"。由于它介于湘赣边区的地理位置，一度成为南岳、江西两系的交往中心，唐五代至宋元期间香火一直旺盛，成为湖南名寺。

清代同治年间，宝宁寺经两次修葺后共有房屋 100 间，占地面积 14 亩。弥足珍贵的是，寺院周围的山坡上遍布历代禅师墓塔，人们因此用"北有少林，南有宝宁"赞誉之，一代佛教泰斗吴立民亦用"足称国宝"评价宝宁寺。

（3）整体空间形态

1）禅净双修

宝宁寺虽创于唐天宝年间，但经时代变迁和多方修葺，相较唐代禅寺而言其基本格局已由单一的禅宗寺院，转变为禅净双修的寺院。由前章节分析知，宝宁寺中轴线上建筑主要以天王殿、大雄宝殿和观音殿为主，而禅堂与阿弥陀堂则位于西侧，且靠得很近，这是典型禅净双修寺院的格局。

2）空间序列

由寺院的总平面图还可看出，相较其他寺院而言，宝宁寺的庭院空间特点鲜明。该寺院采用廊院式布局，以天王殿为寺院前导空间之始端。寺院建筑群大体可分为三进，其中前有关圣殿、韦驮殿、钟鼓楼、藏经阁，中有大雄宝殿，左有寮室斋堂，右有方丈"千人床"，后有观音堂、功德堂。

（4）建筑形制与装饰艺术

宝宁寺山门始建于清康熙二十一年（1682 年）。现有山门为原址复修建筑，该建筑为砖混结构，带封火山墙（图 9-33）。山门以内 200 米处有天王殿，内供弥勒佛、韦驮菩萨及四大天王塑像。天王殿后为大雄宝殿，该殿采用前后廊式布局，面阔五间，进深三间，为硬山屋顶，带封火山墙。屋顶覆以灰色小青瓦，整体色调以红、灰色为主（图 9-34）。殿内正中供奉释迦牟尼佛像，迦叶、阿难尊者像在旁。大殿东西两侧设十八罗汉、二十四诸天神像。佛像背后设海岛观音像，有善财童子、龙女在旁。另外，佛像背后左右两侧还供文殊、普贤菩萨像。

图 9-33　保宁寺山门

图片来源：作者自摄

图 9-34　保宁寺大雄宝殿

图片来源：作者自摄

9.2.4 湘乡云门寺

（1）历史沿革

云门寺又名石碑寺，位于湘乡市汽车站西南。据清同治《湘乡县志》载，该寺始建于北宋皇佑二年（1050年），经宋、明、清历代修葺。现存建筑多为清道光九年（1829年）、同治四年（1865年）遗留。因当时寺前有石碑两座，色清温润，相传为耿山碧玉，且有黄山谷名著镌刻于上，故名石碑寺。明永乐九年（1411年），高僧慈慧自浙绍云门山来寺居住，观五彩祥云映其殿阁，邑侯秦豫上奏此事，云门寺名便由此始。

（2）文化背景

云门寺的观音文化源远流长，相传古时湘乡为涟水河恶龙所扰，致使百姓流离失所、饿殍遍野，观音菩萨便以金刚杵破龙妖术，以腰间半根绿带化作铁链，收执置于深井之中，自此湘乡地区风调雨顺，成一方福地。百姓认为此皆为观音菩萨所赐，便集资修筑观音阁，内祀奉观音菩萨像。

此外，云门寺山门以外左设龙王庙，右有土地祠，均为硬山式小青瓦屋面，无疑体现了佛道诸神同处、多元文化共生的现象（图9-35）。

（3）整体空间形态

云门寺地处湘乡城区中心地带，原本宗教建筑设施齐全，但随历史变迁，主体建筑仅剩昔日中轴线上的前殿、中殿、大雄宝殿和观音殿等。该寺1959年被定为省级文物保护单位，

图9-35　湘乡云门寺龙王庙

图片来源：作者自摄

且在内设有湘乡市博物馆。2016年末，湘乡市政府为使千年古刹换新颜，已展开关于该寺的提质改造工程项目规划工作。

（4）建筑形制与装饰艺术

云门寺山门为两层门楼式建筑，其中第一层为门塾或内外廊形式，第二层为重檐部分。该建筑采用硬山式屋顶，面阔三开间，与前殿连为一体，做法较为独特。山门屋脊高耸，封火山墙颇有湖南地方建筑韵味（图9-36）。

大雄宝殿为清道光六年（1826年）建筑，面阔五开间，带前廊，采用硬山式屋顶（图9-37）。大殿两端为具有地方特色的猫弓背式封火山墙，有防火与增加群体感和分量感的作用（图9-38）。整个大雄宝殿形式优美，比例适中，体现了湖湘建筑的特色。此外，屋顶中部耸出一个重檐歇山

图9-36　湘乡云门寺山门

图片来源：作者自摄

式抱厦，其做法亦与其他寺院不同。

图 9-37　湘乡云门寺大雄宝殿
图片来源：作者自摄

图 9-38　湘乡云门寺封火山墙
图片来源：作者自摄

观音阁进深 35.4 米，通面宽 17.5 米，高约 15 米。三面以砖墙承荷，采用重檐歇山屋顶。重檐之中，设一天窗，观者可站立前坪，通过天窗瞻仰观音菩萨面容。阁内设观音菩萨像，此为泥塑木雕混合结构，全身贴金，高 11.4 米，为江南地区最大。塑像直立于莲花宝座上，面颊丰满，双目微俯，形态端庄慈祥。阁中有青铜圆形扁腹香炉，造型精美。阁前左右配庑供奉光绪十九年（1893 年）雕汉白玉罗汉 18 尊，每尊高 1.5 米，形态各异。阁前正中有清乾隆二十六年（1761 年）雕汉白玉长方香炉一座，高 1.8 米，长 1.35 米，宽 0.85 米，炉身四周有盘龙、麒麟、福、禄、寿三星、二狮滚球、二龙戏珠、双凤朝阳浮雕及"圣寿无疆"篆字，图像生动，篆刻工整。

9.3　湘西地区寺院

9.3.1　沅陵龙兴讲寺

（1）历史沿革

龙兴讲寺坐落在湖南省沅陵县城西虎溪山的南麓，始建于唐贞观二年（628 年），是湖南省内现存的最古老木构建筑群，也是湘西地区现存的最早寺院。自唐贞观二年敕建以来，龙兴讲寺历经明景泰三年（1452 年）、嘉靖四十年（1561 年）、万历二十三年（1595 年）、清康熙二十六年（1687 年）、乾隆十五年（1750 年）和二十三年（1758 年）、光绪二十九年（1903 年）多次维修并逐步扩大规模，因此该寺是一座保留有宋元明清各代建筑风格的寺院建筑。

（2）文化背景

佛家传经说法的处所亦称讲堂。北魏杨炫之《洛阳伽蓝纪·建中寺》记载："以前厅为佛殿，后堂为讲堂。"即寺中讲堂主要由僧侣向佛学弟子或善男信女讲解佛学经典。沅陵龙兴寺是唐太宗称帝第二年（628 年）便下旨修建的专门用于传授佛学的寺院。因龙兴寺设立讲堂讲习学问，故又称"龙兴讲寺"。讲寺之所以以龙兴为名，是比喻帝王之业的兴起。后来直到唐开元六年（718年），玄宗才建立了丽正书院，比龙兴讲寺要晚建90年。以湖南地区宋代著名的岳麓书院为例，其创建于宋开宝八年（976年），要比龙兴讲寺晚建348年。

（3）整体空间形态

龙兴讲寺占地面积约2万平方米，采用中轴对称布局，依山而建，顺应地势，气势宏大。寺院主要由前面佛教建筑部分与后面讲堂部分组合而成。其中，前面建筑部分主要包括山门、大雄宝殿、观音阁等十余处建筑，后面讲堂部分如今已作陈列室之用（图9-39）。

（4）建筑及装饰特色

1）史物遗存

龙兴讲寺是一个无钉无铆的木质结构群，共有14座主体建筑，充分体现了唐代的建筑风格，后因历朝多次重修，留下了不少宋明遗迹。龙兴讲寺建设极早，比南岳庙早建97年，比著名的岳麓书院早建348年，且规模更为宏大，后因五溪之地较为安定，沅陵的地位开始下降，龙兴讲寺才开始由盛转衰。

2）精美绝伦

从入口到达头三门需登上30级台阶，山门采用牌坊式格局，为三开间硬山式屋顶（图9-40）。拾级而上则为哼哈殿，原供哼哈二将，同为三开间硬山式屋顶。天王殿位于哼哈殿后20余级台阶上，为清光绪年间修建，为五开间重檐悬山式屋顶。后方有院落相连，其北为韦陀殿，为清同治年间修建，殿内供奉弥勒佛和韦陀菩萨。此殿前方为三开间门楼，后边开敞，正对大雄宝殿。在韦陀殿与大雄宝殿之间有月台连接，显示出大殿的威严。

大雄宝殿是寺院的核心建筑物，虽经明清时期多次修葺，但其主体木构架、柱、梁、枋等皆

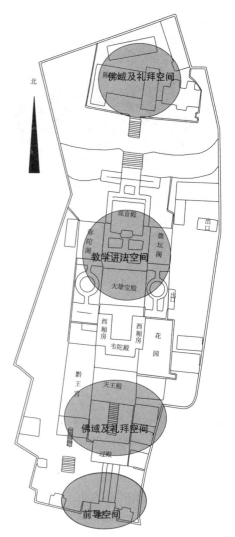

图9-39　龙兴讲寺整体空间形态示意图
图片来源：作者自绘

图9-40　龙兴讲寺山门
图片来源：作者自摄

系宋元时代遗存。大殿面阔五间，明间开间约为7.5m，进深 4 间，为 16.65m。下层为硬山顶，上层为歇山顶，形成歇山与硬山相结合的特殊形制（图 9-41 ～图 9-43）。殿内立有 8 根直径达 80 多厘米的楠木内柱，柱础呈覆莲花状，柱与柱础之间有鼓状木榍。另外天花以上用穿斗式梁架。殿后左右侧有弥陀阁和旗坛阁，均为三层楼阁式建筑，乃清乾隆年间重建建筑，面阔皆五间，为重檐三楼歇山顶（图 9-44）。殿后正中的观音殿为清光绪年间重修，面阔三间，为三层檐歇山式小青瓦屋面（图9-45）。殿内原供有观音铜像，但已毁坏。大雄宝殿、弥陀阁与观音殿呈品字形布局，颇具湖南楼阁式特色。

图 9-41　龙兴讲寺大雄宝殿
图片来源：作者自摄

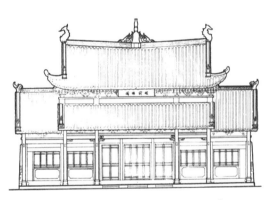

图 9-42　龙兴讲寺大雄宝殿正立面 ❶
图片来源：见脚注

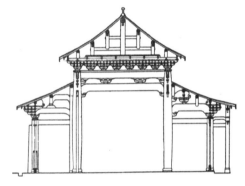

图 9-43　龙兴讲寺大雄宝殿明间剖面
图片来源：见脚注

图 9-44　龙兴讲寺弥陀阁
图片来源：作者自摄

图 9-45　龙兴讲寺观音殿
图片来源：作者自摄

❶　图 9-42、图 9-43 均源自：杨慎初 . 湖南传统建筑 . 长沙：湖南教育出版社，1993.

龙兴讲寺建筑装饰艺术极为丰富多彩，所有木门窗棂格的花心裙板及横披皆是雕刻而成并加以彩绘，构图饱满，线条流畅，花样繁多。特别是大雄宝殿中的镂空石刻讲经莲花座，玲珑剔透，甚是精美，相传为明代所制，为国内罕见之物（图9-46、图9-47）。

图9-46　沅陵龙兴讲寺院墙砖雕

图片来源：作者自摄

图9-47　龙兴讲寺镂空莲花座

图片来源：作者自摄

9.3.2　大庸普光禅寺

（1）历史沿革

普光禅寺又名普光寺，坐落于大庸（现张家界）永定区城东，前有天门山，后有福德山（即今子五台）。普光禅寺原是一片古建筑群，包括文庙、武庙、城隍庙、崧梁书院等，现仅存普光禅寺、武庙与文昌祠等建筑，其余部分或毁于兵燹，或毁于火灾，或被破坏。据清光绪三十二年（1906年）侯昌铨编撰的《湖南永定县乡土志》记载："迤东有普光寺，明永乐十一年（1413年）指挥使雍简建，本朝雍正十一年协镇使城重修。寺有白羊石，雍简建寺时，见白羊满山，逐之入土，掘之见石，其下有窖金。遂发之，以金修寺，寺

图9-48　普光禅寺山门

图片来源：作者自摄

成入奏，赐名普光寺。"又据《续修永定县志》记载："雍简在白羊山见白羊一群，逐之，一羊化白石，余入土中，掘之，获金数瓮，悉以修庙，闻于朝，敕名'普光寺'，均系皇上赐（命）名。"因此，普光禅寺也被称为"白羊古刹"（图9-48）。

（2）整体空间形态

建筑群中间是儒家礼制建筑节孝坊、文昌祠等，东侧是武庙、关帝殿、高贞观等，而普光禅寺位于建筑群的西侧。普光禅寺占地达8618平方米，主要建筑有大山门、二山门、大雄宝殿、罗汉殿、观音殿、

玉皇阁、高贞观等，具有宋、元、明、清各朝代的建筑风格。普光禅寺的整体格局为三门三殿，据考证，原来的"三门"已不存在，如今的"三门"指的是山门、天相门与天作门，而"三殿"则指大雄宝殿、罗汉殿与观音殿（图 9-49）。

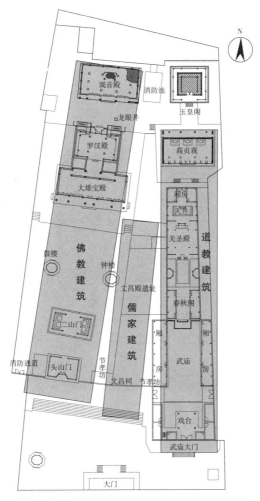

图 9-49　普光禅寺三教并存空间形态示意图

图片来源：作者自绘

（3）建筑形制

寺院山门正上方有"普光禅寺"四个金色大字，两扇大门为木质厚板拼钉结构，朱漆红色，显得气宇非凡，古色古香。大雄宝殿是普光禅寺内最大的殿堂，也是这座寺院的主体建筑，始建于明代永乐年间，在清康熙四十七年（1708 年）经历重修，后来清雍正、乾隆、嘉庆、道光、咸丰、同治与光绪各时期都进行过修葺。

罗汉殿紧靠水火二池，该殿始建于明景泰七年（1456 年），在清乾隆四十一年（1776年）经历重修。殿内 16 根大木柱无一根不是歪斜的，因此便有了"柱曲梁歪屋不斜"

的说法，这也是力学上的一大创造，为全国寺庙建筑所罕见（图9–50、图9-51）。殿内供奉着十八罗汉，形态各异，造型生动，群像甚怪。以前罗汉殿上还供有二十四诸天像，并藏有木刻《金刚经》印刷版与佛经40箱（已毁）。因楼中间设有藻井，终年承受下殿袅袅上升的烟雾熏蒸，故使所藏经书无虫蛀也不受潮。此法非常科学，也非常简便经济。

玉皇阁始建于明永乐年间，在清嘉庆十六年（公元1811年）经历重修。该阁位于观音殿以东，居高贞观之上，是普光寺的制高点。站在玉皇阁三楼远眺，天门山、崇山、阴山与澧水两岸风光尽可一览无余，东门坪、官黎坪、永定城的大小街道及高层建筑尽收眼底（图9-52）。

图9–50　普光禅寺梁柱歪斜　　　　图9–51　普光禅寺罗汉殿　　　　图9–52　普光禅寺玉皇阁
图片来源：作者自摄　　　　　　　　图片来源：作者自摄　　　　　　　图片来源：作者自摄

据同济大学陈从周教授考察，高贞观系宋末明初的道教宫观，占地27.4平方米，宽21.4米，进深11.4米，其建筑为单檐歇山式屋顶，脊下有攀间。高贞观内供"三清"道教神像，所谓"三清"即是元始天尊、灵宝天尊、太上老君。

9.3.3　石门夹山寺

（1）历史沿革

夹山寺又名灵泉禅院，位于湖南省石门县东南约15公里处。该寺始建于唐咸通十一年（870年），历经唐懿宗、宋神宗、元世祖三朝御修。相传明末李自成兵败后曾隐居于此三十年之久。夹山寺鼎盛时期有九殿一宫，规模极为宏大，后屡经战火，现存六殿一宫。该寺是禅宗祖师讲经说法之所，其中宋代高僧圆悟克勤驻此说法评唱的《碧岩录》被誉为天下"禅门第一书"，在中国、日本及东南亚国家影响深远。

（2）文化背景

1）夹山境

唐咸通十一年，高僧善会在石门创建夹山灵泉禅院。他在参禅时领悟到"猿抱子归青嶂岭，鸟衔花落壁岩泉"的禅宗境界——"夹山境"。"夹山境"蕴含了夹山的禅境、茶境、"茶禅一味"之境，是唐、五代时期比较典型的禅宗境界。

2）碧岩禅学

宋政和年间（1111—1118 年），高僧佛果克勤住持夹山灵泉禅院，并在十余年间创立了碧岩禅学，其弟子亦将其在夹山寺的"说唱"加以整理，编纂成《佛果圆悟禅碧岩录》，这便是天下"禅门第一书"。嗣后，该书被留学杭州的日本僧人带至日本，对禅宗文化在日本的普及和发展起了重要作用。

3）茶禅一味

夹山是茶禅、茶道的正宗源头。日本禅学专家秋月龙珉曾在著作《禅海珍言》中记载着一则故事：善会和尚喝完一碗茶后，又斟了一碗给侍僧，侍僧正欲接碗，善会突然问"这一碗是什么"，侍僧一时语塞。秋月认为这是"茶禅一味"的最初踪迹。后来，佛果克勤以禅宗观念和思辨品味茶的无尽奥妙，挥笔写下了"茶禅一味"。此墨宝已被两次来华参禅的日本茶道鼻祖荣西和尚带回日本，珍藏在奈良大德寺。

（3）整体空间形态

夹山寺占地 50 余亩，迄今已有 1130 余年历史，享唐、宋、元"三朝御修"盛誉，长期处于澧水流域文化中心位置。该寺呈中轴对称式布局，在中轴线上依次排布山门、天王殿、大雄宝殿、大悲殿、说法堂、亭子、舍利塔。另外，钟鼓楼和辅助空间如寮房、斋堂等位于两侧。夹山寺地处山林，通过围墙与周边环境完全隔开，如此寺院便有了一定独立性，利于清修与弘法。寺院总体布局对建筑庭院和环境的处理让人感觉沉静，建筑空间营造得恰到好处，对建筑形体关系处理得低调朴素。

（4）建筑及装饰特色

夹山寺几经兴衰，现有山门、南清池、钟鼓楼、天王殿、大雄宝殿、大悲殿、法堂、金殿、闯王秘宫、灵泉宝塔、斋堂、寺院古树等院落景观。夹山寺原有规模很大，从山门到大殿距离较远，俗有"骑马关山门"之说（图 9-53）。

大雄宝殿为清朝时期重建，占地面积逾 500 平方米。大殿采用五架梁纯木结构，以 32 根木柱支撑起重檐歇山式屋顶。屋角起翘缓和，檐下仅以卷棚装饰，正脊中有宝葫芦，两端用鳌鱼收尾，为清朝常见建筑形式（图 9-54）。

大悲殿为该寺唯一的清代砖木结构古建筑。大殿采用重檐歇山顶，前檐东西两侧无柱，设两堵呈 45° 角的山墙（图 9-55）。石门夹山寺的大悲殿采用青砖等材料构成朴素淡雅的色调，以致大殿整体氛围朴素宁静。周围线砖斗墙，四角封火墙立，圆角方块石铺地，殿中正面供奉观音菩萨塑像，背面供奉药王菩萨泥塑像（图 9-56）。

图 9-53　夹山寺山门

图片来源：作者自摄

图 9-54　夹山寺大雄宝殿

图片来源：作者自摄

图 9-55　夹山寺大悲殿 1

图片来源：作者自摄

图 9-56　夹山寺大悲殿 2

图片来源：作者自摄

9.4　本章小结

本章主要内容是案例分析，包括对湘南地区的南岳庙、南台寺，湘中地区的麓山寺、开福寺，湘西地区的龙兴讲寺、普光禅寺，从历史沿革、多元文化背景、整体空间形态、建筑形制及装饰艺术等 5 个方面做出分析和总结。其年代分布、地区分布、空间构成与湖南地区佛教寺院总体分布特征基本一致。这些寺院分别代表了湖南地区古代寺院最具有典型代表性的特征。通过对它们的分析，可以看出湖南古代寺院与多元文化的关系非常紧密。儒家、道教、祭祀文化以及民俗文化对于寺院的影响从建筑载体的层面得以显现。儒释道共处一处，或者同处一山；道观改为寺院，或寺院改为道观的现象也很多，或者寺院和书院并存，由此呈现出丰富多彩的建筑特征。

第10章 湖南佛教及寺院的现代适应性

10.1 现代佛教的状况

10.1.1 存在的社会问题

佛教自两千多年前由印度传入中国后，经过两千多年的传播与发展，已经逐渐渗入到中国普通民众的日常生活中。无论在何种行业，都有不少来自佛教文化的习语和思想。尤其在最近几十年里，伴随着人们对心灵层面的更多关注和传播技术的不断提升，有着2500多年历史的古老佛教在中国再次焕发出青春般的光彩。佛教书籍屡屡登上畅销书排行榜；明星信佛逐渐成为一种风气；千年古刹有了现代的数字化生活；高学历的法师们纷纷在网络上用生动的现代语言传法……这一切现象都在说明佛教通过与社会发展的不断融合影响着当代民众生活的各个方面。

然而，在与当代社会不断融合的同时，佛教也面临着层出不穷的社会问题，例如名寺古刹经常成为商业利益集团眼中的肥肉，寺院及其僧众的现代化发展或商业化尝试会引起普通民众们的关注与质疑。在市场经济条件下，有些单位和个人唯利是图、利欲熏心，将信仰和追求当作发财致富的工具，把宗教活动当成一本万利的商品，利用信众对宗教和信仰的敬畏和虔诚之心，通过引诱、欺骗、胁迫等手段牟取暴利，巨大的经济利益驱动也是造成寺院"被承包"乱象的重要原因之一。此外，佛教自身建设存在的一些不足和不少民众对佛教常识的片面性了解也使社会对佛教产生一定程度的误解、偏见甚至歧视。而有关佛教的监管力度不够、执法不严也很容易衍生各种难以预料的麻烦。

10.1.2 面临的观念问题

当今世界伴随着科学技术的日新月异和市场经济的高速发展，人们的物质生活越来越丰富多彩。然而这个世界并不太平：生态危机、环境污染日益严重，恐怖活动、地区冲突愈演愈烈，天灾人祸、各种灾难此起彼伏……更为严重的是个别人的心灵日趋麻木不仁，盲目追求个人欲望与刺激，在金钱利益的诱惑下丧失了基本道德良心，经常会为一己私利而不惜损人利己、贪赃枉法。

整个社会看上去是一片繁荣景象，实际上多数人都已身陷物欲之中而不能自拔，纸醉金迷，醉生梦死，精神失去了平衡、失去了安宁，这种生活实际上并无幸福可言。人的道德良知一旦泯灭，精神家园一旦丧失，各种社会的危机必将随之爆发。人类所有的危机归结于一点便是人心的危机，所有灾难都直接或间接地与人们的心理状态和行为方式密切相关，以自我为中心、损人利己是一切社会问题的根源。

在这样的社会环境下，很多人将信仰佛教当成了为己谋利的手段，试图通过求神拜佛得到名利和地位。信仰变成了谋求世俗利益的媒介。对于佛教信仰的观念，人们仅停留在烧香拜佛，祈求平安的阶段。但佛教是一门科学和智慧的思想，佛教教人如何达到圆满的智慧，而且具有批判和辩证的思维，然而这些都被人所忽视。

10.2　湖南佛教及寺院面临的主要问题及解决办法

10.2.1　面临的主要问题

（1）寺院的职能问题

寺院是出家人修行的道场，也是面向民众弘法的平台。可以说，这是一般寺院所应具备的内外两大职能，而僧众要做的便是内修外弘，也就是在精进道业的同时积极参与弘法工作 ❶。

经笔者详细分析，目前湖南寺院所面临的问题主要是寺院的职能和管理问题，这给当地寺院带来不少困扰。因为历史发展与地理位置等种种原因，如今的湖南古代寺院有不少都仅剩烧香拜佛的用处，在功能上与神庙相差无几。而另一些寺院则成了旅游观光胜地，专供游客游览参观，娱乐休闲。在这样的寺院中，出家人或像庙祝一样终日应付香客朝拜，或像店员一样终日为游客提供各项服务（图10-1）。

图10-1　长沙黑麋峰寺假期混乱的人群

图片来源：作者自摄

佛教经律中明确规定出家人的根本是修行并住持正法，而修庙造塔则是护法居士的职责，以此培植福德。如果出家人热衷于福田，乃至发展旅游，便已是本末倒置了。事实上正是在这种错误观念引导下，信众往往只热衷于盖庙造佛，而不重视弘法事业的发展。因此，佛教需对信徒和社会大众善加引导，让他们意识到开展教育和弘法的重要性。

（2）寺院的管理问题

在寺院中，民众的佛教信仰热情高涨，特别是在一些兼具祭祀功能的寺院里，除了佛教徒外还有一些民间的信众朝拜。例如南岳庙主祭南岳圣帝，每年农历八月初一便是传说中南岳圣帝的诞辰日，因此也是南岳衡山一年之中游人最为密集、香火最为旺盛的日子。南岳庙前，身着黑衣、胸系红兜的虔诚香客成群结队，各色大小车辆川流不息，

---

❶　释济群.菩提路漫漫——汉传佛教的思考[M].北京：宗教文化出版社，2006.

街道两旁摊位鳞次栉比，小巧玲珑的工艺品和旅游纪念品令人目不暇接。据统计，从当日半夜零时至中午 12 时，南岳衡山在短短半日内即接待进山（中心景区）入庙（南岳庙）进殿（祝融殿）的游（香）客 10 万余人次（图 10-2、图 10-3）。

图 10-2 南岳庙广场朝山的信众

图片来源：作者自摄

图 10-3 观音生日法会时开福寺门口的人群

图片来源：作者自摄

还有些寺院香火很旺，在增加寺院收入的同时也面临着尤为严峻的防火防灾问题，特别是一些以木结构为主要材料的寺院。此外因游客过多，寺院建筑上被刻字、石阶被损毁的现象也时有发生。例如蓝山塔下寺是省内塔寺合一的孤例，寺内传芳塔采用叠涩结构，奇巧灵动，塔内空间相当丰富，但是寺院对塔的维护却不尽如人意。塔内墙壁上有许多游客的涂鸦，这无疑对塔造成了一定的破坏，而这种现象在许多遗存下来的寺院建筑中都时常发生（图 10-4）。

图 10-4 塔下寺墙上被破坏状况

图片来源：作者自摄

此外，有些寺院周边环境混杂，做生意的摊贩极多，这在一定程度上有损佛门清净庄严的形象。本来作为沉淀内心的寺院前导空间，便成了做生意和乞讨的混杂场所，人们进入寺院时的神圣情感因此被扰乱。这种现象在香火较旺的寺院和城市寺院中较为多见，例如长沙开福寺地处长沙开福区较为繁华的开福寺路，每年佛教节日如大年初一、观音菩萨圣诞、浴佛节等善男信女们蜂拥而至，整条街道水泄不通，宗教信仰因此成了一种公众活动。

10.2.2 解决办法

针对这些现象，不少有识之士一直都在提倡建设修学型和服务型的寺院。所谓修学型寺院，即寺院以修学为核心，将做事当成学习与修行的一部分，并非一切围绕着做事，以做事为目的，以做事结果为考量标准。如果不重视修学，做事时间过久便会陷入事务中，越来越提不起好学之心，学法之心也越来越淡漠。建设修学型寺院可使出家人将精力转向学法，将时间用于修法，将身心投入证法，这才是中国佛教未来的希望所在。建设修学型和服务型寺院需要一套完善的管理制度，否则再好的想法也难以落实。在佛教传统的三纲制度中，寺主负责行政管理，上座负责道德教育和制度建设。这是一套极为合理的体制，它所建立的是一套双重监督制度，即行政必须在道德与制度的双重监督下做事，这就保障了寺院的健康发展。在早期的寺院中，方丈的任务主要是领众修行，而在行政方面则有东序和西序，其中西序为班首，协助方丈进行道德教化，东序为执事，负责寺院日常行政管理。然而如今的方丈通常将教育与行政权力集于一身，这种情况便对方丈自身素质的要求就特别高，否则就会因缺乏监督而带来各种隐患，造成各种问题。事实上，相关问题在如今的佛教界比比皆是，由此带来的不良后果也已对佛教造成了严重的误导和破坏。更可怕的是，这种误导和破坏还在继续，且已变本加厉。

10.3 湖南古代寺院保护现状

10.3.1 现状概况

经过朝代兴衰与更替，湖南地区保存了相当数量的寺院，然而由于前述的各种原因，很多寺院建筑都缺乏合理的保护。如今在寺院再利用方面出现了两种情况，其一是香火旺盛以致被过度开发使用，在带来经济利益的同时，寺院的环境和建筑本身不堪重负；其二是香火较少的寺院形同废墟，甚至无人住持，使得建筑物缺乏修缮而岌岌可危。以下根据评估标准对 26 所现存湖南寺院僧人和香客情况进行统计，并对其再利用的情况进行分析，具体数据见表 10-1。

湖南寺院僧人与香客情况调研表　　　　　　　　　　　　表 10-1

序号	寺名	僧人数目（位）	香客情况
湘南地区	南岳庙	50 ~ 100	全年约 300 万
	祝圣寺	约 50	中等
	南台寺	10 ~ 20	中等
	福严寺	约 20	多
	上封寺	30	中
	大善寺	静修场所	少
	祝融殿	2 ~ 3	多
	藏经殿	2 ~ 3	少
	广济寺	1 ~ 2	中
	高台寺	1	少
	塔下寺	无	少
	铁佛寺	2 ~ 3	少
	湘南寺	2 ~ 3	少
	丹霞寺	2 ~ 3	少

续表

序号	寺名	僧人数目（位）	香客情况
湘中地区	麓山寺	约 10	多
	开福寺	约 20	多
	密印寺	约 20	多
	石霜寺	10	中
	宝宁寺	4 ~ 5	少
	云门寺	2 ~ 3	少
	昭山禅寺	2 ~ 3	少
湘西地区	夹山寺	10 多个	多
	龙兴寺	无（用作博物馆）	少
	普光禅寺	2 ~ 3（比丘尼）	中
	凤凰寺	3 ~ 4	少
	兴国寺梅花殿	无（用作校舍）	少

表格来源：作者自绘

　　总体来看，湖南地区大部分寺院香火都较旺盛，尤其是一些大中型寺院或者城市寺院，而小型或地处山林较为偏僻的寺院相对较差。僧众的数量一般与寺院规模呈正比关系。需要说明的是，寺中僧众通常分为挂单和常驻两种，而表 10-1 中所列仅为常住僧众的数量。

10.3.2　评估标准

　　基于《罗哲文历史文化名城与古建筑保护文集》中提出的相关标准，本书可针对建筑完整度、建筑风貌的原真性、建筑质量进行如下评估[1]：

　　（1）建筑完整度（表 10-2）

建筑群完整度分级标准　　　　　　　　　　　　　　　　　表 10-2

级别	具体标准
一级	各单体及庭院空间保存较为完好或根据原有风貌要求重新整修过
二级	部分次要单体遭受损毁，但主体建筑和庭院保留过半，外观、色彩、体量和一类风貌建筑基本协调，对建筑群体完整性影响不大
三级	在群体组合、外观、色彩、体量方面严重失去了完整性和原真性，仅存一至两处建筑单体

　　（2）建筑风貌的"原真性"

　　针对建筑风貌的"原真性"可从建筑构架、建筑装饰及建筑环境三方面考虑，具体细节从屋顶、门窗、基座和墙体四方面考虑，每个方面由高到低分为 5 个等级，如表 10-3 所示。

---

❶　表 10-2~10-4 和表 10-8 均源自：罗明. 湖南清代文教建筑研究 [D]. 长沙：湖南大学，2014.

建筑风貌原真性分级标准　　　　　　　　　　　　　　　　　　　　　　　　表 10-3

原真性	风貌要素	级别	具体标准
建筑构架	屋顶	W1	完好，符合原真性要求；保存完整
		W2	尚好，少量瓦松散，屋脊、檐口有少量损毁现象；仅需修整
		W3	大量瓦片比较松散，其中一部业已破坏，屋脊、檐口遭部分损毁，屋面渗漏；以致需基于原有屋架整修传统屋面
		W4	屋顶遭严重损毁，有些仅以简易材料替换；需进行加固复原设计
		W5	严重违背原真性屋顶，拆掉屋顶，换以符合当时建筑等级要求的屋面，按原貌完全重建
	墙体	Q1	墙体质量好，保持传统特色，原真性较好；完全保存
		Q2	墙体结构尚好，墙面粉刷出现大面积脱落现象；表面修整
		Q3	部分墙体出现破损，墙面脱落现象比较严重，或多处出现改动情况，但建筑风貌保持了原真性；需刮掉原有墙面进行全面整修
		Q4	墙体倾斜，破坏严重，部分被拆除；需根据风貌要求矫正或修复
		Q5	墙体遭任意修改，与风貌原真性要求完全不相符，或严重影响风貌的墙体；保留建筑结构框架，墙体重新设计
	须弥座或月台	T1	保持完好；完全保存
		T2	保存较好，栏杆少量缺失或破损；需补齐修整
		T3	部分破损，栏杆缺失严重或材料被改动，但基本风貌还在；需全面整修
		T4	部分被拆除，破坏严重；需按风貌修补
		T5	被任意改动，完全不符合原真性要求；需重新修复
	门窗	M1	质量较好且与风貌要求相符的；完全保存
		M2	框架较好，表面破旧，色彩脱落严重；保留框架，破旧部分需整修，补刷油漆
		M3	框架尚好，仅结构松动，局部遭破坏，尚能使用；保留框架，重修
		M4	破损严重以致几乎不能使用，或开启位置的形式会严重破坏建筑风貌；需根据历史风貌及其要求进行重新设计
		M5	大部分或整体与风貌要求不符，其中包括色彩、材料等形式；按风貌要求局部改造或全面更新设计
建筑装饰	—	Z1	材料、图案和色彩均保存完好；完全保存
		Z2	材料陈旧但无破损，图案和色彩略微褪色；仅需添色、描图等维护性保护
		Z3	材料轻微破损，图案和色彩模糊不清；需局部修缮
		Z4	材料有多处破损，图案和色彩部分损坏；需整体修缮
		Z5	材料破损严重，图案和色彩完全损坏；需整体修复
建筑环境	—	H1	周边环境及景观与历史记载的相似度为 90% 以上
		H2	周边环境及景观与历史记载的相似度为 70% ~ 90%；可复原性较大
		H3	周边环境及景观与历史记载的相似度为 50% ~ 70%；复原难度中等
		H4	周边环境及景观与历史记载的相似度为 30% ~ 50%；复原难度较大
		H5	周边环境及景观与历史记载完全不符，几乎无法复原

（3）建筑质量

根据保存状况质量等级分为以下三级（表10-4）。

建筑质量分级标准　　　　　　　　　　　　　　　　　　　　　　　表 10-4

级别	具体标准
一级	建筑质量完好；按照原貌修整过，且日常维护较好
二级	建筑质量大部分完好；原有建筑基本保留，结构完整，但门窗部分有所破损，墙体也有所老化
三级	建筑质量差；建筑墙体严重倾斜，屋顶破损严重，结构大部分损坏，有随时倒塌的危险

10.3.3　现状评述

（1）建筑完整度（表10-5）

建筑完整度分析表　　　　　　　　　　　　　　　　　　　　　　表 10-5

建筑类型		一级	二级	三级	调查数量
寺院	数量	20	7	3	30
	比例	66.7%	23.3%	10%	100%

表格来源：作者自绘

根据表10-5所列数据可知，湖南古代寺院保存完整度较高，其中定为一级的所占比例为66.7%，这主要是因为近年来宗教信仰特别是佛教信仰的兴盛，使得寺院的修复及保护力度较大。另外，有些保存完整的寺院香火比较旺盛，修缮资金充足，使得寺院建筑保存完整度较好。

（2）建筑风貌（表10-6）

建筑风貌分析表　　　　　　　　　　　　　　　　　　　　　　表 10-6

建筑风貌要素		一级	二级	三级	四级	五级
屋面	数量	18	6	2	0	4
	比例	60%	20%	6.67%	0	13.33%
墙体	数量	16	7	3	1	3
	比例	53.33%	23.33%	10%	3.34%	10%
台基	数量	10	11	5	1	3
	比例	33.33%	36.67%	16.67%	3.33%	10%
门窗	数量	10	12	3	1	4
	比例	33.33%	40%	10%	3.33%	13.34%
装饰	数量	11	12	2	2	3
	比例	36.66%	40%	6.67%	6.67%	10%

表格来源：作者自绘

根据表10-6所列数据可知，湖南古代寺院的屋面和墙体部分保存较好，其中属一级建筑风貌的分别为60%和53.33%。而台基、门窗和装饰部分保存状况类似，情况较差。这说明在保持建筑风貌过程中，屋面与墙身作为建筑最重要的两个部分，保存最为完整，这与建筑完整度的数据相吻合。而作为次要部分的台基、门窗及装饰，保存状况则稍差，主要以二级建筑风貌为主（图10-5）。

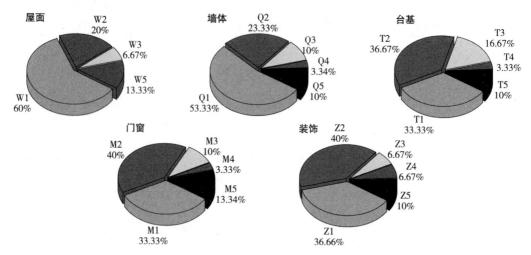

图10-5 现存湖南古代寺院五要素现状分级数量比例表

图片来源：作者自绘

（3）建筑质量分析表（表10-7）

建筑质量分析表 表10-7

建筑类型		一级	二级	三级	调查数量
寺院	数量	19	10	1	30
	比例	63.33%	33.34%	3.33%	100%

根据表10-7所列数据可知，湖南地区的寺院整体建筑质量普遍较高，其中属一级建筑质量的有63.33%，其余多为二级，三级的便是极少，这主要因为所调研寺院业已经过一定程度的修缮，且多为各级文物保护单位。

10.4 寺院建筑功能的现代适应性

10.4.1 寺院建筑的现代对应性

10.4.1.1 寺院空间形态与现代使用空间的对应性

经总结，可得建筑空间形态与修行功能的现代对应性如表10-8。

建筑空间形态与修行功能对应表　　　　　　　　　　　表 10-8

建筑形式	现代对应空间	对应关系	修行功能
大型殿堂	礼堂		礼拜
大型讲堂	多功能厅		讲经
中小讲堂	教室、会议室		研讨
禅堂 / 念佛堂	工作室		坐禅 / 念佛
僧寮	公寓、宿舍		读经
藏经阁	图书馆		—
广场庭院	广场庭院		法会
园林绿地	园林绿地		—
方丈管理	办公室		管理
客寮	旅馆、招待所		接待
斋堂	食堂		过堂

表格来源：作者改绘

由表 10-8 可以看出，传统寺院空间中的殿堂可作为现代礼堂空间使用，讲堂可作为多功能厅使用，规模小一点的可作为教师和会议室使用。藏经阁相当于图书馆，而斋堂则可作为食堂使用，方丈室作为办公室。现代的生活使寺院中对应的空间逐渐产生变化，为适应信众需要，佛教的礼拜空间逐渐增大，讲经和研讨空间转为缩小。

10.4.1.2　寺院空间与现代使用空间的异同

从表 10-8 可以看出，现代生活已逐渐渗入到寺院的学修生活中，现代建筑中的礼堂、多功能厅、教室、办公室及旅馆等功能体现在殿堂、讲堂、藏经阁、客寮等部分。有些寺院甚至还在庭院空间中增设了茶室等，以适应现代修行人的需要。经详细对比，寺院传统空间形态与现代使用空间的相同点在于：（1）保持佛、法、僧三宝的基本建筑使用空间格局，如佛殿、法堂、僧堂及僧寮部分的空间；（2）二者基本保持中轴线对称的格局。然而二者之间也有一些不同点，主要有以下两点：（1）寺院传统空间中用于僧众修行的部分相对较多，而如今因受生活变化的影响，寺院用于礼佛和传经弘法的空间规模较大。（2）传统的寺院建筑空间讲究整体性，一般涵盖了佛殿、法堂、讲堂、禅堂、僧寮、斋堂等部分，而如今新建寺院建筑空间较为自由，一般由寺院方丈或住持决定。例如南岳广济寺如今住持宗显法师发愿在南岳镇修建规模宏大的药师殿。单殿建筑专门修建的情况之前仅在南岳藏经殿出现过，而现代寺院的修建在空间组织上更为自由。

10.4.2　寺院功能的再利用

10.4.2.1　再利用意义

在调研过程中笔者经常看到一些寺院建筑装饰考究，功能多样，花钱不少，但给人的感觉总不是很好，究其原因就是没有体现出佛教文化的真实氛围，没有将佛教境界的清净庄严、祥和简朴传递出来。而有些寺院在营建过程中盲目追求"大"、"新"效果，肆意破坏山体资源，野蛮拆除老古遗迹，使原有寺院的风貌荡然无存，根本找不到寺院与山水相得益彰、自然和谐的感觉。与此对比，我国台湾及新加坡寺院的建设反而更体现出了佛教建筑简朴自然、清静庄严的效果，如台湾的佛光山，新加坡的莲山双林寺（图10-6）。

图10-6　台湾佛光山
图片来源：侯学刚

目前我国内地的寺院建设可谓方兴未艾，如火如荼。这一方面体现了我国宗教政策的优越性，另一方面反映出信教群众越来越多，对寺院的需求越来越强。笔者认为，在建设寺院前一定要慎重行事，科学论证，让信教群众和来客对寺院风格和环境生起欢喜心和认同感，要简朴清净，祥和庄严，彰显佛教内涵，决不能牺牲环境，更不能毁坏文物。因此，寺院的建筑建设并不是一般意义上的建筑建设，而应该是体现佛教文化，再现传统风貌，呈现自然和谐的人文艺术景观系统的建筑建设。

10.4.2.2　再利用方法

经过笔者对所调研湖南寺院进行详细分析，笔者总结出相应的寺院功能重组表如表10-9所示。

湖南寺院功能重组表　　表10-9

序号	规模类型	寺院名称	除寺院功能外的功能重组
1	大型	南岳庙	旅游景点、博物馆
2	大型	南岳祝圣寺	旅游景点、博物馆
3	大型	长沙麓山寺	旅游景点、佛学院
4	大型	长沙开福寺	旅游景点、佛学院
5	大型	浏阳石霜寺	佛学院
6	大型	沅陵龙兴讲寺	书院、博物馆
7	大型	大庸普光禅寺	旅游景点、博物馆
8	中型	南岳南台寺	旅游景点、佛学院
9	中型	南岳福严寺	旅游景点、佛学院
10	中型	石门夹山寺	旅游景点
11	中型	攸县宝宁寺	佛学院、图书馆
12	小型	南岳上封寺	旅游景点
13	小型	南岳藏经殿	旅游景点
14	小型	南岳方广寺	旅游景点
15	小型	南岳高台寺	旅游景点
16	小型	南岳铁佛寺	旅游景点

序号	规模类型	寺院名称	除寺院功能外的功能重组
17	小型	南岳五岳殿	旅游景点
18	小型	南岳湘南寺	旅游景点
19	小型	南岳祝融殿	旅游景点
20	小型	南岳广济寺	旅游景点、静修营
21	小型	沅陵白圆寺	旅游景点
22	小型	沅陵凤凰寺	旅游景点
23	小型	沅陵龙泉古寺	旅游景点
24	小型	湘潭昭山寺	旅游景点
25	小型	南岳大善寺	佛学院
26	小型	永州蓝山塔下寺	旅游景点、博物馆
27	小型	南岳寿佛殿	旅游景点
28	中型	浏阳宝盖寺	静修营
29	中型	宁乡密印寺	旅游景点、博物馆
30	小型	湘乡云门寺	旅游景点、博物馆
31	小型	长沙铁炉寺	旅游景点
32	大型	长沙洗心禅寺	旅游景点

表格来源：作者自绘

　　在调研相关寺院重组功能的同时，笔者还提出了除寺院基本功能外的几种可利用功能方式，对寺院的空间形态设想，笔者也根据调研与分析结果画出示意图（图10-7）。

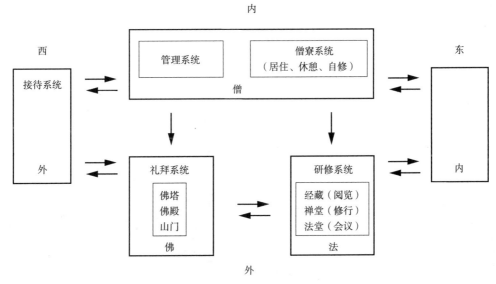

图 10-7　寺院空间设想

图片来源：作者自绘

（1）作为旅游景点

作为旅游景点的寺院通常位于城市繁华地段或风景优美的旅游区，其交通较为便利，一般采用高铁、火车或汽车便很容易到达。例如南岳风景区的一系列寺院随着旅游业的开发香火甚为旺盛，在带来旅游收入的同时也为佛教文化的传播提供了途径。又如岳麓山风景区内的麓山寺虽然地处山腰，但游人如织，香客络绎不绝。

（2）作为博物馆、图书馆或书院

这类寺院的建筑整体格局通常较为完整，建筑形式独特优美且保存完整。例如沅陵龙兴讲寺尚无僧众驻锡，由于寺院建筑形式的多样性，现已成为一座佛教文化和书院文化的博物馆（图10-8）。又如大庸普光禅寺也保存得非常完整，同时藏经阁内存大量经藏，故在作为博物馆的同时也成为佛教文化的图书馆。

图10-8　沅陵龙兴讲寺
图片来源：作者自摄

（3）作为佛学院

湖南地区许多寺院本身就是传播佛教文化的场所，因此当地佛教协会或文物局多设在寺院内或附近。此外，佛学院作为佛教教育的场所，由寺院承担最为合适。例如南岳大善寺就是禅宗比丘尼修行的场所，这里定期举办佛学培训与经论讲座，为佛教文化的传播提供了方便的场所（图10-9）。值得一提的是，寺院举办禅修班也成为解决现代人心理问题的较好方法，例如南岳广济寺于每月举办一次为期三天的短期禅修班，在寒暑假还有高级班和学生禅修专场，这为现代人调整身心带来了修禅机会（图10-10、图10-11）。

图10-9　南岳大善寺图书阁
图片来源：作者自摄

图10-10　南岳广济禅寺禅修班
图片来源：作者自摄

图10-11　南岳广济禅寺传灯法会
图片来源：作者自摄

10.5 本章小结

本章主要讨论了湖南佛教的现状与存在的问题、古代寺院的现状及保护和再利用的情况。以 32 所古代寺院的测绘结果和现状调研为基础，主要从建筑完整度、建筑质量和建筑风貌三方面对它们进行了评估，详细记录了湖南古代寺院的可利用的量化指标，并形成了数字化的信息记录。同时又对古代寺院的再利用方法提出了功能重组及可使用的不同方式。

在多元文化的影响下，部分古代寺院兼具寺院、书院、图书馆等功能。同时在现代生活的影响下，寺院的空间形态和功能组织逐渐产生变化，越来越适应信众的需求和社会的需要。

结 论

佛教作为一种外来文化，传入中国后与中国的传统文化由开始的冲突、对立的状态到最终协调融合，经历了很长的时间。湖南佛教文化的传入和发展，也经历了类似的过程。湖南古代佛教寺院在多元文化的影响之下，其空间形态、建筑形制与建筑装饰艺术等方面展现出丰富的层面。

本书以佛教、儒家、道教、祭祀文化等多元文化为研究背景，涉及建筑学、宗教学、教育学、社会学、历史学等多个学科领域，对湖南古代佛教寺院作了较为详尽的分析与研究，同时也对现代寺院如何适应信众的需求和社会的需要方面提供了可参考的理论和设计模式。

1. 创新成果与见解

（1）第一次从理论上对佛教在湖南的传播和湖南佛教建筑的发展演变及建筑特点进行全面总结，填补了该方面的空白，选题内容具有创新性。

（2）湖南佛教历经年代的变迁，呈现出以禅宗为主流的境况。相较于江西，湖南的禅宗发展相对繁荣。湖南禅宗包括沩仰、临济、曹洞、云门、法眼五宗以及杨岐、黄龙两派（宗），合称"五家七宗"。禅宗曹洞宗、临济宗及沩仰宗均在湖南得到长足的发展，高僧辈出。受到禅宗文化的影响，湖南许多寺院是禅宗沩仰宗、曹洞宗、临济宗的祖庭，部分重点寺院更是日本和韩国曹洞宗和禅宗的祖庭。湖南佛教文化在东亚佛教乃至世界佛教中占有重要地位。湖南古代寺院遍布全省各地，湘南地区特别是南岳地区的寺院较多，较为密集。湘中地区次之，但布点较为分散。湘西地区较少，重点寺院主要位于沅陵、张家界等较为发达的城市，山林寺院较少。

（3）第一次运用宗教学、社会学、建筑学等多种学科理论综合研究，以文化因素为主导，分析了以佛教为主的多元文化对湖南古代寺院的影响。受到多元文化的影响，寺院佛、道诸神同处，儒释道建筑共生或共处一地，寺院和道观、寺院与书院功能互换或共存的情况屡见不鲜。具体如下：

除地理性因素影响外，受禅宗思想的影响，寺院否定了永恒与固有的整体建筑格局，不再遵循单一的营建模式。寺院大多与周围环境融为一体，整体布局沿着山势而建，建筑与环境和谐共生，基本不会对当地自然环境造成影响，这与佛教思想中的"因果轮回"理念不谋而合。在寺院与周围环境的协调关系上，寺院处于与环境平等的位置，注重建筑与周边建筑间的平等关系，以及寺院整体空间形态中每个建筑的平等关系。对自然装饰题材的选择和对自然界中材料的原始性使用，以及对可循环材料的充分使用无疑最能体现佛教的"慈悲"理念。"无碍圆融"思想则使寺院建筑的意境较为沉静，建筑色彩和装饰因此基本上处理得较为低调朴素。而佛教学修体系亦使寺院空间形态所形成的要素非常复杂，不会单一地由某个朝代的基本格局所束缚，大多都兼具各个朝代寺院建筑的特点。寺院建筑呈现出多元化的空间形态。受传统风水思想的影响，寺院基本朝向通常采用"坐北朝南"的格局，在整体空间形态上主要关注入口空间，寺院山门朝向一般安排在气韵通畅的地方，力求与山脉气韵一致。由于宋明理学思想和湖湘学派的影响，有些寺院参学人士数量大增，后因寺院功能改为书院，或出现寺院书院同处一地的现象。湖南古代寺院受儒家礼制影响颇深，遵循礼制最典型的特征是大中型寺院类似宫殿朝堂形成"前朝后寝"的格局；小型寺院以住宅为范本，形成类似传统礼制建筑中的合院建筑。在历史发展过程中，道教宫观与寺院经历了功能上互相转变与共存的过程。南岳圣帝和关帝的祭祀文化也使寺院存在一定的祭祀空间，与寺院功能并存。此外，本书还对"伽蓝七堂"之说的确凿性进行了批判性的分析研究，笔者认为湖南寺院是否遵循"伽蓝七堂"的形制并不重要，而多元文化对寺院建筑的综合影响才是相当关键的。

（4）以多元文化的影响为背景，总结了湖南古代寺院空间形态、建筑形制及装饰艺术这三个方面的特征与规律。

在空间形态方面，湖南寺院规模与空间形态大体可分为三个区域，即前导空间、主体空间和附属空间。寺院建筑空间形态受佛教中"佛"、"法"、"僧"对应关系比较明显。主体空间包括礼拜、佛域、教学和讲法空间等，主要对应"佛"、"法"部分；附属空间包括休息和部分修行空间，主要对应"僧"的部分，同时还结合祭祀文化和讲学功能分别设置祭祀空间、讲堂和书院。寺院的整体空间形态布局上，大致可分为廊院式布局、自由式布局、塔寺合一或洞寺合一三种。在藏经殿的设置方面，除南岳藏经殿以外，几乎未发现独立的藏经殿（阁）。湖南佛教多以禅宗寺院为主，禅宗强调合众修行与个人参禅相结合，因此寺院整体空间形态包含了大众修行的禅堂和个人修行的寮房，这与一般建筑的功能有很大区别。寺院的空间序列组织一般包括入口空间、过渡空间、主体空间和结尾空间四部分。其中入口空间为寺院空间的起始部分，过渡空间为承接部分，主体空间为高潮部分，结尾空间为终端部分。通常来讲，一个完整的空间序列是按照这四部分展开的，但是一些小型寺院因受地形与空间的限制大多只包含入口空间和主体空间部分，至于过渡空间和结尾空间则不甚明显。大多数寺院建筑的 D/H 值介于 1 和 2 之间。湖南寺院的庭院空间尺度不一，种类繁杂，一般根据地形特点灵活布置。湖南寺院的庭院空间形态从物化层面上可分为宗教空间、自然环境空间及寺内庭院空间三部分，其主要围合方式则包括廊庑式和合院式两类。寺院空间的虚实比与其规模大体一致，即寺院规模越大，虚实比越高，寺院规模越小，虚实比越低。

在建筑形制方面，湖南古代寺院建筑主要包括山门、钟鼓楼、天王殿、弥勒殿、大雄宝殿、观音殿（阁）、藏经阁（说法堂）、禅堂（念佛堂）、斋堂、香积厨、僧寮、其他殿堂等 12 个部分。从历史渊源、总体分析、主要塑像、平面分析、尺度规模、立面形态等六方面进行详细剖析。在湖南古代寺院中，遗存建筑大多为明清时期建造的。寺院建筑一般有外廊的设置。主要平面形式包括封闭式、前后廊式、敞廊式（通廊式）、副阶周匝式等。其整体格局多与传统民居、宫邸等建筑形制的风格类似。立面形态具有湖湘建筑的特点，色彩大多较为朴素，尺度适中。重要的建筑如大雄宝殿、观音殿等殿堂的建筑较为宏伟，规模也较大。地处少数民族地区的寺院建筑檐角起翘较为深远，极具湘西地区少数民族建筑的特征。

本书第一次全面总结出湖南地区（包括少数民族）宗教文化在佛教寺院建筑装饰艺术上的呈现，主要体现在建筑装饰题材与内容的选择上。寺院在儒、佛、道等多元文化的影响下可以集各类建筑于一身。装饰特点与所对应的文化特征相适应，装饰上还集多样性于一体。受地域建筑文化的影响，不少寺院的建筑与装饰借鉴了湖南民居朴素明快的风格。除了几所大型寺院，诸多寺院的整体建筑装饰都较为朴素。佛教不同宗派对建筑风格的影响较小，但对建筑装饰题材与内容的选择上有一定程度的影响，主要表现在植物图案、动物图案、几何图案、佛教故事及器物等五个方面。装饰的材料和工艺上，主要体现为结合当地建筑材料与工艺的特点，采用木雕、石雕、砖雕和泥塑等工艺对建筑进行装饰。建筑装饰色彩的运用主要与佛教教义和儒家礼制思想以及地理位置的不同有关。

（5）以前研究湖南古代佛教寺院的书籍，仅有《湖南传统建筑》、《湖湘建筑》两本著作。本书调研范围广泛，包括了湖南省内佛教发展的主要脉络、形成的支流派别以及主要的寺院。在大量实地调研与实际测绘的基础上，完成了 30 份现存寺院现状评估表和 36 份寺院建筑图，并结合 467 所古代寺院的规模统计表，部分形成了湖南寺院数字化信息档案，为今后的湖南省内文物古建筑的保护与宗教文化管理提供了信息化依据，弥补了湖南古代寺院建筑评估和数字化保护的不足。

2. 研究工作的不足与展望

本人经过大量的实地调研和走访，深感湖南古代寺院数量的庞大，历史建造过程的复杂，佛教经典浩如烟海，以及传统文化的博大精深，范围之广杂，非笔者能力所及。书中已涉及或未予深入探讨的诸多方面，皆须结合更多的文献、实例及专项研究做进一步探讨。

（1）佛学典籍浩如烟海，内容艰深，其基本思想方法与现代科学的基本理念、研究方法差异较大。在多元文化的影响下，佛学思想内部错综复杂，甚至有自相矛盾之处，因此，对其进行的研究不会得到单纯、完整统一的结果，仅能在众多矛盾中寻求协调统一。多元文化博大精深，笔者并非该方面专业研究人士，只能通过查阅大量参考资料予以解读，并尽量咨询相关专业人士，但难免有不尽之处。笔者尽量结合理论与实践，用实践来反证理论。

（2）本书旨在研究多元文化与湖南古代寺院建筑的对应性。现在的寺院建筑实体是多次设计、建造叠加形成的结果，对实体的考察需考虑历次设计、建造活动对寺院空间形态与建筑形制的影响。湖南经过多年的战乱、寺院建筑的损毁和资料的失散，相关考证不全。笔者只能根据现存的寺院建筑进行研究，导致研究存在一定的缺陷。笔者拟将此内容作为后续的研究重点。

（3）湖南古代寺院众多，其中包含部分损毁和重建的寺院以及根据原有空间模式在原址上建造的寺院。寺院遍及城市、乡村和山林，分布较为广泛，且受保护程度和类型繁杂，这无疑给调研过程增加了很大难度。笔者仅能选取典型且重要的寺院测绘与调研，主要包括 24 所寺院的详细测绘资料和 32 所寺院的实地调研资料。而要毫无遗漏地调研完湖南地区所有的寺院，难度是很大的。因此，研究结论基本上是基于笔者实地调研和测绘所获得的数据。笔者拟将这份研究持续下去，主要针对寺院的增建年代、空间格局、功能演变的具体信息进行补充调研，并运用相关软件，以完善寺院建筑的数字化档案。

本书虽已结束，但觉意犹未尽，在宗教建筑文化与创作实践的研究上，吾将继续努力求索。

附录 1 湖南古代佛教寺院规模统计表

名称	地址	始建年代	现状
古麓山寺	长沙市岳麓山	西晋秦始四年（268）	部分重建，完整
开福寺	长沙市城北开福区	五代后唐天成二年（927）	多次重修，完整
洪山寺	长沙市城北开福区	明朝前期	已毁，重建
铁炉寺	长沙市城北开福区	待考，约160年历史	已毁，重建
上林寺	长沙市城北开福区	唐代	已毁
万福禅林	长沙市城北开福区	唐代	已毁
洪恩寺	长沙市城南天心区	清光绪年间	已毁，现为居民点
金刚院	长沙市城南天心区	西汉定王时期	拆毁
莲花寺	今长沙市五一大道东	唐代	已毁
大安寺	长沙河西	唐贞观（627—647）	已毁
东寺、西寺	长沙市内	唐代	已毁
兴化寺	长沙市岳麓区	北宋初	已毁
报慈寺	长沙市浏阳门内	唐代	已毁
天宁寺	长沙城南	金	已毁
东明寺	长沙市天心区	宋代	已毁
太乙寺（原道观）	长沙市天心区	南宋末期	已毁
多佛寺（原神庙）	长沙市河东	唐代	已毁
水陆寺（原江神庙）	长沙市橘子洲尾	六朝	已毁，重建
道林寺	长沙市岳麓山东麓	两晋或南朝	已毁
玉泉寺（天妃宫）	长沙市天心区	明初	已毁
自在庵	长沙城南	待考	现为厂址
接龙庵	长沙市芙蓉区	清代	现为厂址
报国寺	长沙城南	宋代	已毁
青莲寺	长沙市天心区	待考	已毁
铁佛寺	长沙古城湘春门	唐代	已毁
嵩山寺	长沙县跳马乡	唐代	已毁
清泉寺	长沙县跳马乡	清代	已毁
天华寺	长沙县广福乡	待考	已毁，仅存石碑
紫霞寺	长沙县浏阳河	清顺治十年（1653）	已毁
古唐寺	长沙县天雷山	待考	已毁

续表

名称	地址	始建年代	现状
谷塘寺	长沙市黄花镇	明代	已毁
春华山寺院	长沙城东	待考	已毁，存龙王庙
杨泗庙（家庙）	长沙县春华山镇	清末	已毁
寺冲寺	长沙县春华山镇	待考	已毁
高山寺	长沙县春华山镇	待考	已毁
东林寺	长沙县春华山镇	待考	已毁
昭烈寺（祭祀刘备）	长沙县牌楼镇	待考	已毁
白龙寺	长沙县唐田天心村	清光绪年间	不详
九溪寺	长沙县金井乡	唐宣宗大中元年（847）	不详
杉仙庵	长沙县望新乡	清光绪年间	已毁
呆山寺	望城县新康镇南	两晋时期	已毁，1996 年重建
洗心禅寺	望城县黄金乡	清初	已毁，重建
云盖寺	望城县五峰乡	唐代末年	已毁
桐溪寺	望城县坪塘乡	唐代	已毁
谷山寺（祭祀谷神）	望城县星城镇	明代	已毁，现为林场
黑麋峰寺（道观）	望城县桥驿镇	唐玄宗年间	已毁，1995 年重建
六合寺	望城县西南	北宋	已毁，1987 年重建
灵云寺	望城县白箬乡	清初	已毁
格塘寺	望城县格塘乡	明代	已毁
龙潭寺	望城县丁字湾镇	清雍正年间	已毁
华林寺	望城县莲花乡	唐代	已毁，现为公园
智度寺	长沙智度山	唐代	已毁
神鼎寺	望城县丁字镇	唐代	已毁
乌龙庵	望城县乌山堂坡	明朝中叶	已毁
西湖寺	望城县铜官镇	清代	已毁
亭梓庵	望城县格塘镇	清初	已毁
洪山庙	望城县乌山镇	明代万历四年（1573）	已毁
密印寺	宁乡县沩山	唐代	历经修复，完整
白云寺	宁乡县双凫铺镇	唐大中十二年（858）	已毁，重建
同庆寺	宁乡县沩山	唐宣宗大中七年（853）	已毁
兴华禅寺	浏阳市集里乡	唐代	已毁，重建
石霜寺	浏阳市金刚乡	唐僖宗时期	已毁，重建
灵岩寺	浏阳市五东乡	明朝	已毁
龙王庙（佛道共存）	浏阳市社岗镇	唐朝	现存前后两殿
伽蓝庵	浏阳市金刚乡	唐朝	不详
点石庵	浏阳市南渡外	清代	不详

续表

名称	地址	始建年代	现状
投老庵	浏阳市黄昙洞内	不详	庵毁，存遗址
龙虎庵	浏阳市城关东侧	明代	已毁
资福寺（改为尼庵）	株洲市南湖街79号	梁武帝时期	正殿完好，余者重建
空灵寺	株洲县雷打石镇	唐大历四年（769）	已毁，重建
金轮寺	株洲县大京风景区	后唐（923—938）	已毁，重建
云岩寺（省重点寺庙）	醴陵贺家桥乡	唐大和年间（827—835）	已毁，重建
屏山寺	醴陵王坊乡	唐代	已毁，重建
明兰寺	醴陵市东乡	明代	已毁
靖兴寺（佛道共存）	醴陵市郊禄水西岸	唐代	已毁，重建
扬道庵	醴陵城北	唐会昌大中年间（841—860）	已毁
小沩山寺	醴陵市东堡乡	唐代	已毁，重建
宝源寺	醴陵市王仙镇	唐代	改建为学校
广目天山寺	醴陵市东区	不详	重建
东富寺	醴陵市东富乡	明代	不详
玉兴寺	醴陵市西山南麓	不详	重建
护国寺（原为道观）	醴陵市城南	晋代	新中国成立后改为寺
观音岩	醴陵市	宋代	不详
白鹤寺	醴陵市桃花乡	不详	不详
泗洲寺	醴陵市太一街	唐代	部分保存
灵龟寺	攸县东郊	明末	已修复
宝宁寺（曹洞宗）	攸县城东北	唐天宝十年（751）	曹洞宗前、中殿及寮房保存完整
灵岩寺（传为读书之所）	茶陵县城东南	唐代	已毁，仅余山门等
湘山寺（有塔）	炎陵县城西	塔建于北宋，寺建于明代	保存良好
雷仙寺	炎陵县水口乡	清顺治年间	不详
海会寺	湘潭市大湖街	元代元贞二年（1296）	已毁，重建
昭山禅寺	昭山顶峰	唐代	较为完整
西禅寺	湘潭市西正街文庙	明永乐十八年（1420）	仅存后殿可考
唐兴寺	湘潭市十八总陶公山麓	晋代	已毁，仅存石碑
忏心寺（舍宅为寺）	湘潭市雨湖区	明代	不详
法苑寺	湘潭市岳塘区	南宋	已毁
朝南庵	湘潭市岳塘区	南宋	已毁
福佑寺	湘潭市岳塘区	不详	现存正殿三间
建福寺	湘潭市中心	不详	已毁
慈云寺	湘潭县黄荆坪乡	不详	不详

续表

名称	地址	始建年代	现状
龙安寺	湘潭县响潭乡	唐代	不详
大杰寺	湘潭县中路铺白泉棠花村	明崇祯五年（1632）	已毁，重建
龙兴寺	湘潭县易俗河镇	不详	已毁，重建
白衣寺	湘潭县谭家山	不详	重建
帝兴庵	湘潭县花石镇	不详	已毁
黄龙寺	湘潭县响水乡	不详	重建
九龙庵	湘潭县梅林镇	南宋	不详
草衣寺	湘潭县青山桥区	五代后周	已毁
定海寺	湘潭县青山桥区	不详	已毁
白云仙庵	湘潭县马头岭乡	明嘉靖九年（1530）	保存完好
清溪寺	韶山乡清溪村	唐代	已毁
银田寺	韶山市银田镇	明天顺三年（1459）	现为学校
韶峰寺	韶山市韶峰	唐代	已毁，重建
慈悦庵	韶山市韶峰	清代	不详
仙女庵	韶山市韶峰	清代	不详
云门寺	湘乡市城关	宋皇佑二年（1050）	省级文保，完整
望南庵	湘乡市西张家渡南岸	明万历年间（1574）	不详
报恩寺	湘乡市城西	汉献帝时期	已毁
感应寺	湘乡市城内	唐代	已毁大半
观音阁	湘乡市县城	明代	部分改建
雁峰寺	衡阳市中山南路	梁天监十二年（514）	已毁
圆觉庵	衡阳市内回雁峰下	清朝末年	已毁
香林庵	衡阳市城南	清光绪年间	部分损毁，重修
东州禅寺	衡阳市湘江一岛上	明代	已毁，仅存基座
花药寺	衡阳市城南岳屏山	梁天监年间	已毁，现为学校
西禅寺	衡阳市城南天马山	宋代	已毁
大罗汉寺	衡阳市城北	南宋淳熙十三年（1186）	已毁，现为电厂
清凉寺	衡山县城北	唐代	仅存大雄宝殿
水月寺	衡山县	唐代	已毁
衡龙寺	衡山县望峰乡	唐代	已毁
至圣寺	常宁市东湖亭镇	唐代	旧址被淹
能仁寺	常宁县西南	北宋	不详
石泉寺	常宁县西	不详	不详
大营寺	祁东县城西南	宋代	部分被毁，现为政府办公
石门庵	祁东县城西	不详	不详
万福寺	祁东县鼎山南麓	明洪武元年（1368）	已毁，重建

名称	地址	始建年代	现状
金兰寺	祁东县城东南	唐代	不详
大善林寺	衡东县中部	不详	不详
太平寺	衡东县洣水	不详	不详
万寿仁瑞寺 （省重点寺院）	衡南县岐山	明崇祯十三年（1640）	保存完整
虎岩观音阁	衡南县花桥镇	清代	已毁，重建
麦园寺	衡南县花桥镇	不详	已毁
盘古岭大庵	衡南县硫市乡	清道光年间	不详
北极殿	衡南县泉溪市	清乾隆年间	不详
金钱寺	耒阳市区	南朝梁天监二年（503）	损毁严重，重建
鹿峰寺（原为庵）	耒阳市区东的鹿歧峰	唐代	已毁，重建
昭灵寺（洞寺合一）	耒阳市区耒水边	明天启二年（1622）	已毁，重建
紫霞禅寺	耒阳县黄市镇	明崇祯乙亥（1635）	仅余前栋，重建
枫林寺	耒阳市余庆乡	元大德戊戌年（1298）	已毁，重建
南岭山寺（原为道观）	耒阳市灶市街	元代	已毁，重建
泰兴寺	耒阳市东	三国时期	已毁，重建
观音岩寺	耒阳市东导乡	明永乐丙申（1416）	已毁，重建
石臼仙寺 （原为祠庙，庵）	耒阳市哲桥镇	西汉	已毁，重建
回龙庵	耒阳市灶市镇	明万历二十四年	已毁，重建
云山寺	耒阳市公平圩镇	清顺治六年（1649）	已毁，重建
观龙寺（原为中秋庙）	耒阳县灶市街	不详	改建
皇图观音庵	耒阳市城东	明代	已毁，重建
法轮寺	衡阳县岣嵝峰下	东晋咸和年间	已毁，仅存遗址
伊山寺	衡阳县城北	晋代	已毁
国清寺	衡阳县城南	南朝	已毁
台源寺	衡阳县城北九市乡	唐代	已毁
金兰寺	衡阳县城西	不详	不详
白佛寺	衡阳县城西	不详	不详
上封庵	衡阳县城北	明代	不详
高真寺	衡阳县城北	清代	已毁
福城寺	衡阳县渣江	不详	已毁
山田寺	衡阳县南部	唐代	已毁，现为车管所
咸欣寺	衡阳县西北部	清代	不详
龙川寺	衡阳县集兵滩	梁天监年间	已毁
牧云庵	衡阳县礼梓乡	不详	不详

续表

名称	地址	始建年代	现状
天平庵	南岳牧云峰	不详	不详
南岳庙	南岳镇北端	唐开元十三年（725）	保存完整
祝圣寺（弥陀寺）	南岳区南岳镇东街	唐代	保存完整
南台寺	南岳衡山瑞应峰下	南朝梁天监光大年间	保存完整
福严寺（慧思）	南岳衡山掷钵峰下	南北朝陈废帝光大二年（568）	保存完整
上封寺（原为道观）	南岳祝融峰下	隋代	损毁严重，重建
大善寺（现为比丘尼庵）	南岳古镇北支街	南朝陈光大元年（567）	损毁严重，重建
方广寺（慧海）	南岳衡山莲花峰下	南朝梁天监二年（503）	保存完整
高台寺	南岳衡山碧螺峰	不详	保存完整，明代风格
祝融殿（祭祀火神）	南岳衡山祝融封顶	不详	保存完整
藏经殿（慧思）	南岳衡山祥光峰下	南朝陈光大二年（568）	已毁，重建
马祖庵（怀让）	南岳衡山掷钵峰下	唐代	已毁
紫盖寺	南岳衡山方广寺	明嘉靖年间（1522）	不详
铁佛寺	南岳衡山烟霞峰下	南宋宝庆年间	保存完整
丹霞寺（五岳殿）	南岳芙蓉峰下	唐代	保存完整
湘南寺	南岳芙蓉峰下	唐代	保存完整
衡岳寺	南岳衡山紫云峰下	梁天监二年（503）	已毁，重建
广济寺	南岳毗卢洞盆谷中	明神宗万历二十五年（1597）	已毁，重建
黄龙寺	南岳衡山祝融寺南石禀峰	唐代	已毁
宝胜寺	南岳芙蓉峰下	宋代	已毁
石浪庵	南岳飞来石	不详	不详
景德寺	南岳衡山云密峰	梁天监时期	不详
白云寺	南岳衡山白云峰	不详	已毁
天台寺	南岳衡山天台峰	南朝陈太建时期	不详
大明寺	南岳衡山紫盖峰下	唐广德二年（764）	不详
护国寺	南岳九龙坪	明万历七年（1579）	不详
单丁庵	南岳衡山荆紫峰下	明末清初	不详
印月庵	南岳镇附近	不详	已毁
乾明寺	岳阳市南	五代	已毁，重建
圣安禅寺	岳阳市龟山楞伽山北峰下	唐贞观年间	已毁，重建
资圣寺	汨罗市南神鼎山	宋代	已毁
玉池古刹	汨罗市东南	五代	现为林场
宏济寺	汨罗市东南	梁武帝时期	已毁
福果寺	汨罗寺东北	唐代	部分保存
三封寺	华容县城东	东汉	不详
仙鹅寺	华容县城北	宋代	不详

续表

名称	地址	始建年代	现状
岳城寺	华容县城西	宋代	已毁
西照庵	华容县南山	清乾隆年间	部分保存
长庆寺	平江县北幕阜山	晋初	已毁
龙回寺	平江县南部	五代梁朝时期	已毁，重建
宝积寺	平江县城南	唐咸通时期	部分保存
玉照寺	湘阴县湖区青山	不详	不详
南泉寺	湘阴县茶厂南边	不详	不详
青竹寺	湘阴县安静乡	清乾隆年间	不详
白马寺	湘阴县白马镇	唐代	已毁
长湖寺	湘阴县玉华乡	不详	不详
法华寺	湘阴县樟树港	唐代	已毁，重建
乾明寺	常德市城东	唐初	已毁，重建
大善寺	常德市城东	宋雍熙年间	已毁
白鹿寺	常德市鼎城区	东晋	已毁
佛光寺	常德市郭家铺乡	不详	已毁
甘泉寺	常德市鼎城区	北宋	不详
文殊寺	常德市鼎城区	不详	不详
千佛寺	常德市城西	唐代	已毁
开元寺	常德市武陵区	唐代	已毁
灵岩寺	桃源县北	不详	不详
福善寺	桃源县城下东街	明代	不详
水心寺	桃源县兴隆乡	明代	已毁
夹山寺	石门县城东	唐咸通十一年（870）	部分保存，其余修建
洛浦寺	石门县城东	唐代	现改为林场
钦山寺	澧县道河乡	唐代	部分保存
枫林寺	澧县如东乡	宋代	已毁
龙潭寺	澧县县城北关外	唐元和初年（806）	不详
忠济寺	安乡县黄山	宋代	已毁，重建
南禅寺	安乡县城北	晋代	不详
古大同寺	津市	唐德宗贞元（785）	不详
药山寺（省保）	津市棠花乡	唐贞元初（790）	已毁，重建
香积寺	汉寿县城西郊	东晋	已毁，现为烈士陵园
军山寺	汉寿县东南	不详	已毁
东岳寺	汉寿县东岳庙乡	唐末	不详
花莲寺	汉寿县月明谭乡	不详	不详
毗卢阁	邵阳市城东乡	不详	现为学校

名称	地址	始建年代	现状
东山寺（原为讲寺）	邵阳市城东	南北朝梁代	已毁
东塔禅寺	邵阳市城区	唐代	已毁，重建
北塔寺（省保）	邵阳市江北乡	明隆庆四年（1570）	部分保存，现为学校
点石庵	邵阳城东	明末	仅保存钟房
回龙寺	新邵县岱水桥乡	唐代	不详
妙音寺	新邵县城西	明末	部分保存
毗卢寺	新邵县白云铺村	明末	不详
金龙寺	新邵县城西	不详	已毁
桃仙庵	新邵县中部	不详	不详
药王殿	新邵县城东	不详	不详
慈善寺	新邵县巨口铺镇	明代	已毁，现存偏殿
天门寺	隆回县北部	宋代	已毁，重建
宝莲仙寺	隆回县西北部	不详	不详
金龙寺	洞口县竹市镇	不详	已毁
观音阁	洞口县花古乡	明万历二十四年（1596）	不详
南岳殿	洞口县山门镇	宋代	保存完整
玉泉寺	新宁县城东南崀山	不详	不详
云台寺	新宁县崀山八角寨	明代	已毁
胜力寺	武冈市城南	宋代	保存完整
宝方山寺	武冈市东郊	宋代	已毁
双峰禅院	武冈市新东乡	清康熙二年（1663）	部分保存
普照寺	绥宁县联民乡	明代	保存完整
胜力寺	绥宁县市镇	隋代	保存完整，现为学校
朝阳寺	绥宁县黄土矿乡	明末	已毁，重建
云岩寺	邵东县月湖山下	唐元和年间	已毁
云霖寺	邵东县余湖山顶	唐代	已毁
化胜寺	郴州市南部	不详	已毁，仅存碑刻
白云仙庵	郴州马头岭乡	明嘉靖九年（1530）	保存完整
报恩寺	郴州市区西南	不详	已毁
龙涌泉寺	安仁县城东南	南宋嘉靖年间	保存完整
大明寺	永兴县城南	明代	不详
太平寺	永兴县内	明英宗正统年间	已毁，现为学校
白马仙寺	永兴县高亭乡	清光绪年间	部分保存
龙华寺	永兴县城西南	唐代	已毁，重建
东林庵	临武县城东	明代	已毁，重建
吉祥寺	临武县金江镇南	南宋咸淳二年（1266）	已毁

续表

名称	地址	始建年代	现状
资福寺	临武县西	南宋咸淳二年（1266）	已毁，现为林场
祖教寺	临武县城东南	北宋	已毁
多宝寺	临武县城西	南宋咸淳二年（1266）	已毁
皇觉寺	临武县城东南	南宋咸淳二年（1266）	已毁
苍山寺	桂阳县光明乡	不详	已毁
碧云庵	桂阳县光明乡	宋代	不详
普济寺	嘉禾县城北	唐代	已毁，重建
石龙寺	嘉禾县石桥乡	不详	不详
西禅寺	汝城县城郊	唐代	不详
石峰寺	汝城县东北	唐代	不详
报恩寺	汝城县城	唐代	不详
开山寺（原为书院）	宜章县麻田镇	唐代	不详
长寿寺	宜章县南	唐代	不详
富兴寺	宜章县白石渡	唐代	已毁
仙镇寺	宜章县白沙圩乡	明末	已毁，重建
回龙寺	宜章县东天门	不详	已毁，重建
梵安寺	资兴市旧县	唐代	已毁
兜率庵（原为道观）	资兴市东江	南宋	已毁，重建
周源山寺	资兴市唐洞新区	元代	已毁
天门山寺	张家界市永定区	唐代	大部分被毁，重修
普光禅寺	张家界市解放路关庙巷	明永乐十一年（1413）	保存完整
大悲庵	张家界市西南	明代	已毁，现为校舍
龙凤庵	张家界市西北	明代	已毁，重建
红岩寺	张家界市索溪峪	清同治年间	不详
云台寺	张家界市索溪峪	清光绪十一年（1885）	不详
梅花殿	慈利县江垭镇	唐代	保存完整
金顶佛殿	慈利县金坪乡	唐贞观年间	大部分损毁
茅庵禅林	慈利县城西	明代	不详
古仙禅院	武冈县城新东乡	不详	不详
三官寺（原为道观）	慈利县城西	不详	现为乡政府
朝阳寺	慈利县江垭镇	清初	不详
定军寺	慈利县索溪峪	清嘉庆年间	独殿保存完整
太平山寺	桑植县河口	清乾隆年间	已毁
云龙山寺	桑植县上河溪	清代	已毁，重建
栖霞寺	益阳市会龙山	东晋	已毁，重建
清修寺	益阳市城南	东晋	已毁，重建

名称	地址	始建年代	现状
白鹿寺	益阳市白鹿山	唐代	已毁，重建
广法寺	益阳市贺家桥	唐代	已毁，重建
月明庵	益阳市赫山区	明代	已毁，重建
五龙古刹	益阳市赫山区	清代	已毁，重建
仙峰寺	益阳市赫山区	宋代	已毁，重建
浮邱寺（原为道观）	桃江县城西南	唐代	已毁，重建
龙牙寺	桃江县三堂街乡	唐元和年间	已毁，重建
金盆庵（现为比丘）	桃江县城	不详	不详
回龙寺	桃江县沾溪乡	清乾隆年间	已毁，重建
明灯庵	桃江县三官桥乡	明代	已毁
天柱寺	桃江县泗里河	不详	已毁
东林寺	桃江县城关镇	明代	已毁，重建
洪山禅寺 （原为祭祀洞庭王）	南县城南	汉代	不详
南湖寺	南县北河口	宋代绍兴年间	已毁，重建
大神寺	南县城西	明代	已毁
大通禅寺	南县大通湖镇	明洪武年间	已毁，重建
白云寺	安化县廖家坪乡	唐代	已毁
报恩寺（后为祠堂）	安化县梅城镇	宋代	已毁，重建
启安寺	安化县东华乡	宋熙宁年间	现为民用
竹林寺	安化县安宏乡	清代	已毁，重建
镇龙古寺	安化县龙塘乡	唐代	已毁，重建
景星寺	沅江市庆云山	唐代	不详
明朗山寺	沅江市明朗山	不详	已毁
团山寺	沅江市县城西北	清代	已毁
云风寺	沅江市城西	唐代	已毁，重建
卧龙寺	沅江市城南	不详	已毁
道场寺	沅江市	不详	不详
熙佛寺	沅江市湘北镇	宋代	已毁，重建
高山寺	永州市城内东山	中唐	已毁，重建
法华寺	永州市城内东山	唐代	已毁
楚兴寺	永州市排龙山乡	明代	大部分损毁
龙兴寺	永州市城内千秋岭	唐顺宗永贞元年（805）	已毁，建招待所
阳明山寺	双牌县城东北阳明山	明嘉靖年间	大部分损毁
豸山寺（省保）	江华县沱江镇豸山	明万历四年（1576）	保存完整
浪石寺	江华县沱江镇	唐宝应元年（762）	现改建为学校

名称	地址	始建年代	现状
甘泉寺	祁阳县城	不详	已毁，重建
寿佛寺	祁阳县东北部	唐代	不详
四明寺	祁阳县西北部	不详	不详
九龙寺	祁阳县九龙乡	不详	已毁
塔下寺（省保）	蓝山县城郊	唐代	保存较为完整
天华寺	蓝山县所城乡	明代	已毁
尚屏庵	蓝山尚屏乡	不详	不详
金凤山寺	东安县舜峰东金凤山	不详	已毁
沉香庵	东安县渌埠头乡	清乾隆四十八年（1783）	已毁，重建
白鹅寺	江永县北白鹅山	隋代	已毁
回龙寺	江永县允山	不详	已毁
清凉寺	江永县城东陈家街	唐代	已毁
回山寺（原为书院）	江永县城西回龙山	宋代	较为完整
报恩寺	道县城内	唐代	已毁，现为学校
华严庵	道县城西	明惠帝建文年间	已毁
坐化堂寺（原为道观）	道县寿雁镇	宋代	已毁
永福寺	宁远县九嶷山	宋代	不详
朝阳庵	新田县城东北	清代	已毁，现为学校
迎恩寺	新田县城西	不详	已毁，现为学校
龙泉寺	新田县城西	明代	已毁
城东观音庵	新田县城东	不详	已毁
龙兴讲寺（原为书院）	沅陵县城西虎溪山麓	唐太宗贞观二年（628）	保存完整
凤凰寺	沅陵县城南	明万历二十八年（1600）	保存完整
龙泉寺	沅陵县城西	唐代	保存完整
正道寺	沅陵县乌宿乡	元代	已毁
崇善寺	沅陵县翅坡上	元代	已毁，现为学校
明月寺	沅陵县麻伊镇东	宋代	已毁
辛女庵	沅陵县酉溪河南	不详	已毁
同天寺	麻阳县锦和镇	唐大历年间	已毁
江东寺	辰溪县方田乡西部	唐代	仅存大雄宝殿
丹山寺	辰溪县沅水南岸	清康熙二十一年（1682）	已毁
丫鬟庵	辰溪县城东	不详	已毁，重建
广恩寺	辰溪县城西郊	南宋淳熙七年（1180）	已毁，重建
锦崖寺	辰溪县城西郊	明万历时期	已毁
龙泉寺	溆浦县岗东乡	不详	大部分损毁
小南岳	溆浦县桐溪乡	清光绪二十六年（1900）	已毁

续表

名称	地址	始建年代	现状
大兴禅寺	洪江市雄溪镇	明代	不详
胜觉寺	洪江市安江镇	宋代祥符年间	已毁，重建
古佛寺	洪江市东北	元代	已毁
万佛山	通道县临口镇	不详	不详
播阳观音庵	通道播阳乡	清乾隆二十四年（1759）	已毁
松林寺	新晃县老晃城	清代	已毁
飞山寺	新晃县飞云山	不详	已毁，现为宿舍
景星寺	芷江县城南郊	南宋绍兴二年（1132）	不详
沅庆寺	芷江县城关镇	不详	不详
岩屋寺	会同县城外	明嘉靖三十五年（1556）	已毁
嵩云寺	会同县洪江嵩云山	明万历四年（1576）	不详
天王寺	娄底市涟滨乡	北宋	大部分损毁
仙女殿	娄底市南郊大科乡	不详	不详
云隐寺	娄底市涟滨西街	唐永徽年间	已毁
洛阳湾观音阁	双峰县城北	明永乐年间	不详
回龙山观音阁	双峰县城湄江东岸	明代	不详
黄龙山寺	双峰县黄龙山乡	明代	不详
罩门庵	涟源市湄江岸	元末	不详
圆通寺	涟源市湄江北岸	明永乐元年（1403）	已毁
湄江观音阁	涟源市湄江观音崖	清顺治十七年（1660）	不详
水晶阁	涟源市蓝田镇	清康熙元年（1662）	涟源市湄江北岸
狮子庵	涟源市西南	清雍正二年（1724）	仅存正殿
祖师殿	冷水江市南郊	不详	已毁，重建
望云寺	冷水江市东南	宋代	仅存少量建筑
鸿云庵	冷水江市南	明万历四十三年（1615）	已毁，重建
兴福庵	冷水江市南	明代	仅存后殿
贞仙寺	新化县九龙山	不详	已毁
西泉寺	新化县城北	明成化年间	已毁
大凌峰寺	新化县维山	唐代	已毁
宝善庵	新化县新塘乡	清同治九年（1870）	保存完整
乾州观音阁	吉首市乾州镇	明正德元年（1506）	保存完整
新寨观音阁	吉首市西	不详	不详
狮子庵	吉首市西北	不详	已毁
太平寺	龙山县城东北太平山	清光绪年间	已毁，重建
不二门	永顺县城南	清乾隆三十四年（1767）	保存完整
天台寺	永顺县勺哈乡	明代	已毁

续表

名称	地址	始建年代	现状
江东寺	泸溪县城东	宋代	已毁
兴隆寺	泸溪县城浦市东北	明洪武七年（1374）	已毁
观音阁	泸溪县城一中校园内	明万历四十七年（1619）	已毁
桃子山庵	古丈县东南	清嘉庆年间	已毁
天桥山观音殿	古丈县双溪乡	不详	已毁
南华寺	凤凰县城南南华山	不详	不详
天王寺	凤凰县城东门外	清朝嘉庆三年（1798）	已毁，重建
奇峰寺	凤凰县城外东岭	明代洪武年间	不详
碧峰寺（原为道观）	花垣县麻栗乡	不详	不详
狮子庵	保靖县城酉水河	清乾隆十一年（1746）	已毁
观音阁	保靖县城西	清乾隆年间	已毁
双印山寺	保靖县普戎乡	清雍正八年（1730）	保存完整

表格来源：主要根据《湖南佛教寺院志》整理而成

附录 2 湖南现存古代佛教寺院现状调查评估表

调查表 1

寺院名称	南岳庙	
地址	南岳古镇北街尽头	
保护级别	全国汉族地区佛教重点寺院	
选址	城市，平地	
建筑层数	1	
目前用途	旅游、祭祀庙宇、佛寺与道观	
整体完整度	1	
建筑质量	1	
建筑风貌	屋顶 W	1
	墙体 Q	1
	台基 T	1
	门窗 M	1
	装饰 Z	1

特色及价值：历经 6 次大火和 17 次重修，按故宫式样修建。现为清光绪年间建筑形制，保存完整。

调查表 2

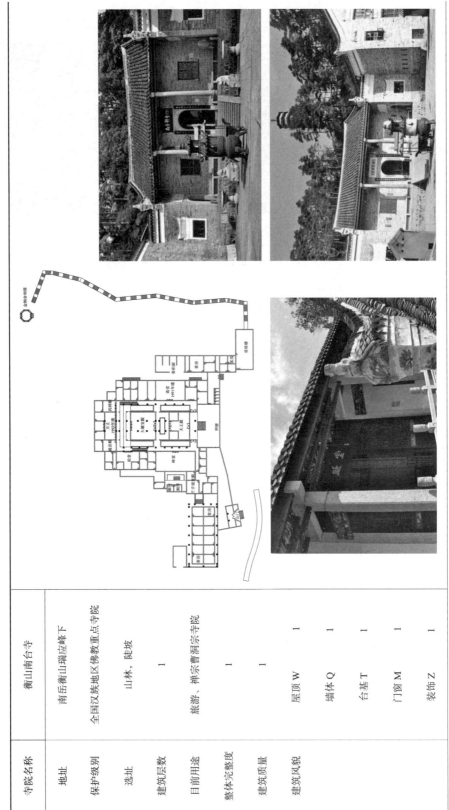

寺院名称	衡山南台寺	
地址	南岳衡山瑞应峰下	
保护级别	全国汉族地区佛教重点寺院	
选址	山林、陡坡	
建筑层数	1	
目前用途	旅游、禅宗曹洞宗寺院	
整体完整度	1	
建筑质量	1	
建筑风貌	屋顶 W	1
	墙体 Q	1
	台基 T	1
	门窗 M	1
	装饰 Z	1

特色及价值：主体建筑包括四部分，主体建筑与山门不在一条轴线上，另成一组。采用中轴对称式布局。多为硬山式建筑，青砖砌筑，小青瓦屋面。南朝梁天监光大年间初创，主体建筑为清光绪年间重建

调查表 3

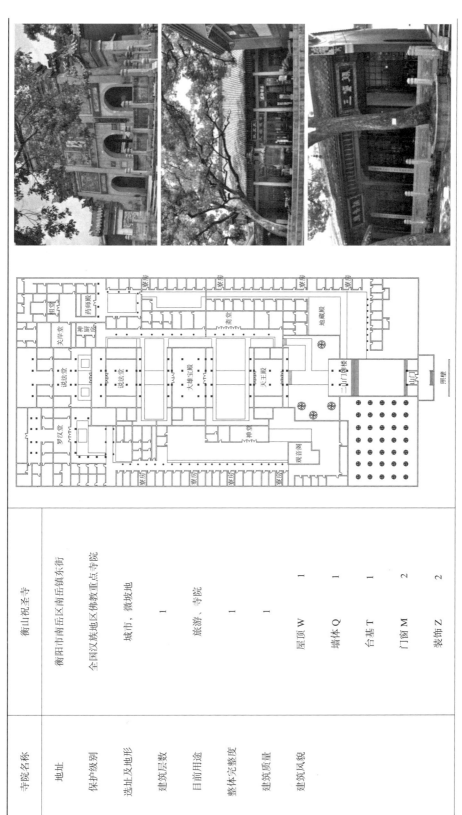

寺院名称	衡山祝圣寺
地址	衡阳市南岳区南岳镇东街
保护级别	全国汉族地区佛教重点寺院
选址及地形	城市，微坡地
建筑层数	1
目前用途	旅游，寺院
整体完整度	1
建筑质量	1
建筑风貌	屋顶 W　1
	墙体 Q　1
	台基 T　1
	门窗 M　2
	装饰 Z　2

特色及价值：六进四横六个院落组成，装饰有五龙照壁。始建于唐代，五代楚王改名"报国寺"，现存建筑为清代重修

调查表 4

寺院名称	衡山福严寺
地址	南岳衡山掷钵峰东麓
保护级别	全国汉族地区佛教重点寺院
选址	山林、陡山地
建筑层数	1
目前用途	旅游、禅宗寺院
整体完整度	1
建筑质量	1
建筑风貌	屋顶 W 1
	墙体 Q 1
	台基 T 2
	门窗 M 1
	装饰 Z 1

特色及价值：原名般若寺，天台宗三祖慧思大师所建。建筑沿山势而建，布局紧凑，色调朴素。现为新建建筑

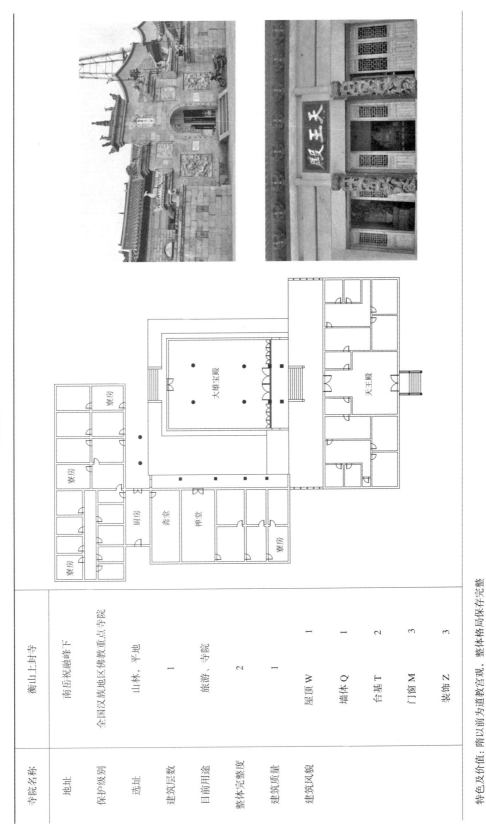

调查表 5

寺院名称	衡山上封寺			
地址	南岳祝融峰下			
保护级别	全国汉族地区佛教重点寺院			
选址	山林、平地			
建筑层数	1			
目前用途	旅游、寺院			
整体完整度	2			
建筑质量	1			
建筑风貌	屋顶 W	1		
	墙体 Q	1		
	台基 T	2		
	门窗 M	3		
	装饰 Z	3		

特色及价值：隋以前为道教宫观，整体格局保存完整

调查表6

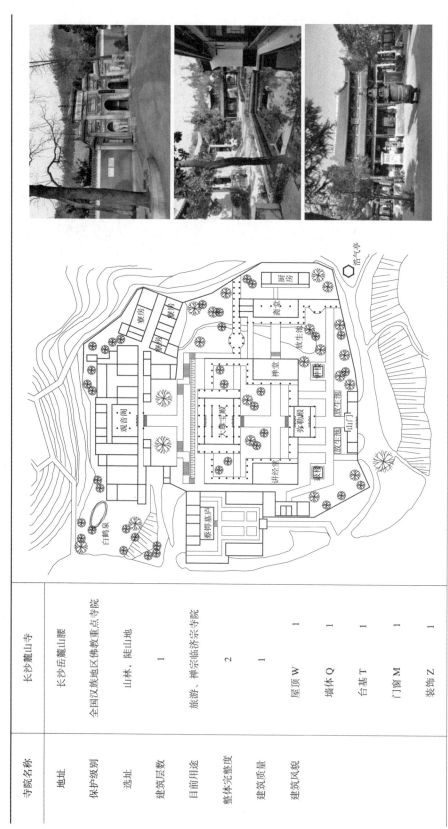

寺院名称	长沙麓山寺			
地址	长沙岳麓山腰			
保护级别	全国汉族地区佛教重点寺院			
选址	山林、陡山地			
建筑层数	1			
目前用途	旅游、禅宗临济宗寺院			
整体完整度	2			
建筑质量	1			
建筑风貌	屋顶 W	1		
	墙体 Q	1		
	台基 T	1		
	门窗 M	1		
	装饰 Z	1		

特色及价值：大雄宝殿重檐歇山顶，面阔七间，进深六间，红墙黄瓦。始建于西晋泰始四年，以后进行了几次大规模的重建，弥勒殿、大雄宝殿、斋堂等建筑于1944年被日军炸毁，仅存山门和观音阁。其他建筑均于1982—1988年间修复

调查表 7

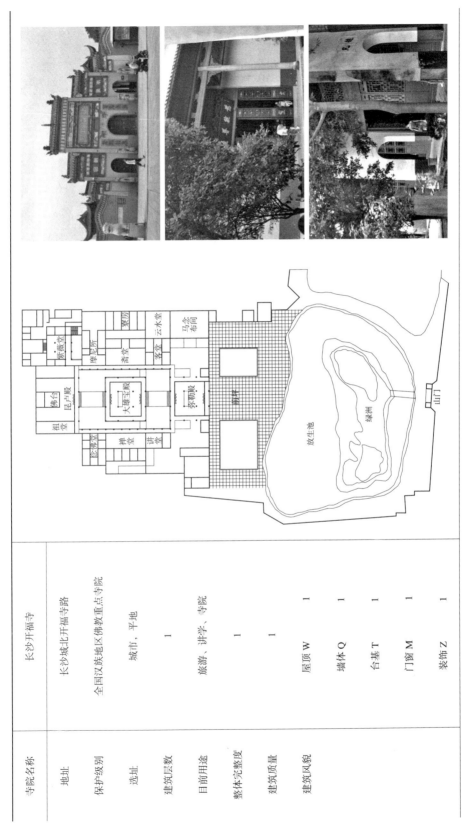

寺院名称	长沙开福寺			
地址	长沙城北开福寺路			
保护级别	全国汉族地区佛教重点寺院			
选址	城市、平地			
建筑层数	1			
目前用途	旅游、讲学、寺院			
整体完整度	1			
建筑质量	1			
建筑风貌	屋顶 W　1	墙体 Q　1	台基 T　1	门窗 M　1
			装饰 Z　1	

特色及价值：始建于五代时期，距今已有 1000 多年历史。现存中轴线上的主体建筑为清代建筑，其他建筑均毁于战火，为 1990 年代后新建

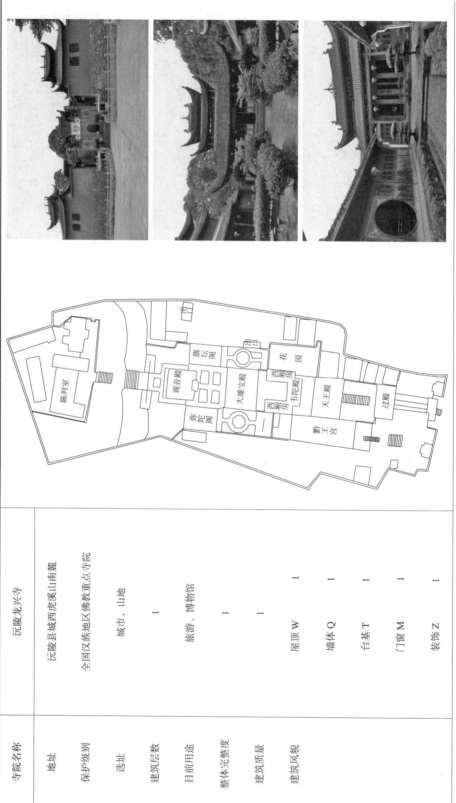

调查表 8

寺院名称	沅陵龙兴寺	
地址	沅陵县城西虎溪山南麓	
保护级别	全国汉族地区佛教重点寺院	
选址	城市，山地	
建筑层数	1	
目前用途	旅游，博物馆	
整体完整度	1	
建筑质量	1	
建筑风貌	屋顶 W	1
	墙体 Q	1
	台基 T	1
	门窗 M	1
	装饰 Z	1

特色及价值：主体木构架柱：梁、枋等，皆系采元代时代遗存。大殿有 8 根直径达 80 多厘米的楠木内柱，柱身呈梭状，上下细中间粗

调查表 9

寺院名称	永州蓝山塔下寺					
地址	永州蓝山县城东回龙山下					
保护级别	湖南省文物保护单位					
选址	城市，微坡地					
建筑层数	2					
目前用途	旅游、禅修寺院					
整体完整度	3					
建筑质量	2					
建筑风貌	屋顶 W	2	墙体 Q	2	台基 T	3
	门窗 M	2	装饰 Z	2		
特色及价值：传劳塔为砖石结构，平面为正八边形，七层，高 40 米，塔基为天然岩石，塔体为青砖砌就。湖南省内塔寺合一且保存完好的孤例						

调查表 10

寺院名称	湘乡云门寺
地址	湖南省湘乡城关区
保护级别	湖南省文物保护单位
选址及地形	城市，平地
建筑层数	1，2
目前用途	旅游、祭祀、礼拜
整体完整度	1
建筑质量	1
建筑风貌	屋顶 W 1
	墙体 Q 1
	台基 T 1
	门窗 M 1
	装饰 Z 1

特色及价值：山门外左有龙王庙，右有土地祠，均为硬山式小青瓦屋面。山门屋脊高耸，封火山墙具有湖南地方建筑韵味。

调查表 11

寺院名称	宁乡密印寺				
地址	位于宁乡县沩山毗卢峰下				
保护级别	湖南省文物保护单位				
选址	山林、山地				
建筑层数	1、2				
目前用途	旅游、禅宗沩仰宗寺院				
整体完整度	1				
建筑质量	1				
建筑风貌	屋顶 W	1			
	墙体 Q	1			
	台基 T	1			
	门窗 M	1			
	装饰 Z	1			

特色及价值：正殿万佛殿重檐歇山顶，覆黄色琉璃瓦顶，殿内有 38 根粗大的白色花岗岩石柱，屋檐下有繁缛的如意斗拱装饰

调查表 12

寺院名称	浏阳石霜寺				
地址	浏阳金刚乡石庄村双华山				
保护级别	湖南省文物保护单位				
选址	山林、缓坡地				
建筑层数	1、2				
目前用途	旅游、祭祀、礼拜				
整体完整度	1				
建筑质量	1				
建筑风貌	屋顶 W	5			
	墙体 Q	4			
	台基 T	4			
	门窗 M	5			
	装饰 Z	4			

特色及价值：始建于唐代，历经各朝修缮，新建筑为清代格局。多为红墙黄瓦

调查表 13

寺院名称	石门夹山寺					
地址	位于湖南省石门县东南约 15 公里处					
保护级别	湖南省文物保护单位					
选址	山林、山地					
建筑层数	1					
目前用途	旅游、禅宗寺院					
整体完整度	1					
建筑质量	1					
建筑风貌	屋顶 W	3				
	墙体 Q	2				
	台基 T	3				
	门窗 M	3				
	装饰 Z	4				

特色及价值：大雄宝殿为清朝时期重建，面积 500 多平方米，五架梁、鳌鱼收尾

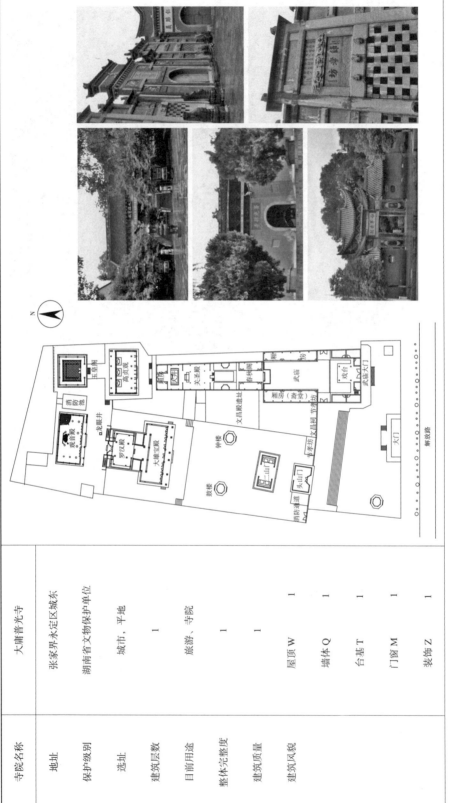

调查表 14

寺院名称	大庸普光寺				
地址	张家界永定区城东				
保护级别	湖南省文物保护单位				
选址	城市，平地				
建筑层数	1				
目前用途	旅游、寺院				
整体完整度	1				
建筑质量	1				
建筑风貌	屋顶 W	1			
	墙体 Q	1			
	台基 T	1			
	门窗 M	1			
	装饰 Z	1			

特色及价值：罗汉殿紧靠水火二池。殿内16根大木柱，取自然形态，弯曲歪斜，自古就有"柱曲梁歪屋不斜"的说法，为全国寺庙建筑所罕见

调查表 15

寺院名称	攸县宝宁寺				
地址	攸县城东北 50 公里的黄丰桥镇乌井村				
保护级别	株洲县文物保护单位				
选址	城市、平地				
建筑层数	1				
目前用途	旅游、祭祀、礼拜				
整体完整度	2				
建筑质量	1				
建筑风貌	屋顶 W	墙体 Q	台基 T	门窗 M	装饰 Z
	1	1	1	1	1

特色及价值：分三进，前有关圣殿、韦驮殿，钟鼓楼、藏经阁，中有大雄宝殿，左有斋室斋堂，右有方丈"千人床"，后有观音堂、功德堂

调查表 16

寺院名称	衡山大善寺	
地址	南岳古镇北支街	
保护级别	南岳区文物保护单位	
选址	城市、平地	
建筑层数	1	
目前用途	比丘尼禅修寺院、讲习所	
整体完整度	2	
建筑质量	2	
建筑风貌	屋顶 W	2
	墙体 Q	2
	台基 T	2
	门窗 M	2
	装饰 Z	2

特色及价值：始建于南朝陈光大元年（567），损毁严重，现为重建

调查表 17

寺院名称	衡山藏经殿		
地址	南岳衡山祥光峰下		
保护级别	南岳区文物保护单位		
选址及地形	山林，微坡地		
建筑层数	1		
目前用途	旅游、祭祀、礼拜		
整体完整度	1		
建筑质量	2		
建筑风貌	屋顶 W	1	
	墙体 Q	1	
	台基 T	2	
	门窗 M	2	
	装饰 Z	2	
特色及价值：只有一栋殿宇，选址奇巧，环境幽静，藏在岭腹			

调查表 18

寺院名称	衡山五岳殿
地址	南岳芙蓉峰下
保护级别	南岳区文物保护单位
选址	山林、山地
建筑层数	1
目前用途	旅游、寺院
整体完整度	1
建筑质量	2
建筑风貌	屋顶 W 2
	墙体 Q 1
	台基 T 2
	门窗 M 2
	装饰 Z 2

特色及价值：由山门、正殿和后殿组成，石墙铁瓦

调查表 19

寺院名称	衡山高台寺	
地址	南岳衡山碧螺峰	
保护级别	南岳区文物保护单位	
选址	山林、山地	
建筑层数	1	
目前用途	旅游、祭祀、礼拜	
整体完整度	1	
建筑质量	2	
建筑风貌	屋顶 W	2
	墙体 Q	2
	台基 T	2
	门窗 M	2
	装饰 Z	2

特色及价值：平面近方形，檐头翼出挑较大。寺在高台，居高临下

调查表 20

寺院名称	衡山铁佛寺	
地址	南岳衡山烟霞峰下	
保护级别	南岳区文物保护单位	
选址	山林，山地	
建筑层数	1	
目前用途	旅游、祭祀、礼拜	
整体完整度	1	
建筑质量	1	
建筑风貌	屋顶 W	1
	墙体 Q	2
	台基 T	2
	门窗 M	2
	装饰 Z	2

特色及价值：规模较小，石墙铁瓦，殿内供铁无量寿佛一尊，明代制

调查表 21

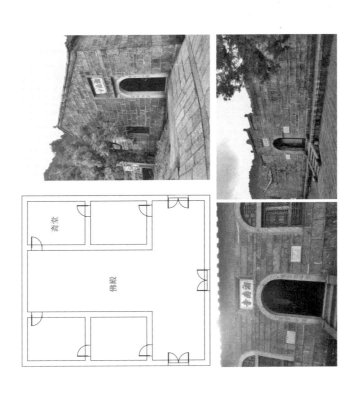

寺院名称	衡山湘南寺
地址	南岳芙蓉峰下
保护级别	南岳区文物保护单位
选址	山林，陡坡
建筑层数	1
目前用途	旅游、禅宗寺院
整体完整度	1
建筑质量	1
建筑风貌	屋顶 W　　1
	墙体 Q　　1
	台基 T　　2
	门窗 M　　2
	装饰 Z　　2

特色及价值：殿身五间，为石墙铁瓦，形制手法古朴

调查表 22

寺院名称	衡山祝融殿
地址	南岳衡山祝融峰顶
保护级别	南岳区文物保护单位
选址及地形	山林、山地、微坡地
建筑层数	1
目前用途	祭祀圣帝、旅游
整体完整度	1
建筑质量	2
建筑风貌	屋顶 W 1
	墙体 Q 1
	台基 T 2
	门窗 M 2
	装饰 Z 1

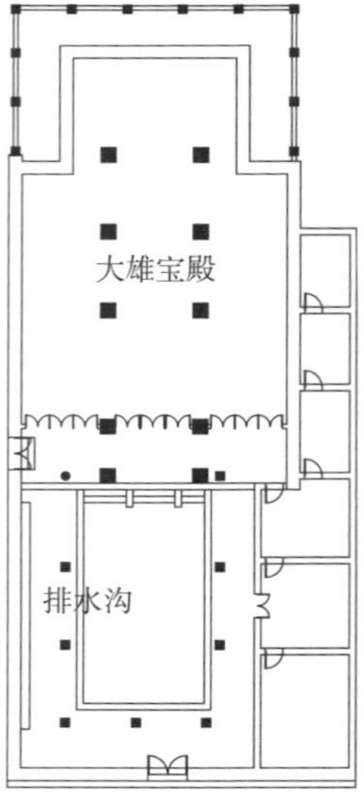

特色及价值：位于南岳祝融顶，建于峰之绝顶，石墙铁瓦

调查表 23

寺院名称	衡山广济寺				
地址	南岳毗卢洞盆谷中				
保护级别	无				
选址	山林、陡山地				
建筑层数	2、3				
目前用途	旅游、禅宗寺院				
整体完整度	3				
建筑质量	1				
建筑风貌	屋顶 W	5			
	墙体 Q	5			
	台基 T	5			
	门窗 M	5			
	装饰 Z	5			

特色及价值：位处毗卢洞，构成完整的幽深境界。所有建筑均在原址上新建

调查表 24

寺院名称	辰溪丹山寺		
地址	辰溪县沅水、辰水交汇处的沅水南岸		
保护级别	辰溪县县级保护单位		
选址	山林、临水、悬崖		
建筑层数	1		
目前用途	旅游、寺院		
整体完整度	2		
建筑质量	3		
建筑风貌	屋顶 W	3	
	墙体 Q	3	
	台基 T	3	
	门窗 M	3	
	装饰 Z	2	

特色及价值：建于悬崖，寺内有洞，寺内供奉观音，洞内供奉张果老果等

调查表 25

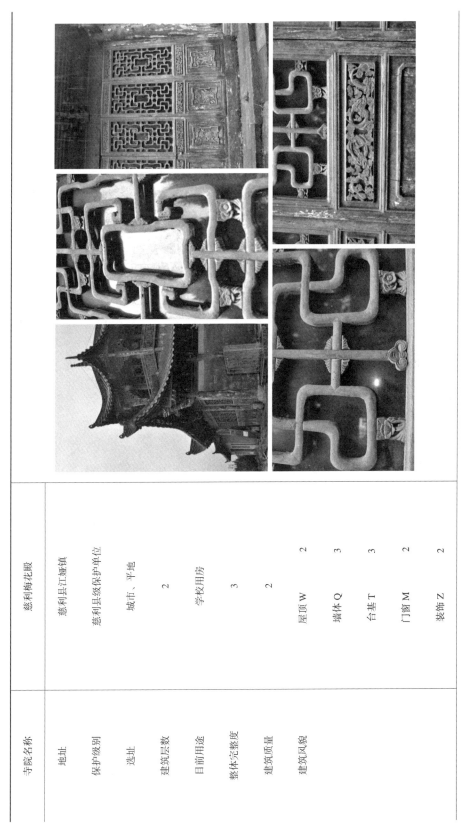

寺院名称	慈利梅花殿		
地址	慈利县江垭镇		
保护级别	慈利县级保护单位		
选址	城市、平地		
建筑层数	2		
目前用途	学校用房		
整体完整度	3		
建筑质量	2		
建筑风貌	屋顶 W	2	
	墙体 Q	3	
	台基 T	3	
	门窗 M	2	
	装饰 Z	2	

特色及价值：始建于唐，殿坐南朝北，全殿不用一钉，四周全是梅花木刻组成的图案，古朴雅致

调查表 26

寺院名称	长沙洗心禅寺	
地址	望城县黄金乡	
保护级别	无	
选址	城市，平地	
建筑层数	1、2	
目前用途	旅游、讲学、寺院	
整体完整度	1	
建筑质量	1	
建筑风貌	屋顶 W	5
	墙体 Q	5
	台基 T	5
	门窗 M	5
	装饰 Z	5

特色及价值：老建筑已毁，所有建筑均为新建

调查表 27

寺院名称	湘潭昭山寺		
地址	湘潭昭山山顶顶峰		
保护级别	湘潭县文物保护单位		
选址	山林、山地		
建筑层数	1		
目前用途	旅游、禅修寺院		
整体完整度	2		
建筑质量	2		
建筑风貌	屋顶 W	2	
	墙体 Q	3	
	台基 T	3	
	门窗 M	4	
	装饰 Z	3	

特色及价值：始建于唐代，建于昭山山顶。内设玄帝宫、玉皇阁、观音堂、关圣殿，佛道信仰集于一庙中

调查表 28

寺院名称	浏阳宝盖寺			
地址	浏阳市郊			
保护级别	无			
选址及地形	山林，缓平地			
建筑层数	1、2			
目前用途	现为净土宗寺院			
整体完整度	2			
建筑质量	1			
建筑风貌	屋顶 W	5		
	墙体 Q	5		
	台基 T	5		
	门窗 M	5		
	装饰 Z	5		

特色及价值：所有建筑均为新建。山后有禅宗临济宗祖师几十座灵骨塔

调查表 29

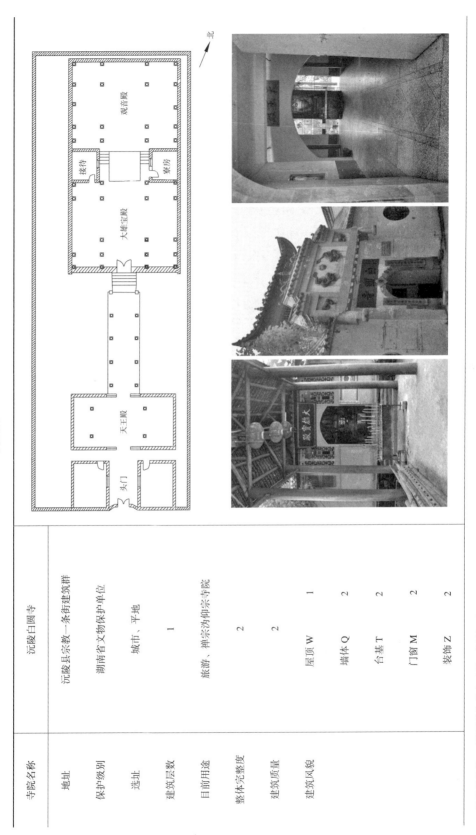

寺院名称	沅陵白圆寺
地址	沅陵县宗教一条街建筑群
保护级别	湖南省文物保护单位
选址	城市、平地
建筑层数	1
目前用途	旅游、禅宗沩仰宗寺院
整体完整度	2
建筑质量	2
建筑风貌	屋顶 W　1 墙体 Q　2 台基 T　2 门窗 M　2 装饰 Z　2

特色及价值：正殿覆黄色琉璃瓦顶，黄墙红瓦

调查表 30

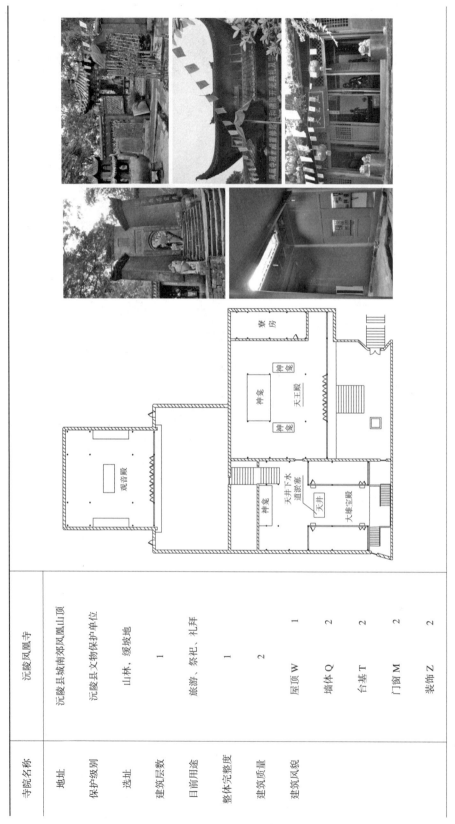

寺院名称	沅陵凤凰寺
地址	沅陵县城南郊凤凰山山顶
保护级别	沅陵县文物保护单位
选址	山林、缓坡地
建筑层数	1
目前用途	旅游、祭祀、礼拜
整体完整度	1
建筑质量	2
建筑风貌	屋顶 W 1
	墙体 Q 2
	台基 T 2
	门窗 M 2
	装饰 Z 2

特色及价值：始建于明代、沿山势而建、保存较为完整、建筑色彩以红色为主

图片来源：作者自绘自摄

附录3 湖南现存古代佛教寺院建筑图

1 福严寺大雄宝殿

名称	内容
平面图	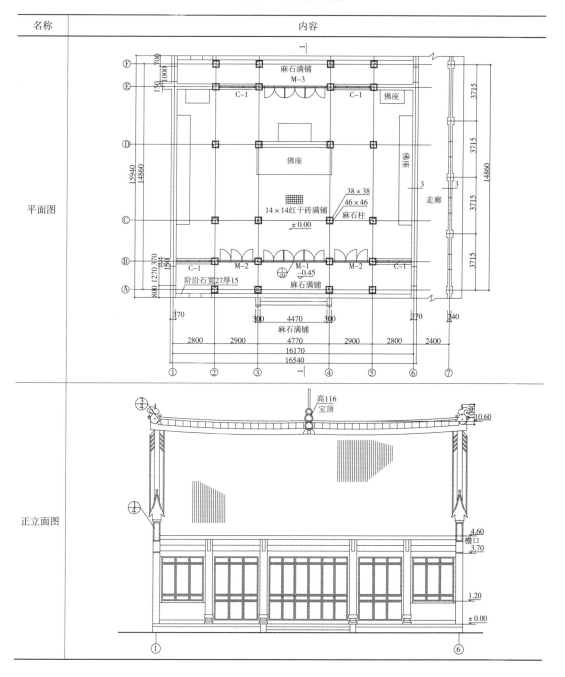
正立面图	

名称	内容
侧立面图	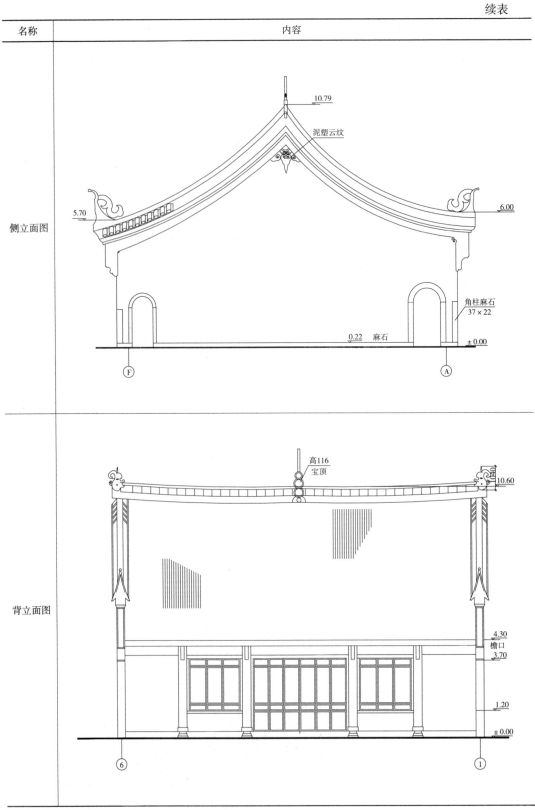
背立面图	

名称	内容
1-1 剖面图	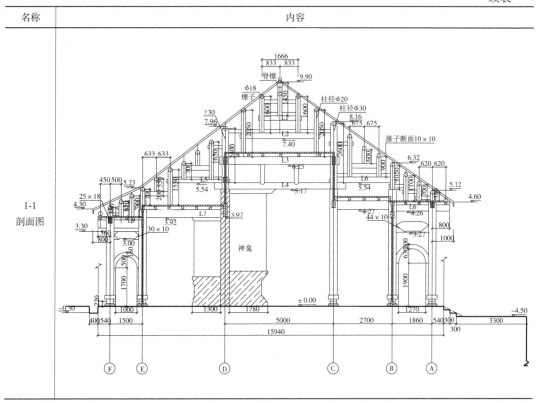

2　福严寺观岸堂

名称	内容
正立面图 背立面图	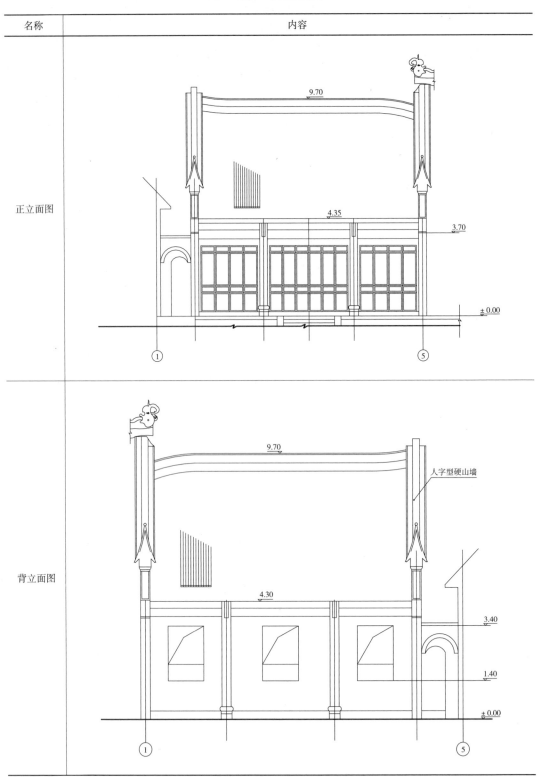

名称	内容
纵剖面图	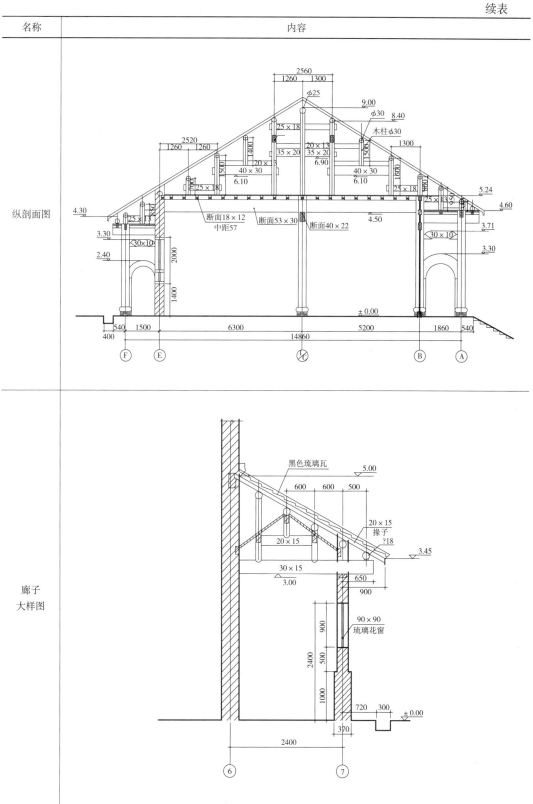
廊子大样图	

3　福严寺禅堂

名称	内容
平面图	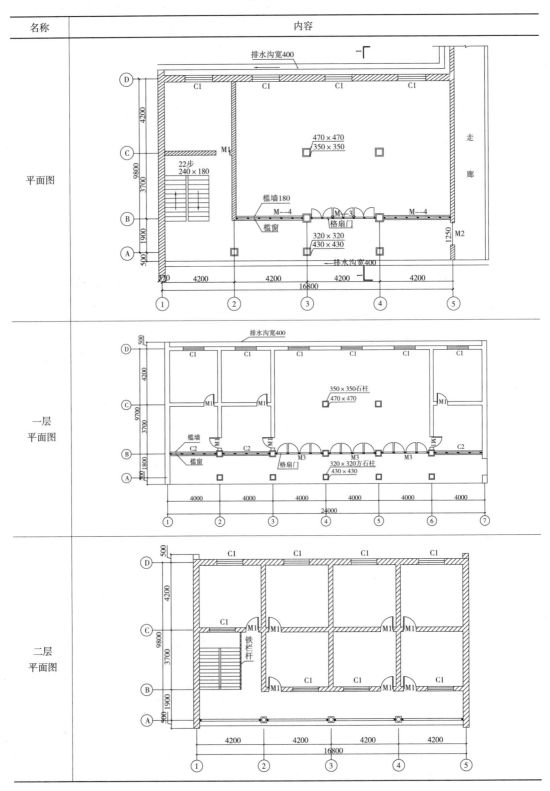
一层平面图	
二层平面图	

续表

名称	内容
正立面图	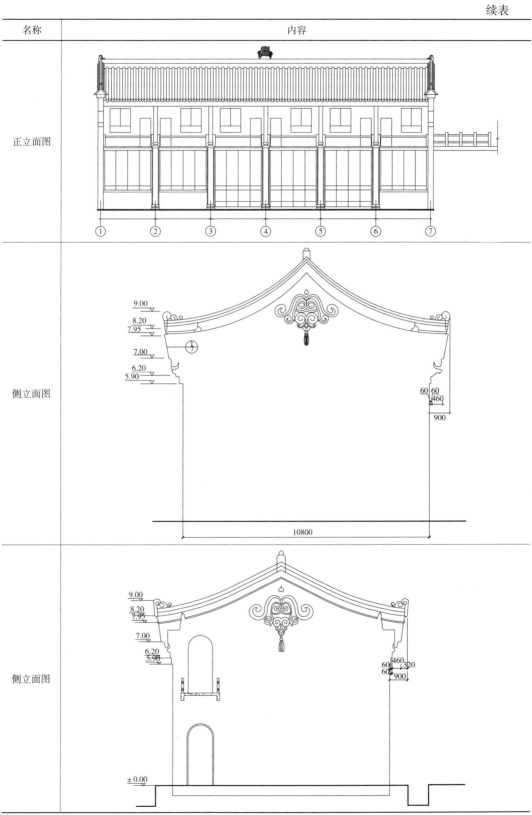
侧立面图	
侧立面图	

续表

名称	内容
背立面图	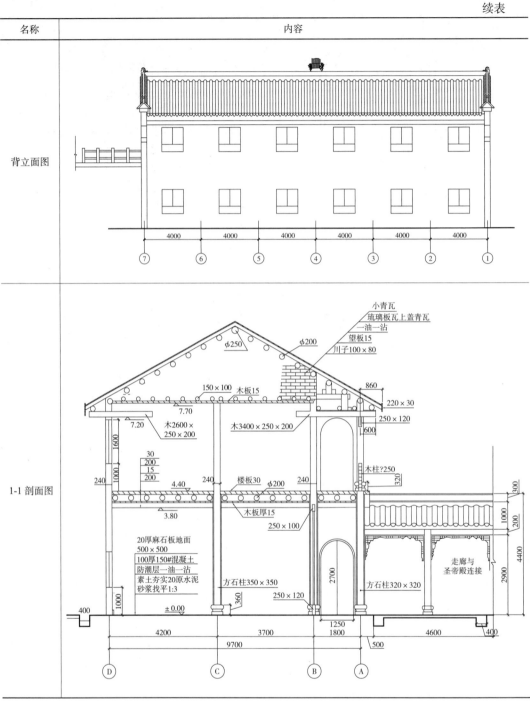
1-1 剖面图	

4　福严寺圣帝殿

名称	内容
平面图	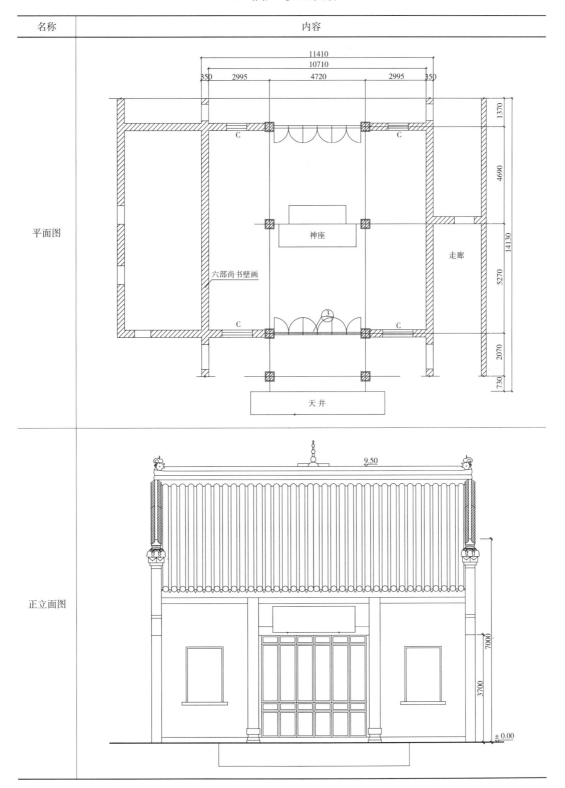
正立面图	

续表

名称	内容
侧立面图	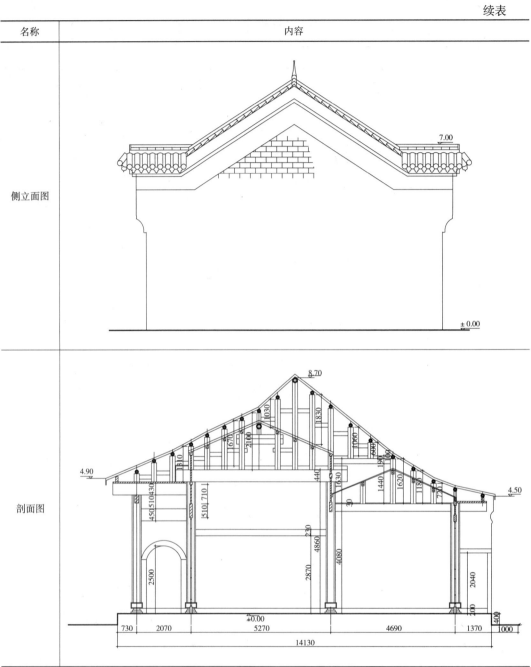
剖面图	

5　福严寺方丈楼

名称	内容
一层 平面图	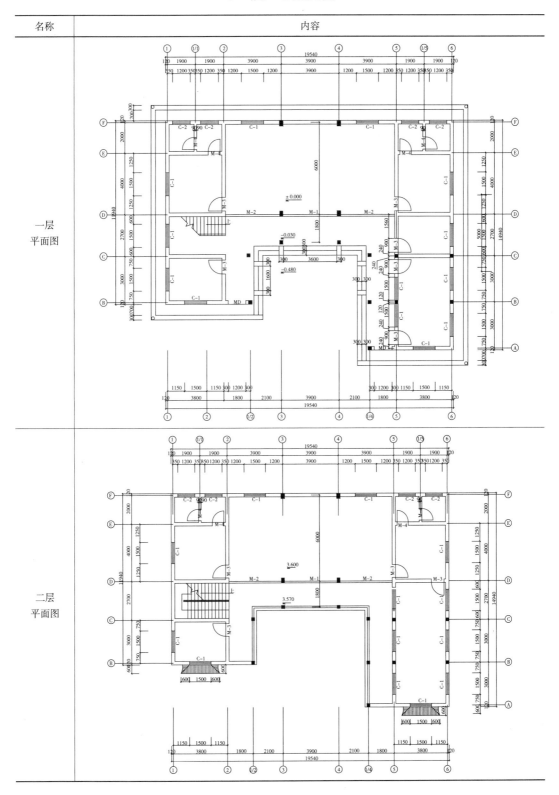
二层 平面图	

续表

名称	内容
屋顶平面图	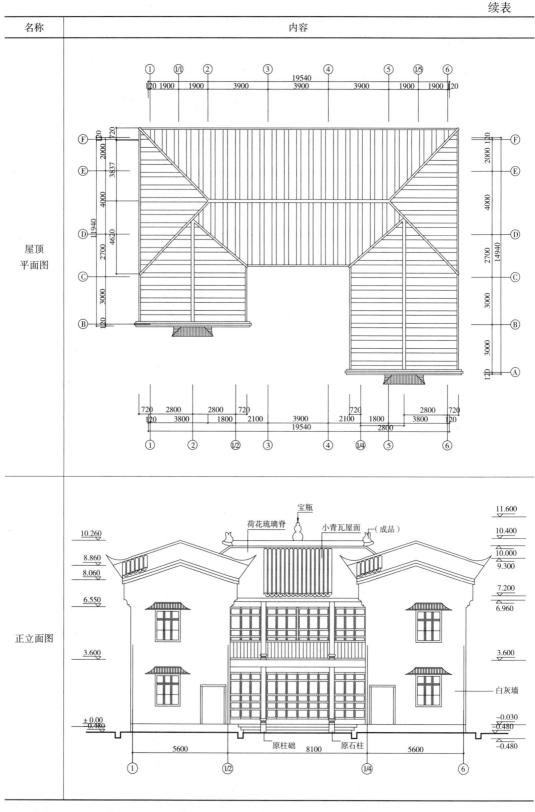
正立面图	

续表

名称	内容
横剖面图	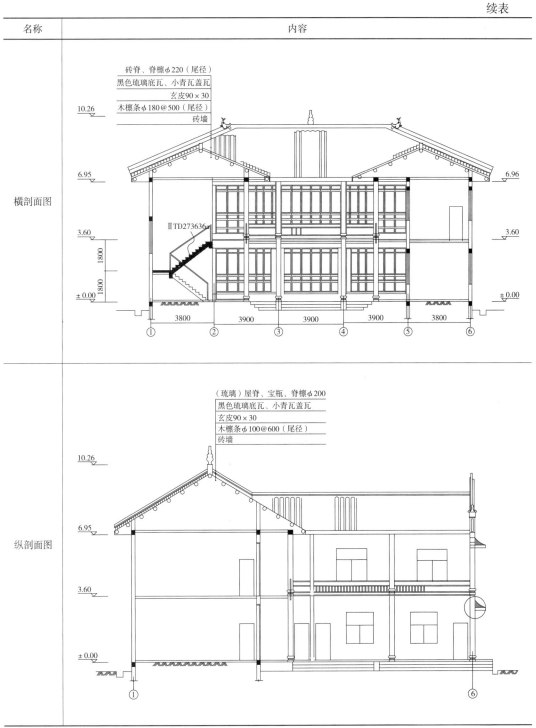
纵剖面图	

6 福严寺居士楼

名称	内容

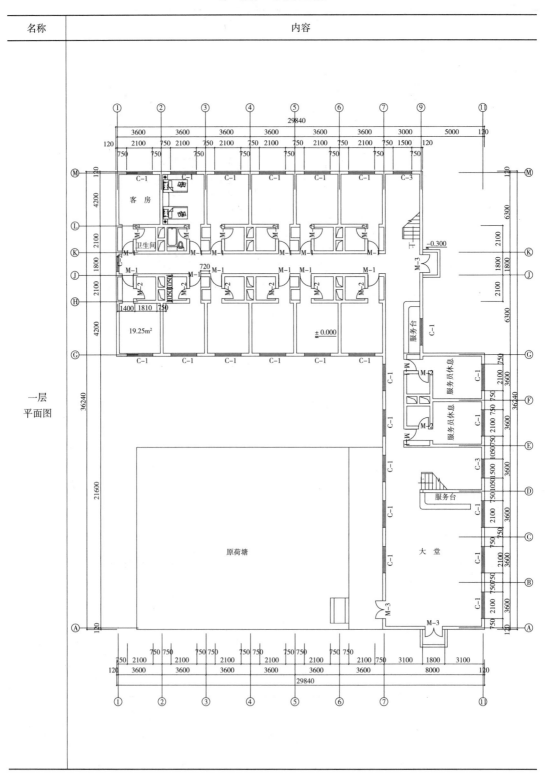

一层
平面图

续表

名称	内容
二层 平面图	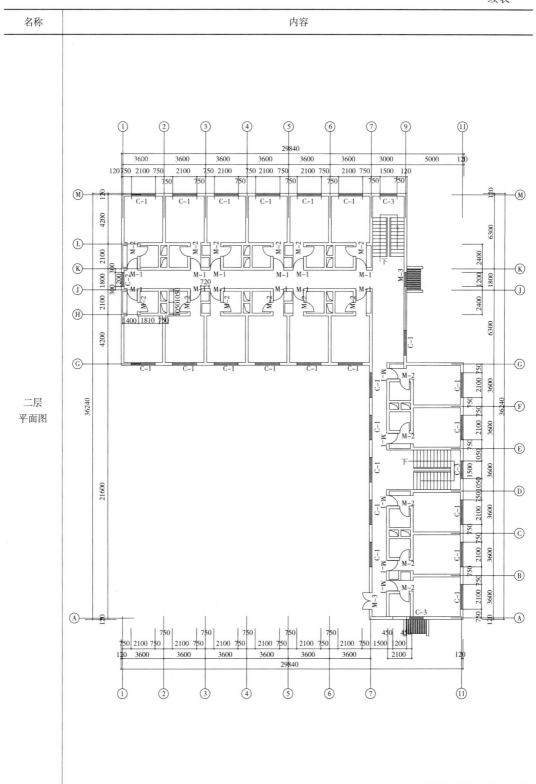

续表

名称	内容

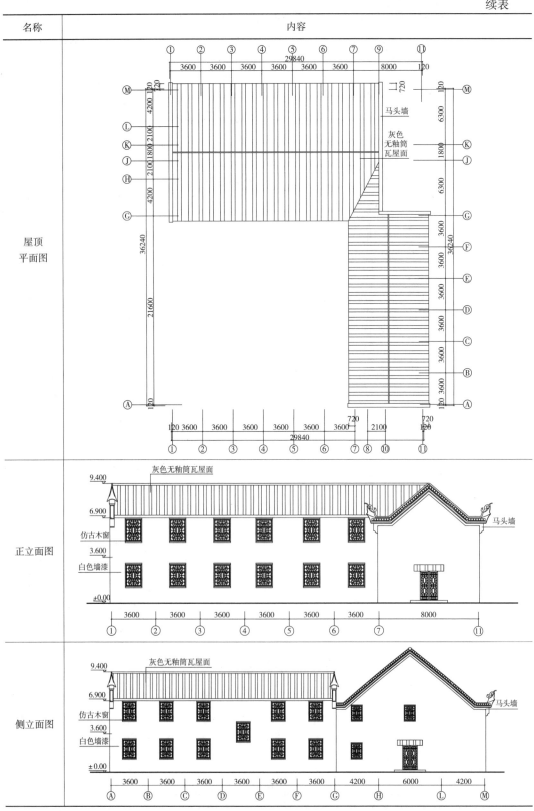

屋顶平面图

正立面图

侧立面图

7　福严寺知客堂

名称	内容
平面图	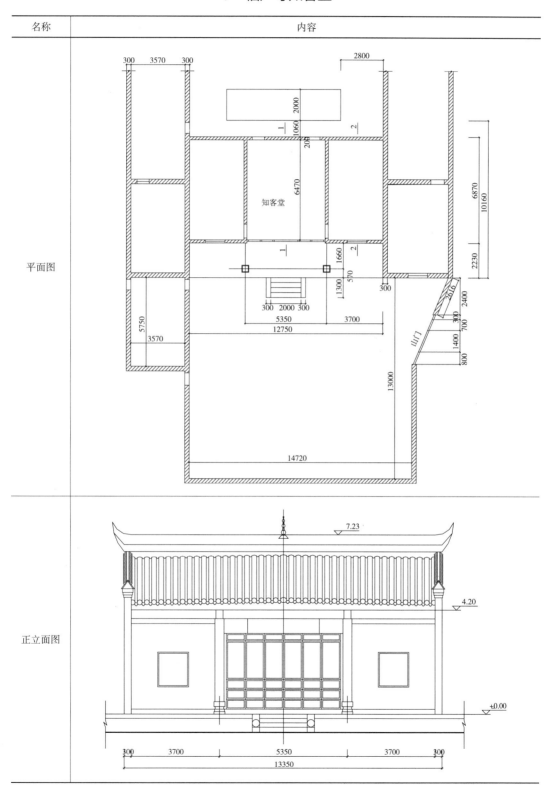
正立面图	

名称	内容
明间 剖面图	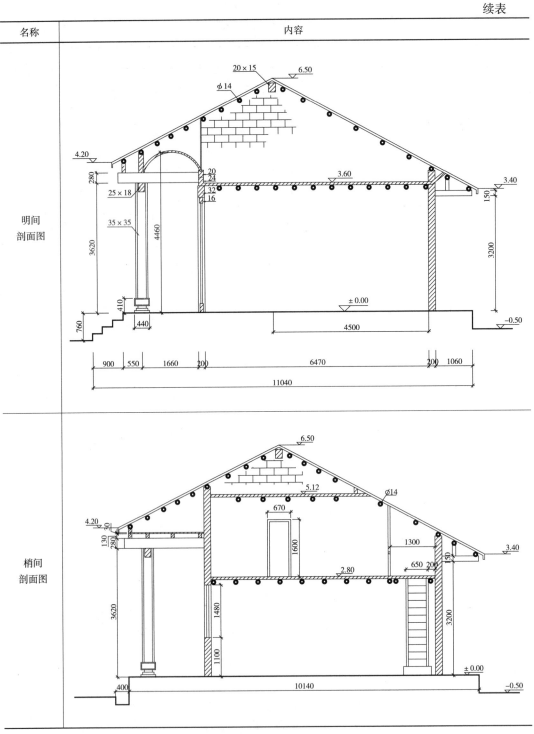
梢间 剖面图	

8 福严寺香积厨

名称	内容
一层 平面图	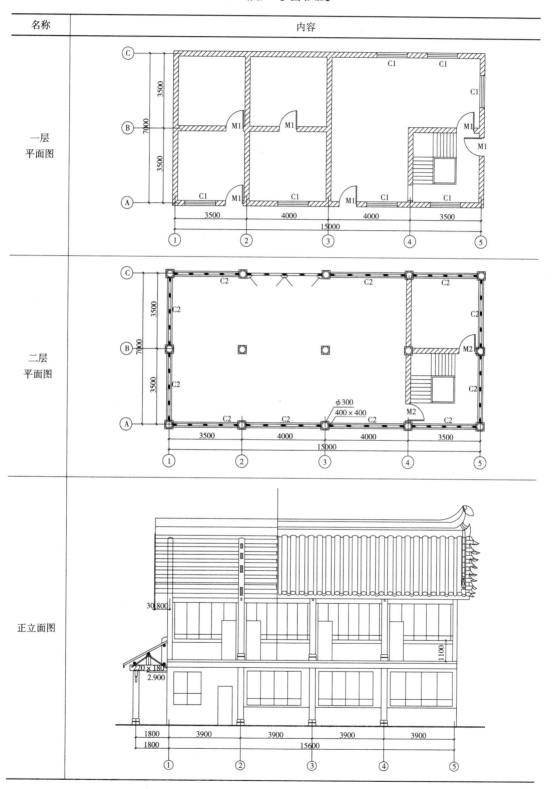
二层 平面图	
正立面图	

湖南古代佛教寺院建筑

续表

名称	内容
侧立面图	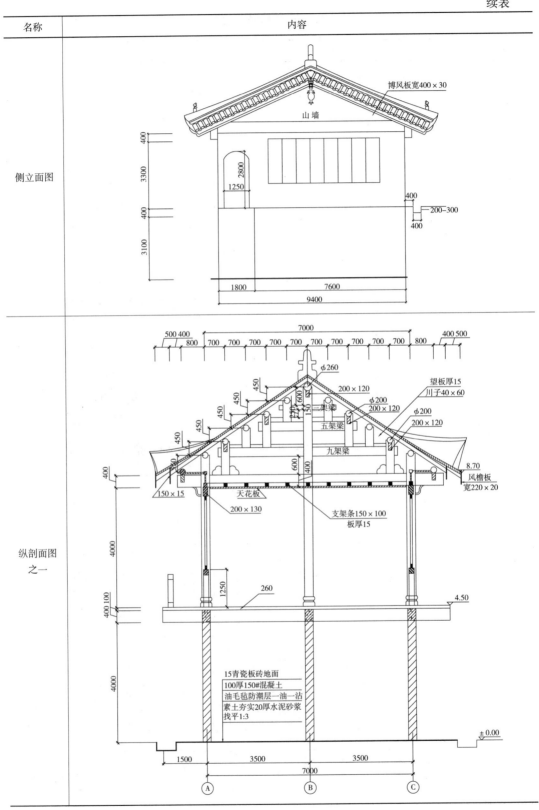
纵剖面图之一	

318

名称	内容
纵剖面图 之二	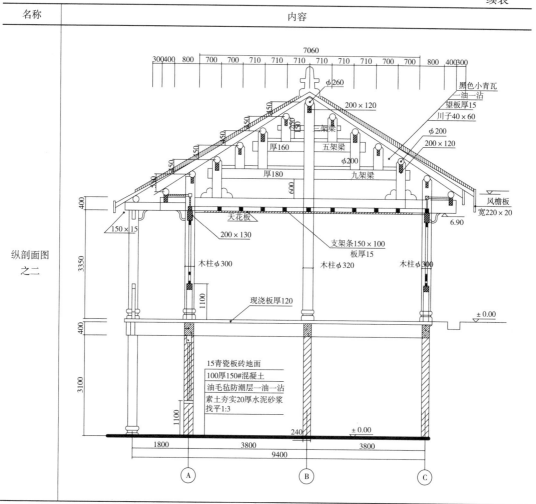

9　福严寺斋堂

名称	内容
一层 平面图	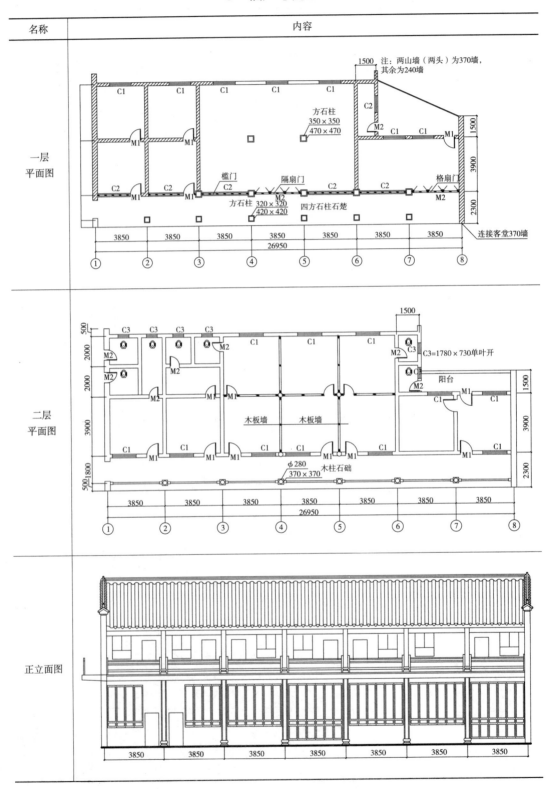
二层 平面图	
正立面图	

续表

名称	内容
纵剖面图之一	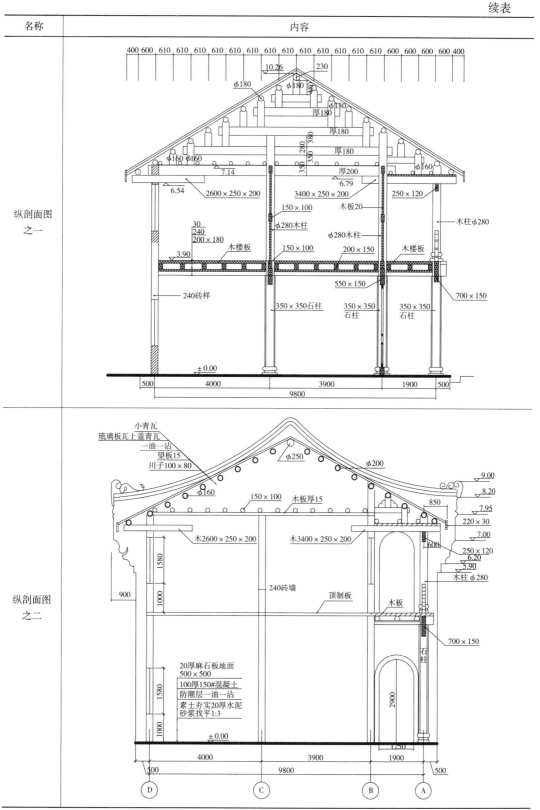
纵剖面图之二	

10　南台寺大雄宝殿

名称	内容
平面图	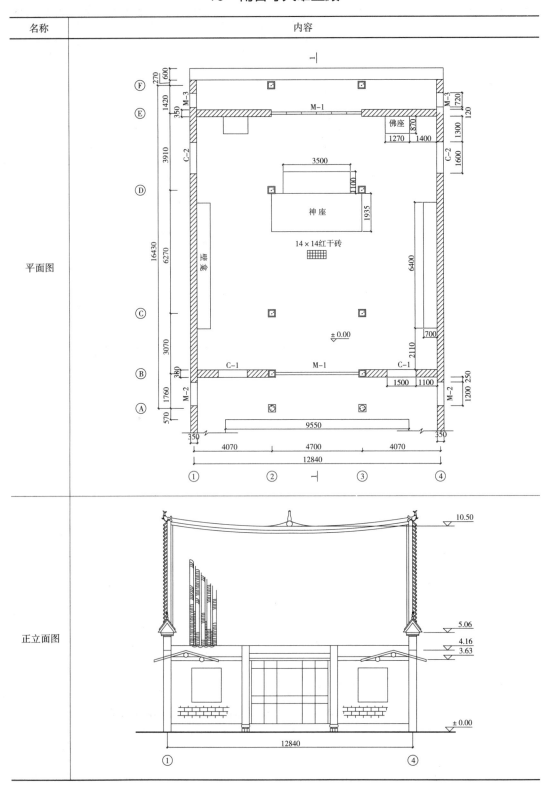
正立面图	

名称	内容
侧立面图 （含天王殿 部分）	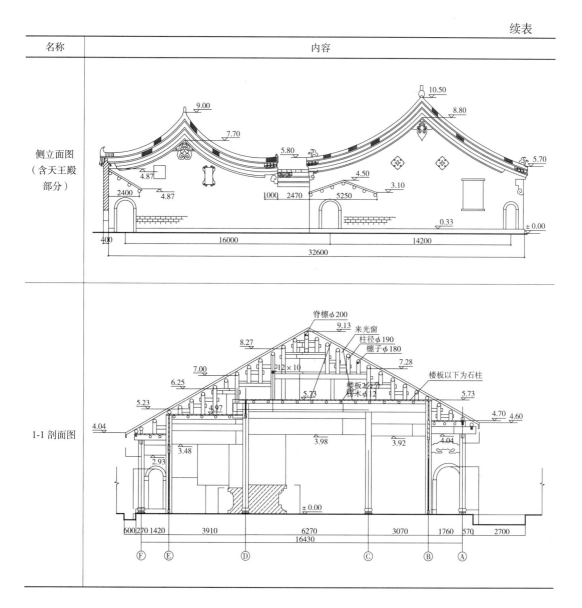
1-1 剖面图	

11 南台寺天王殿

名称	内容
平面图	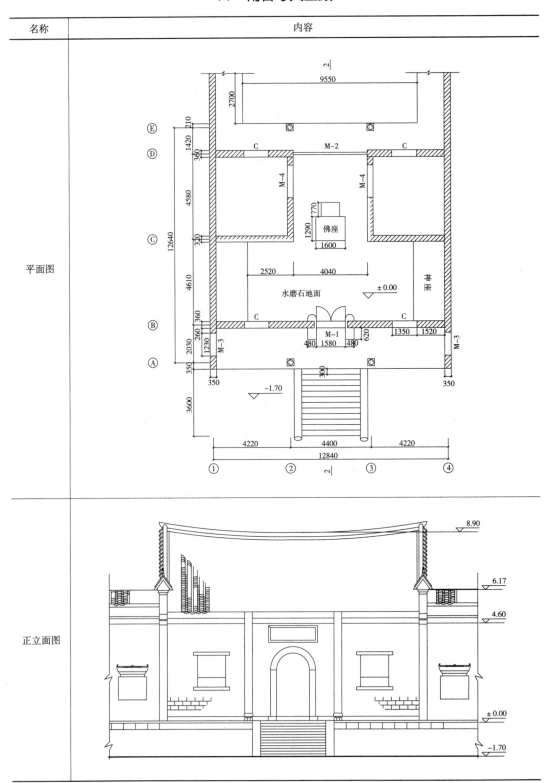
正立面图	

续表

名称	内容
2-2 剖面图	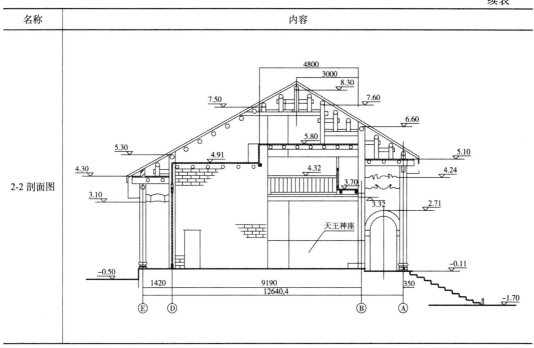

12 南台寺禅堂

名称	内容
一层 平面图	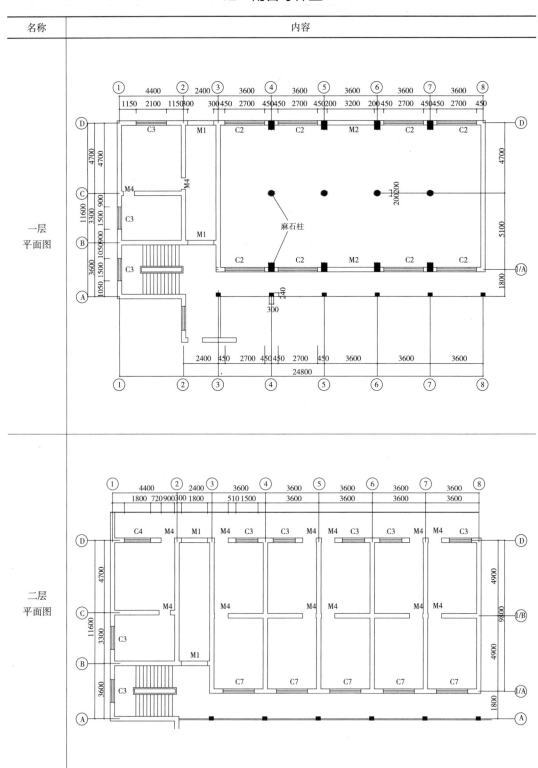
二层 平面图	

续表

名称	内容
屋顶 平面图	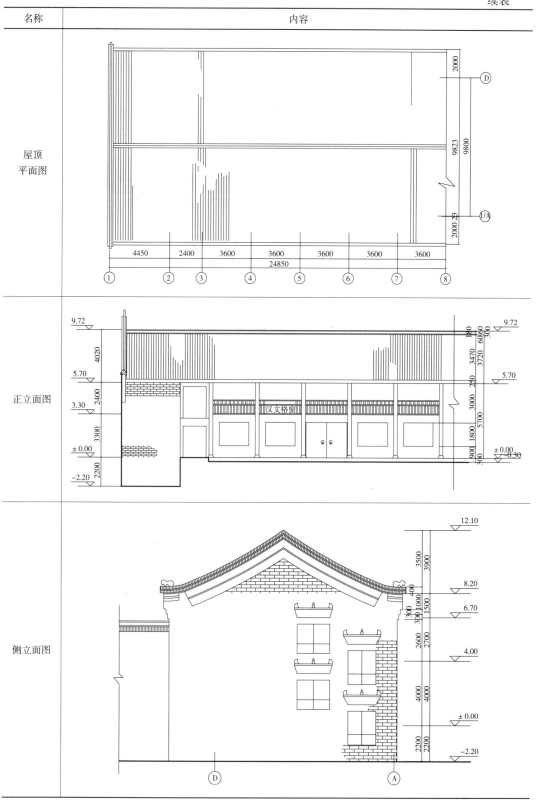
正立面图	
侧立面图	

名称	内容
纵剖面图之一	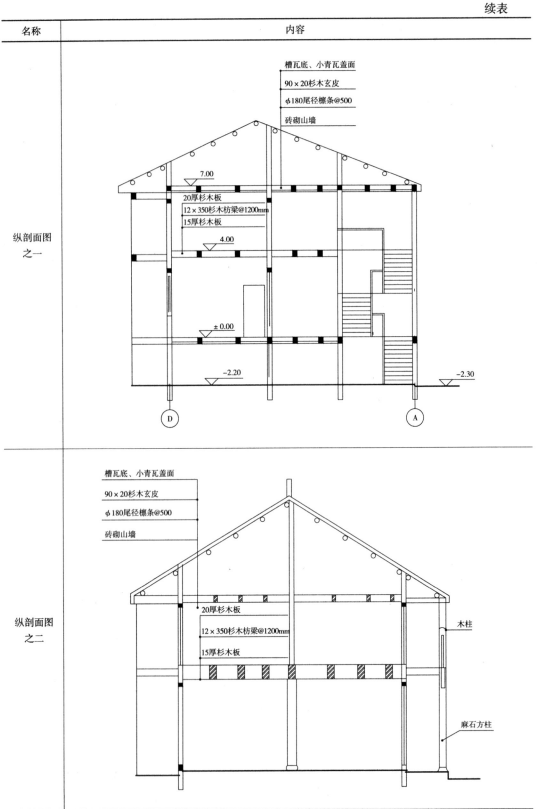
纵剖面图之二	

13　南台寺祖堂

名称	内容
一层 平面图 （含思本堂 部分） 正立面图	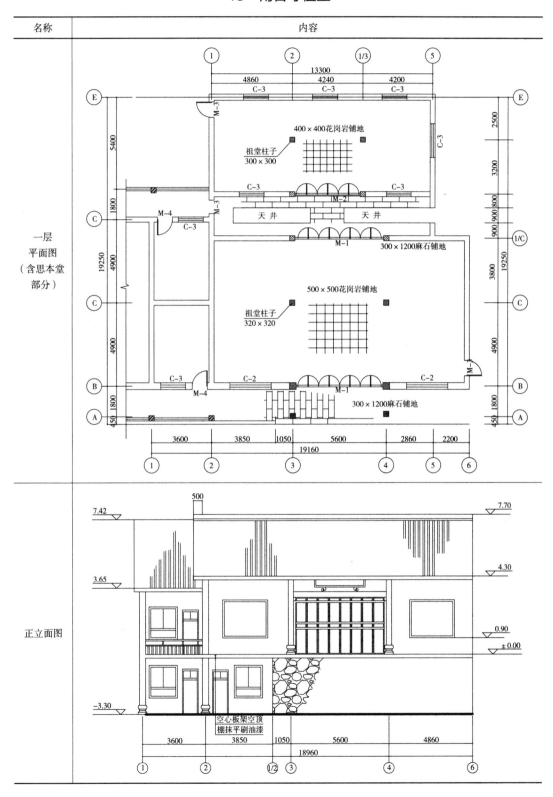

续表

名称	内容
纵剖面图 （含思本堂 部分）	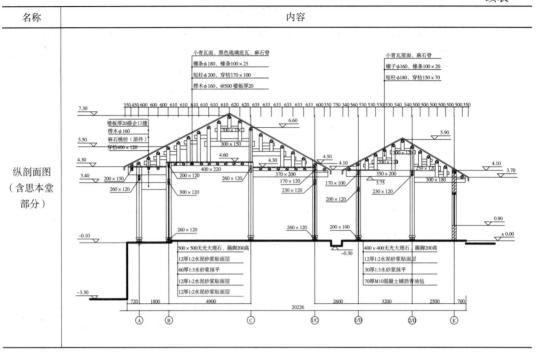

14　南台寺斋堂

名称	内容
一层 平面图	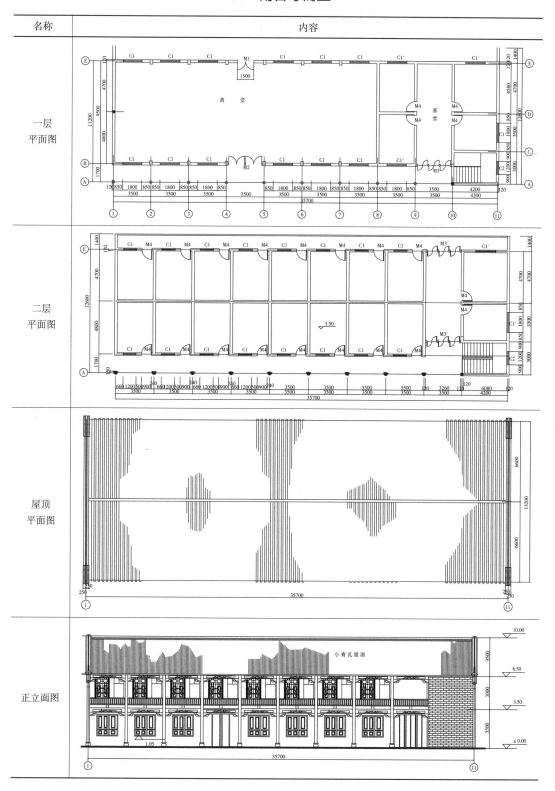
二层 平面图	
屋顶 平面图	
正立面图	

续表

名称	内容
侧立面图	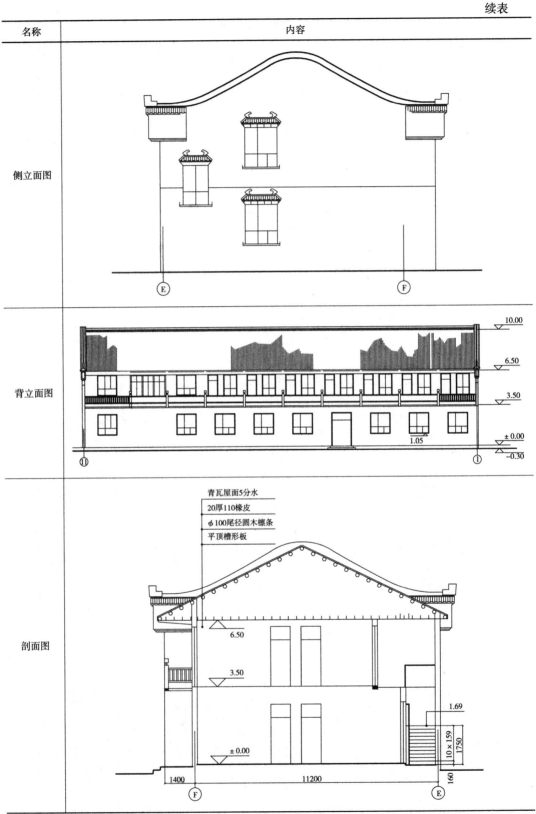
背立面图	
剖面图	

15　南台寺配房

名称	内容
正立面图	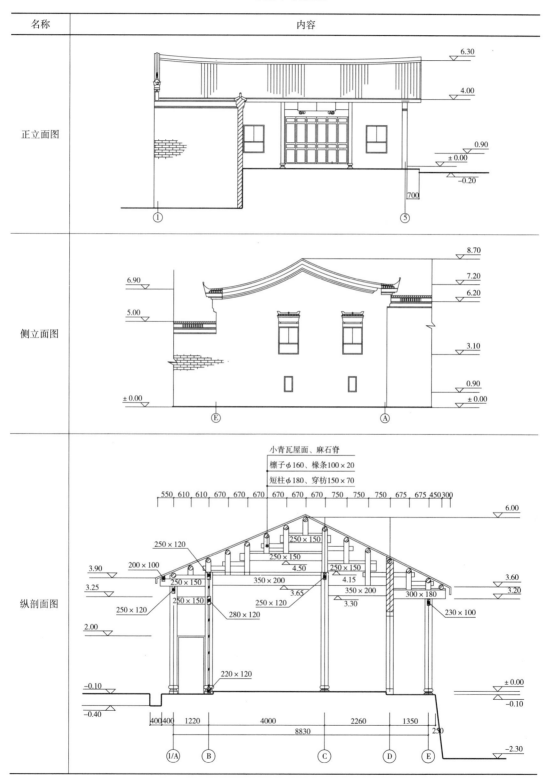
侧立面图	
纵剖面图	

16 南岳庙棂星门

名称	内容
平面图	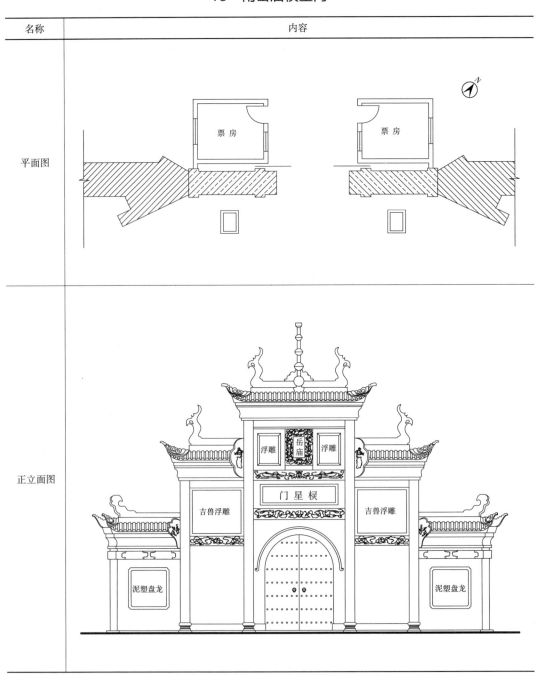
正立面图	

17　南岳庙奎星阁

名称	内容
平面图	
立面图	
剖面图	

18 南岳庙正南门

名称	内容
平面图	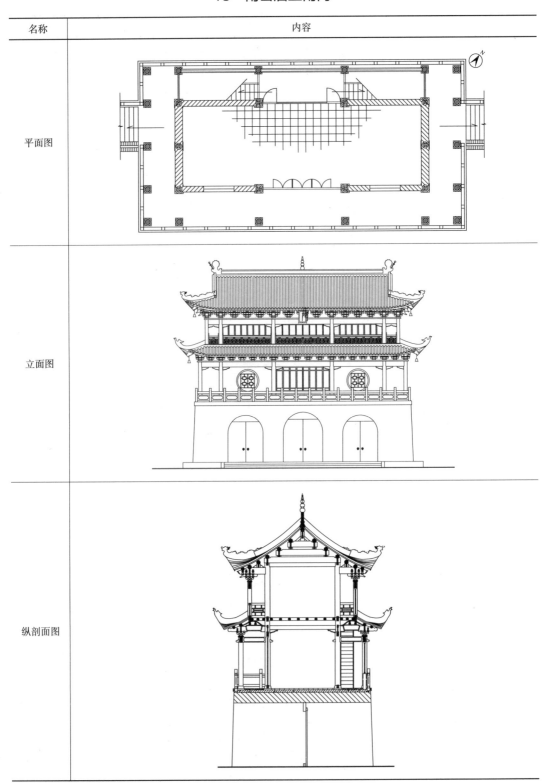
立面图	
纵剖面图	

19 南岳庙御碑亭

名称	内容
平面图	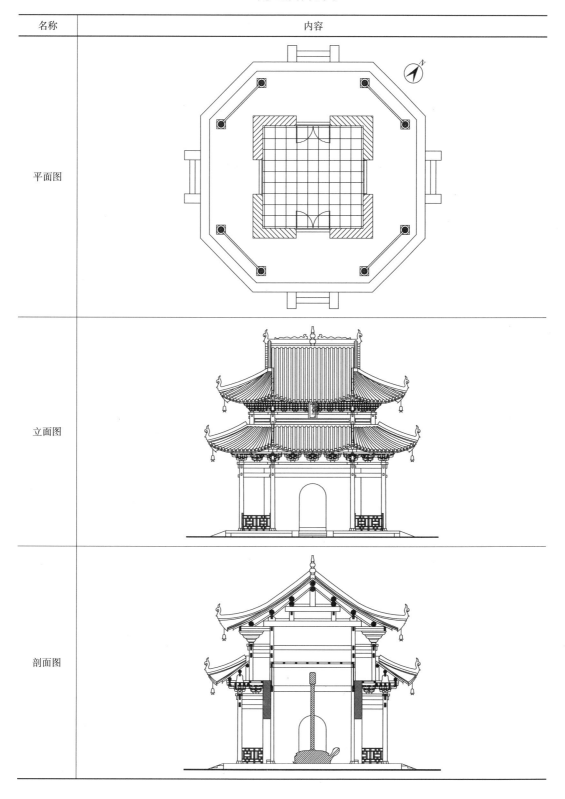
立面图	
剖面图	

20　南岳庙嘉应门

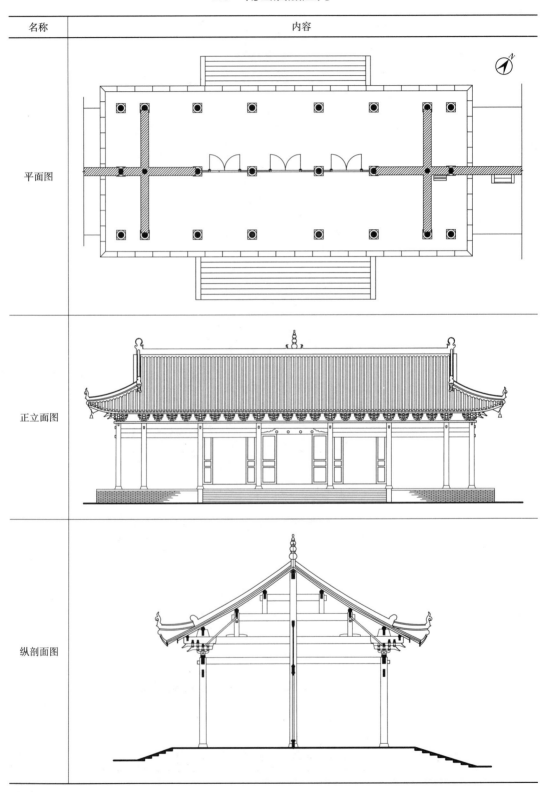

名称	内容
平面图	
正立面图	
纵剖面图	

21 南岳庙御书楼

名称	内容
平面图	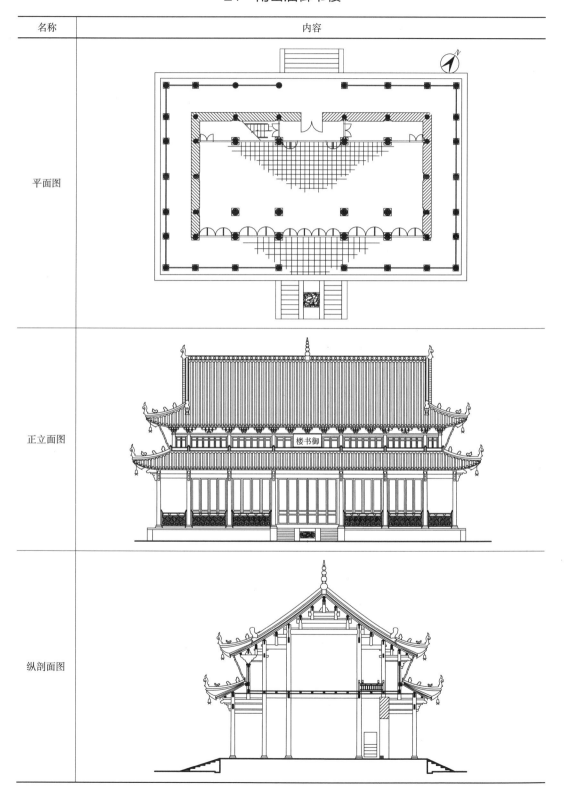
正立面图	
纵剖面图	

22　南岳庙圣帝殿

名称	内容
平面图	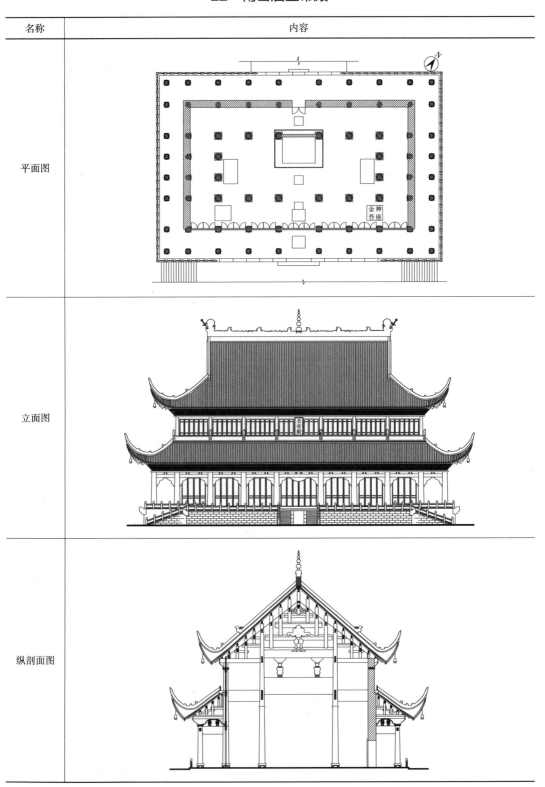
立面图	
纵剖面图	

23　南岳庙寝宫

名称	内容
平面图	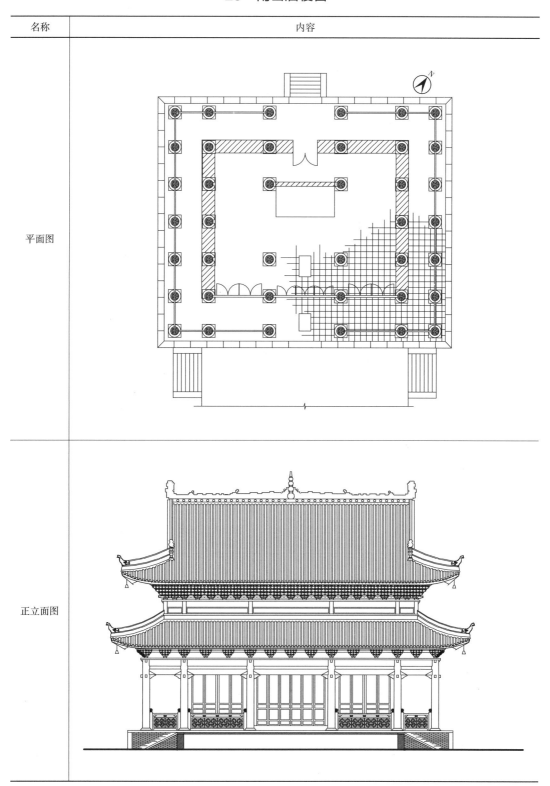
正立面图	

续表

名称	内容
纵剖面图	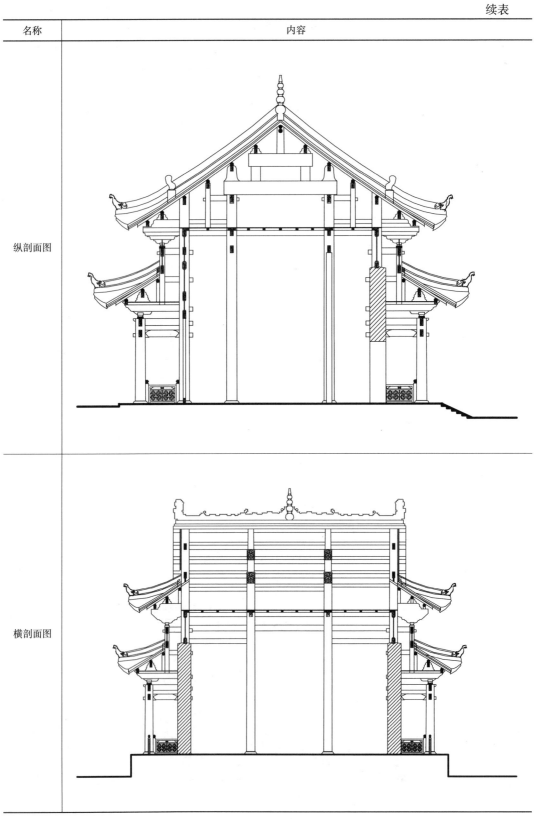
横剖面图	

24　南岳庙北后门

名称	内容
平面图	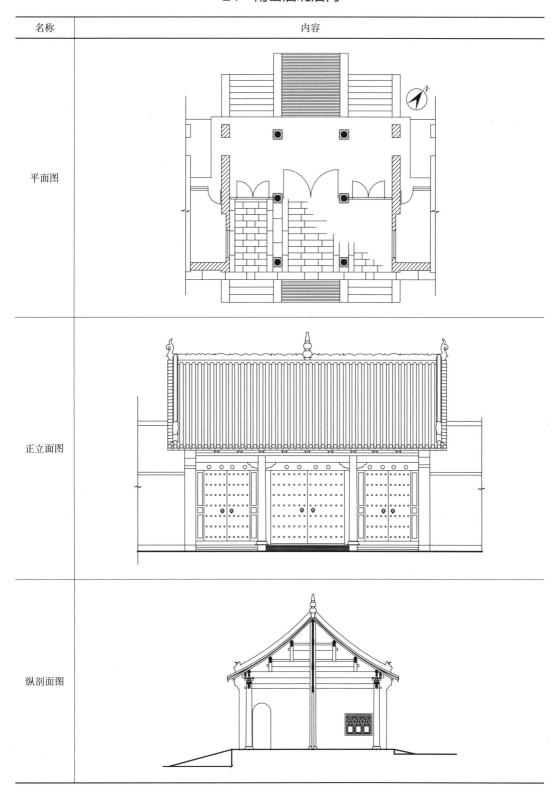
正立面图	
纵剖面图	

25 普光禅寺头山门

名称	内容
正立面图	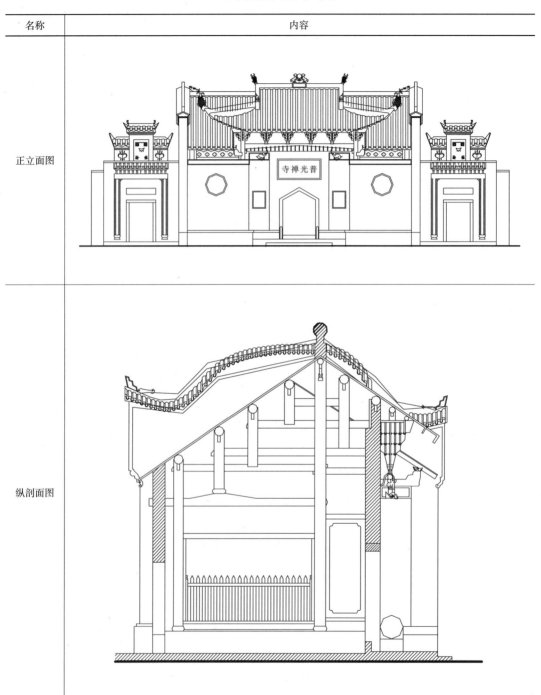
纵剖面图	

26　普光禅寺二山门

名称	内容
平面图	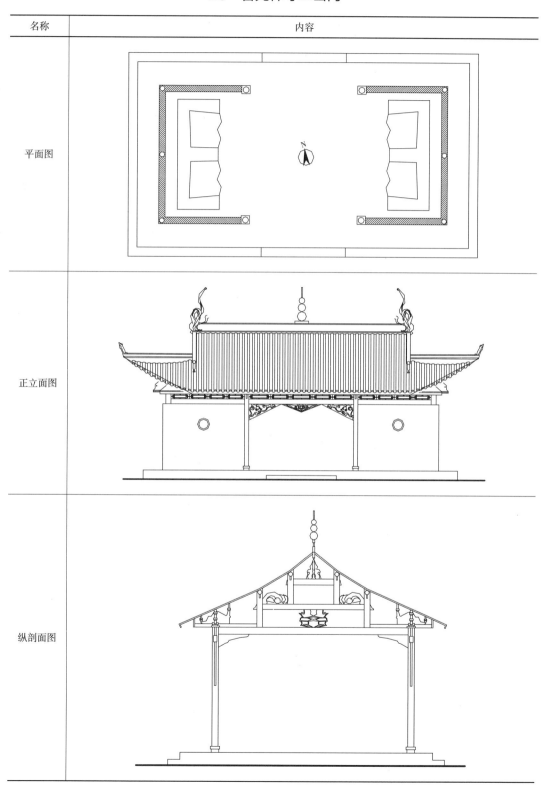
正立面图	
纵剖面图	

27 普光禅寺大雄宝殿

名称	内容
平面图	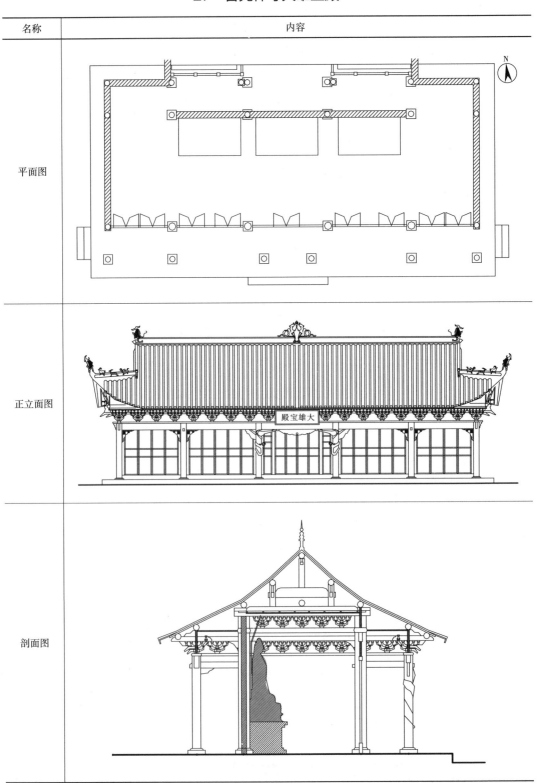
正立面图	
剖面图	

28 普光禅寺罗汉殿

名称	内容
平面图	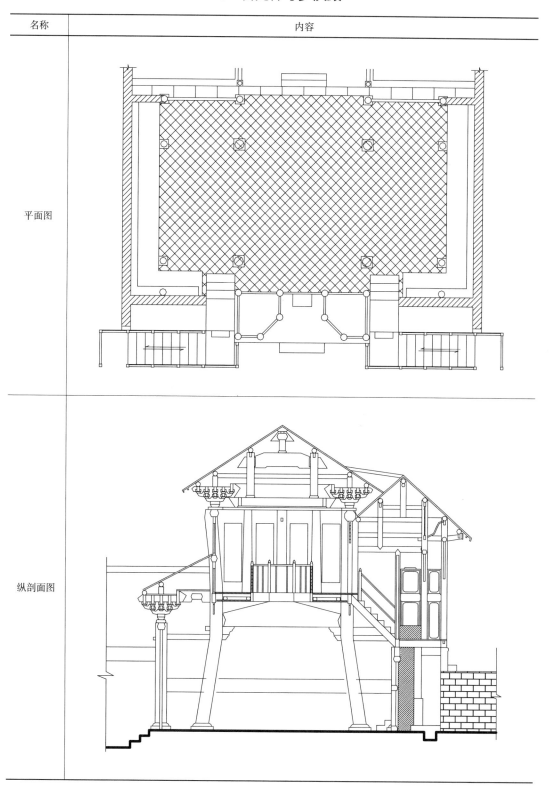
纵剖面图	

29　普光禅寺观音殿

名称	内容
平面图	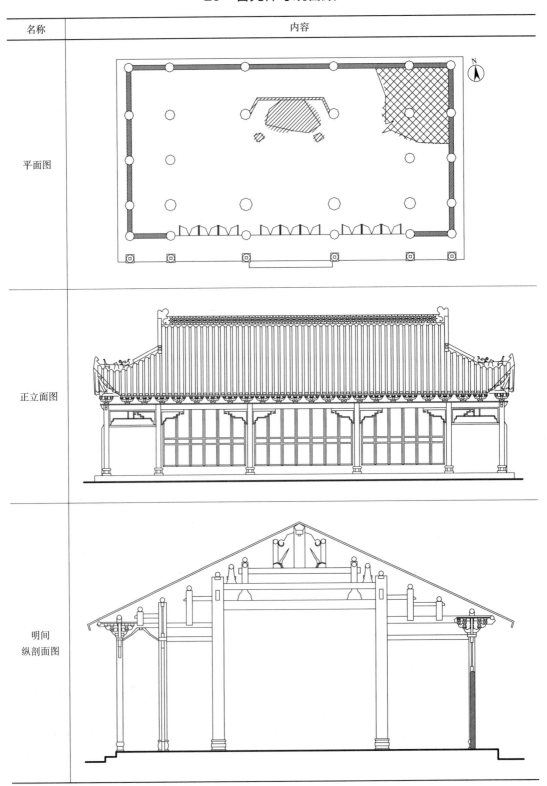
正立面图	
明间纵剖面图	

30　普光禅寺玉皇阁

名称	内容
平面图	
立面图	
明间 纵剖面图	

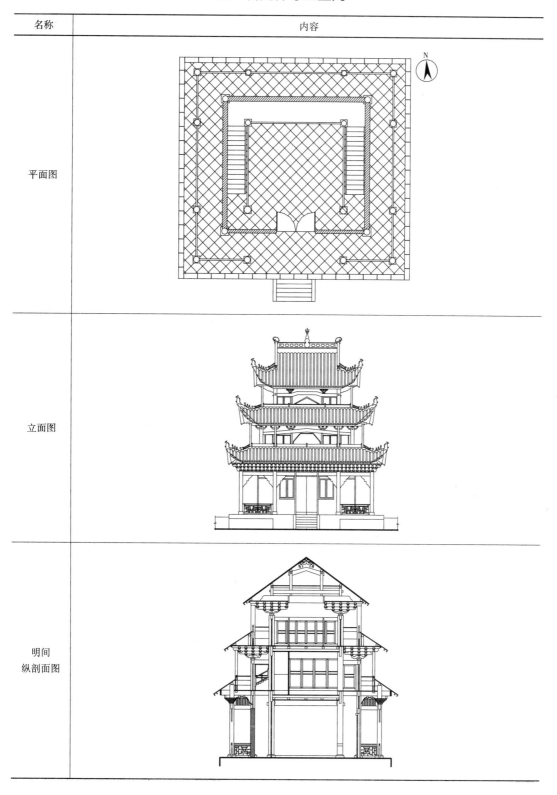

31　普光禅寺高贞观

名称	内容
平面图	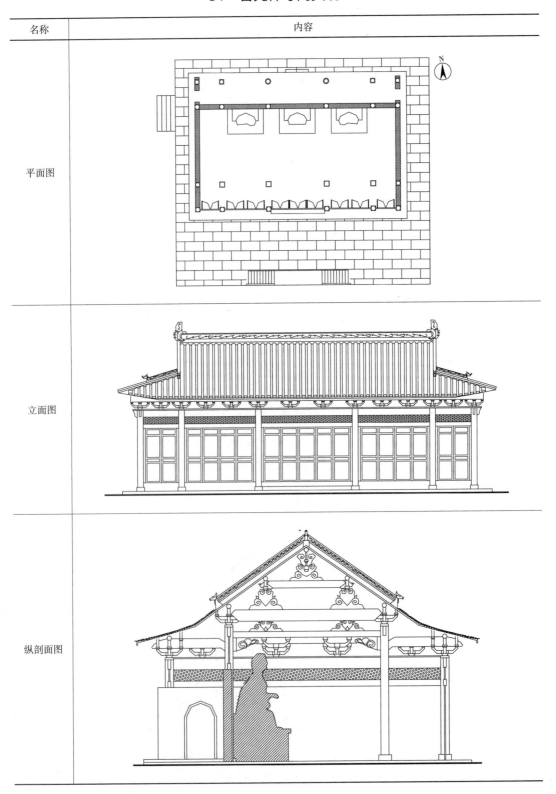
立面图	
纵剖面图	

32　普光禅寺关帝殿

名称	内容
正立面图	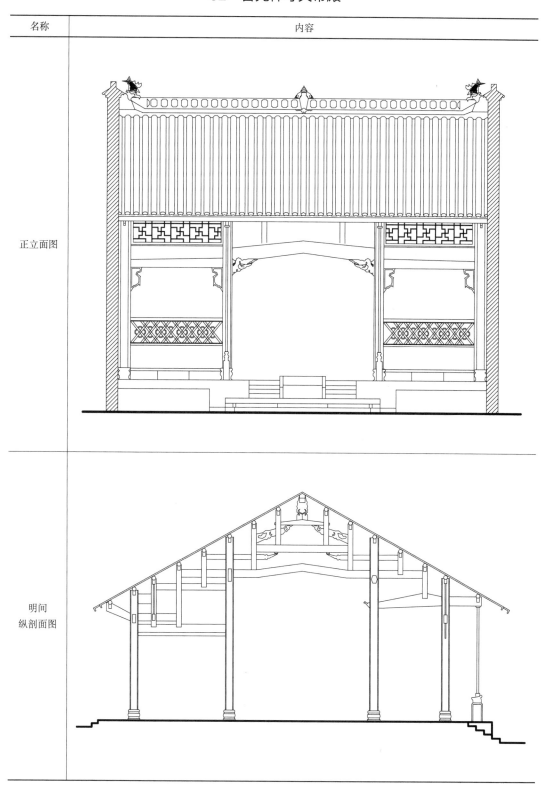
明间 纵剖面图	

33　普光禅寺武庙

名称	内容
大门 立面图	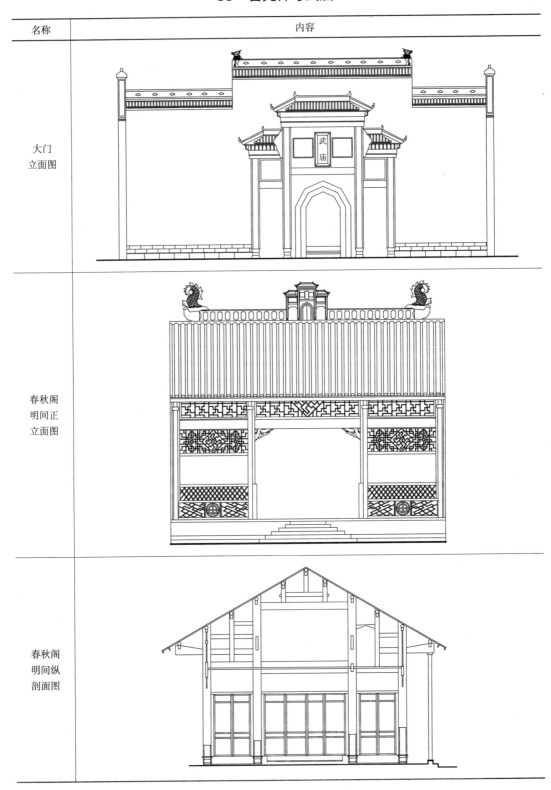
春秋阁 明间正 立面图	
春秋阁 明间纵 剖面图	

34 普光禅寺钟鼓楼

名称	内容
立面图	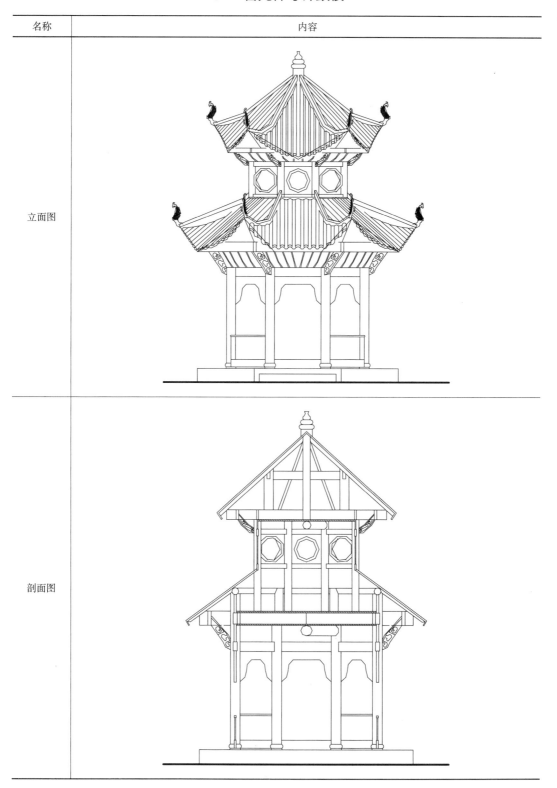
剖面图	

35　普光禅寺钟塔

名称	内容
一层 平面图	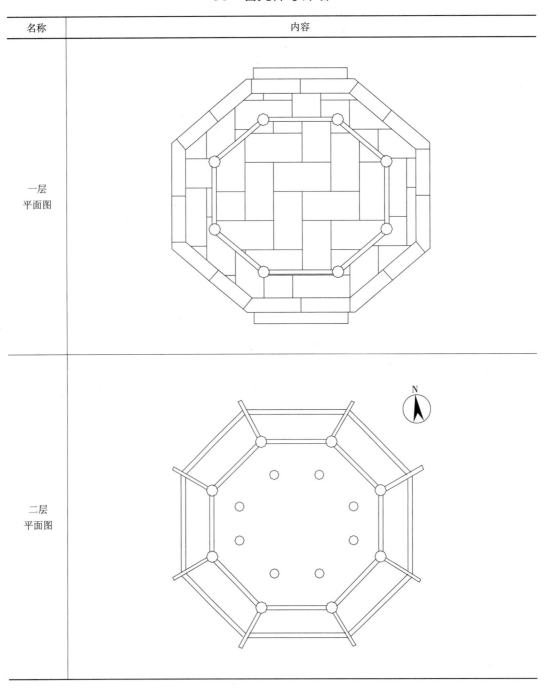
二层 平面图	

36 普光禅寺元音楼

名称	内容
横剖面图	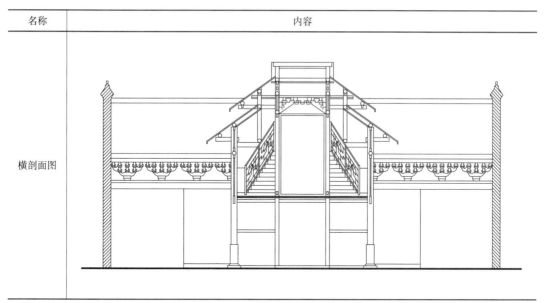

图片来源：主要根据笔者测绘及南岳区文物局、沅陵县文物局提供的资料整理而成

参考文献

[1] 梁思成 . 中国的佛教建筑 . 清华大学学报（自然科学版），1961，02：51-74.

[2] 吴庆洲 . 建筑哲理、意匠与文化 . 北京：中国建筑工业出版社，2000：38.

[3] 张驭寰 . 中国佛教建筑寺院讲座 . 北京：当代中国出版社，2008：5，13，88，89.

[4] 刘聪 . 中国近代佛教入世途径及其现代启示 . 宗教学研究，2008，02：167-171.

[5] 长沙县地方志编纂委员会 . 长沙县志 . 北京：三联书店，1995：23.

[6] 刘国强 . 湖南佛教寺院志 . 上海：天马图书有限公司，2003：25.

[7] 徐孙铭，王传宗 . 湖南佛教史 . 长沙：湖南人民出版社，2002：5.

[8] 顾庆丰 . 长沙的传说——民间记忆中的历史与文化 . 北京：中国工人出版社，2009：256.

[9] 杨慎初 . 湖南传统建筑 . 长沙：湖南教育出版社，1993：5.

[10] 谢守红，胡立强 . 衡山宗教文化与旅游开发 . 衡阳师范学院学报（社会科学），2003，02：62-67.

[11] 宗白华 . 美学散步 . 上海：上海人民出版社，1981：167.

[12] 段德智 . 宗教学 . 北京：人民出版社，2010：30.

[13] Helen Rosenau.The Ideal City.London：Routledge，2007，35.

[14] 王鲁民 . 中国古代建筑思想史纲 . 武汉：湖北教育出版社，2002：32.

[15] 赖永海 . 中国佛教文化论 . 北京：中国青年出版社，1999：12，24，89，116，128，223，225.

[16] 南怀瑾 . 中国佛教发展史略 . 上海：复旦大学出版社，1996：5，34，56，70，78-90.

[17] 中国佛教协会 . 中国佛教 . 北京：知识出版社，1980：24.

[18] 印顺 . 中国禅宗史 . 南昌：江西人民出版社，1999：35.

[19] 谢明镜 . 南岳宗教建筑历史及保护研究 . 长沙：湖南大学，2004：32-36.

[20] 张晓华 . 佛教文化传播论 . 北京：人民出版社，2006：1-244.

[21] 南怀瑾 . 禅宗与道家 . 上海：复旦大学出版社，2003：60.

[22] 洪修平 . 儒佛道三教关系与中国佛教的发展 . 南京大学学报（社会科学版），2002，03：81-93.

[23] 卡尔·雅斯贝尔斯 . 历史的起源与目标 . 北京：华夏出版社，1989：3，14.

[24] 刘梦溪 . 中国现代学术经典（汤用彤卷）. 石家庄：河北教育出版社，1996：778.

[25] 南怀瑾 . 道家、密宗与东方神秘学 . 上海：复旦大学出版社，2003：60.

[26] 黄向阳 . 佛教在中国的三大改变与佛教中国化的完成 . 前沿，2010，09：96-99.

[27] 丁钢 . 中国佛教教育——儒佛道教育比较研究 . 成都：四川教育出版社，2010：96.

[28] 赵书彬 . 中外园林史 . 北京：机械工业出版社，2008：28.

[29]　李翔海 . "境界形上学"的初步形态——论魏晋玄学的基本理论特质 . 哲学研究，2003，05：19-24，96-97.

[30]　方立天 . 佛教传统与当代文化 . 北京：中华书局，2006：36，89.

[31]　王贵祥 . 东西方的建筑空间 . 北京：中国建筑工业出版社，1998：47.

[32]　Rolston Holmes. Can the East Help the West to Value Nature. Philosophy East and West，1987，37（2）：172-190.

[33]　彭自强 . 佛教与儒道的冲突与融合——以汉魏两晋时期为中心 . 成都：巴蜀书社，2000：11.

[34]　傅亦民 . 宁波宗教建筑研究 . 宁波：宁波出版社，2013：9，17.

[35]　北京市古代建筑研究所 . 寺观 . 北京：北京美术出版社，北京出版集团公司，2014：7.

[36]　洪修平 . 论汉地佛教的方术灵神化、儒学化与老庄玄学化 . 中华佛学学报，1999，12：303-315.

[37]　Liu J L. An Introduction To Chinese Philosophy：From Ancient Philosophy to Chinese Buddhism. Journal of Chinese Philosophy，2006，52（5）：892-893.

[38]　白化文 . 汉化佛教与寺院 . 北京：北京出版社，2003：123.

[39]　湖南省地方志编纂委员会 . 湖南宗教志 . 长沙：湖南人民出版社，2012：5，19，68，87，115.

[40]　洪修平 . 禅宗思想的形成与发展 . 南昌：江苏古籍出版社，2000：47.

[41]　龙珠多杰 . 藏传寺院建筑文化研究 . 北京：中央民族大学出版社，2011：39.

[42]　曾建新，万建军 . 试论禅宗丛林制度 . 云梦学刊，2004，03：29-31.

[43]　马克思，恩格斯 . 马克思恩格斯选集 . 北京：人民出版社，1972：545.

[44]　洪修平 . 文化互动之果：中国佛教 . 探索与争鸣，1999，02：28-30.

[45]　张应杭 . 中国传统文化概论 . 杭州：浙江大学出版社，2005：135.

[46]　Barker，Roger. On TheNatureof TheEnvironment. Journalof SocialIssues，1963，19（4），17-38.

[47]　中村元 . 儒教思想对佛典汉译带来的影响 . 世界宗教研究，1982，02：56.

[48]　龙延 . 儒家中庸思想与佛教中道观 . 南通师范学院学报（哲社版），2001，17（3）：157.

[49]　蔺熙民 . 隋唐时期儒释道的冲突与融合 . 陕西师范大学，2011：71.

[50]　韩嘉为 . 汉地佛教建筑世俗化研究 . 天津：天津大学出版社，2003：44.

[51]　柳肃 . 湖湘建筑 . 长沙：湖南教育出版社，2013：55.

[52]　李映辉 . 东晋至唐代衡山佛教的发展 . 求索，2004，04：146-148.

[53]　刘昕，刘志盛 . 湖南方志图汇编 . 长沙：湖南美术出版社，2009：145.

[54]　水野梅晓，文平志摘译 . 湖南佛教考察报告 . 湖南（日文版），1905：235.

[55]　张驭寰 . 图解中国佛教建筑 . 北京：当代中国出版社，2012：56.

[56]　梅腾 . 河南寺院建筑初探 . 郑州：郑州大学出版社，2007：178.

[57]　傅熹年 . 中国古代建筑史 . 北京：中国建筑工业出版社，2001：479.

[58]　袁牧 . 中国当代汉地佛教建筑研究 . 北京：清华大学出版社，2008：185.

[59]　王鲁民 . 中国古代建筑思想史纲 . 武汉：湖北教育出版社，2011：12.

[60] 王贵祥 . 佛塔的原型、意义与流变 . 建筑师，1998，03：52.

[61] 梁思成 . 图像中国建筑史 . 天津：百花文艺出版社，2001：153.

[62] 张驭寰 . 图解中国著名寺院 . 北京：当代中国出版社，2012：4-9.

[63] 楼庆西 . 中国古建筑二十讲 . 北京：生活·读书·新知三联书店，2001：104.

[64] 周绍良 . 梵宫——中国佛教建筑艺术 . 上海：上海辞书出版社，2006：243.

[65] 柳肃 . 营建的文明——中国传统文化与传统建筑 . 北京：清华大学出版社，2014：118.

[66] 王维仁，徐翥 . 中国早期寺院配置的形态演变初探：塔·金堂·法堂·阁的建筑形制 [A]. 第五届中国建筑史学国际研讨会会议论文集 . 中国建筑学会建筑史学分会、华南理工大学建筑学院，2010：32.

[67] 孙大章，喻维国 . 宗教建筑 . 北京：中国建筑工业出版社，2004：125.

[68] 弘学 . 净土宗三经 . 成都：巴蜀书社，2005：1.

[69] 柏俊才 . 论佛教的世俗化对南朝文学的影响 . 广州大学学报（社会科学版），2007，24（2）：35.

[70] 湖南省佛教协会居士学修委员会 . 佛说无量寿经，2010：9.

[71] 方立天 . 中国佛教哲学要义（上卷）. 北京：中国人民大学出版社，2002：23，76.

[72] 王媛 . 江南禅寺 . 上海：上海交通大学出版社，2010：112.

[73] 张十庆 . 中国江南禅宗寺院建筑 . 武汉：湖北教育出版社，2002：167.

[74] 李映辉 . 唐代佛教地理研究 . 长沙：湖南大学出版社，2004：91，183.

[75] 于希贤 . 中国古代风水与建筑选址 . 石家庄：河北科学技术出版社，1996：35.

[76] 圣严法师 . 正信的佛教 . 西安：陕西师范大学出版社，2008：15.

[77] 赵立镰 . 谈中国古代建筑的空间艺术 . 建筑师，1979，01：45.

[78] 李玲 . 中国汉传佛教山地寺庙的环境研究 . 北京：北京林业大学出版社，2012：53.

[79] 圣严法师 . 佛学入门 . 西安：陕西师范大学出版社，2008：23，89.

[80] 楼庆西 . 中国传统建筑文化 . 北京：中国旅游出版社，2008：17.

[81] 张璐 . 由永祚寺的建筑和布局看明代末期的寺院格局 . 山西建筑，2013，39（23）：19.

[82] 王月清 . 中国佛教伦理研究 . 南京大学出版社，2004：89.

[83] 王路 . 浙江地区山林寺院的建筑经验和利用 . 北京：清华大学出版社，1986，33.

[84] 王云梅 . 尊重生命，热爱自然——佛教的生态伦理观浅析 . 东南大学学报（哲社版），2001，02：76.

[85] 龙自立 . 张家界普光寺的建筑艺术多样性分析 . 山西建筑，2009，01：66-67.

[86] 叶朗 . 现代美学体系 . 北京：北京大学出版社，2004：5.

[87] 潘知常 . 禅宗的美学智慧——中国美学传统与西方现象学美学 . 南京大学学报（哲社版），2002，01：74-81.

[88] 陈望衡 . 中国古典美学史 . 武汉：武汉大学出版社，2007：191.

[89] 李泽厚 . 美的历程 . 北京：中国社会科学出版社，1984：55.

[90] 聂振斌 . 生态环境与审美境界 . 中南民族大学学报（人文社会科学版），2008，01：144-147.

[91] 李琳 . 中国佛教的生态审美智慧研究 . 济南：山东大学出版社，2009：64.

[92] 释济群 . 四分律行事钞讲记 . 北京：宗教文化出版社，2012：56.

[93] 漆山 . 学修体系思想下的我国现代寺院空间格局研究 . 北京：清华大学，2011：90.

[94] 张十庆 . 作庭记译注与研究 . 天津：天津大学出版社，2004：128.

[95] 程大锦 . 建筑：形式、空间和秩序 . 天津：天津大学出版社，2005：6.

[96] 叶朗 . 中国美学史大纲 . 上海：上海人民出版社，1985：24.

[97] 陈怀仁，夏玉润 . 明中都钟鼓楼的形制、朝向及其文化内涵 . 中国紫禁城学会论文集（第七辑）.
      故宫古建筑研究中心、中国紫禁城学会，2010：14.

[98] 戴俭 . 禅与禅宗寺院建筑布局研究 . 华中建筑，1996，03：1.

[99] Michael J. Walsh. Efficacious Surroundings：Temple Space and Buddhist Well-being. Religious Health，
      2007，46：471-479.

[100] 程建军 . 风水与建筑 . 南昌：江西科学技术出版社，2005：89.

[101] 王其亨 . 风水理论研究 . 天津：天津大学出版社，1992：3，12.

[102] Marc-Antoine Laugier，A Essay on Architecture. Los Angeles，Hennessey & Ingalls，1977：267.

[103] 毛芸芸 . 山地人居环境空间形态规划理论与实践探析——中国古代研究部分 . 重庆：重庆大学，
       2009：79-82.

[104] 丁兆光 . 传统风水思想对中国寺院园林的影响 . 上海：上海交通大学出版社，2007：57.

[105] 薛淞文 . 南岳佛教寺庙空间形态研究 . 株洲：湖南工业大学出版社，2012：34.

[106] 吴言生 . 深层生态学与佛教生态观的内涵及其现实意义 . 中国宗教，2006，06：224.

[107] 薛佳凝 . 福建三地寺观建筑看架洞口开敞程度的气候适应性 . 华侨大学学报（自然科学版），
       2013，34（2）：213.

[108] 申宇 . 山西寺院建筑空间形态分析 . 太原：太原理工大学出版社，2008：25.

[109] 王立新 . 湖湘学派与佛教 . 湖南科技大学学报（社科版），2004，11：100.

[110] 梁漱溟 . 梁漱溟先生论儒佛道 . 南宁：广西师范大学出版社，2004：147.

[111] 余如龙 . 东方建筑遗产 . 北京：文物出版社，2010：40.

[112] 曹旅宁 . 古代湖南佛教的传播与发展 [J]. 求索，1992，01：123.

[113] 江灿腾 . 明清佛教思想史论——晚明佛教丛林衰微原因析论 . 北京：中国社会科学出版社，
       1996：56.

[114] 汤用彤 . 汉魏两晋南北朝佛教史 . 北京：昆仑出版社，2006.

[115] 李顺礼，杨宁 . 佛国学府龙兴讲寺 . 新湘评论，2014，05：54-56.

[116] 程孝良 . 论儒家思想对中国古建筑的影响 . 成都：成都理工大学出版社，2007：11.

[117] 邵方 . 礼的本质及其法律意义分析 . 甘肃政法学院学报，2007，04：82-86.

[118] 王振复 . 中华建筑的文化历程 . 上海：上海人民出版社，2006：89.

[119] 倪建林 . 中国佛教装饰 . 南宁：广西美术出版社，2000：76.

[120] 任继愈.中国道教史.上海：上海人民出版社，1990：8-16.

[121] 桑运福.明代湖湘地区民间宗教信仰研究.长沙：湖南师范大学出版社，2012：47.

[122] 段玉明.中国寺庙文化.上海：上海人民出版社，1994：178-179.

[123] 刘晓艳.道教象征思维研究.厦门：厦门大学出版社，2008：53.

[124] 王绍周.中国民族建筑.南京：江苏科学技术出版社，1998：70.

[125] 张齐政.南岳寺庙建筑与寺庙文化.广州：花城出版社，1999：113.

[126] 韦克威.道家美学思想对中国古代建筑的影响.建筑师，1995，08：62-65.

[127] 秦红岭.建筑的伦理意蕴：建筑伦理学引论.北京：中国建筑工业出版社，2005：154.

[128] 柳肃.儒家祭祀文化与东亚书院建筑的仪式空间.湖南大学学报（社会科学版），2007：35-38.

[129] 肖平汉.南岳衡山析疑.衡阳师院学报（社会科学版），1987，04：109-113.

[130] 罗灿.南岳圣帝信仰的形成过程研究.传承，2010，18：64-65.

[131] 周于飞.浅论南岳衡山的祭祀文化.南华大学学报（社会科学版），2008，03：120.

[132] 王柏中.两汉国家祭祀制度研究.长春：吉林大学出版社，2004：19-21.

[133] 卢阿蛮译著.洛阳伽蓝记.北京：中央编译出版社，2010：20.

[134] 姚卫群.佛学概论.北京：宗教文化出版社，2002：56.

[135] 李旭.湖南少数民族宗教建筑的地域特色.西南民族大学学报（人文社会科学版），2012，33（12）：199-201.

[136] 彭芸芸，卢玉.试论湘南瑶族民间宗教的特色——以湖南永州江华瑶族自治县为例.新余高专学报，2010，03：10-12.

[137] 王贵祥.中国古代建筑基址规模研究.北京：中国建筑工业出版社，2008：82-97，102.

[138] 谢岩磊.山地汉传寺院规划布局与空间组织研究.重庆：重庆大学出版社，2012：33.

[139] 季羡林.季羡林论佛教.北京：华艺出版社，2006：120.

[140] 段玉明.寺庙与城市关系论纲.西南民族大学学报（人文社科版），2010，02：202-206.

[141] 赵光辉.中国寺院的园林环境.北京：北京旅游出版社，1987：3.

[142] 赵朴初.佛教与中国文化的关系.文史知识，1986，10：245.

[143] 王媛，路秉杰.中国古代佛教建筑的场所特征.华中建筑，2000，03：131-133.

[144] Morris Adjmi, Aldo Rossi. Architecture 1981-1991[M]. Princeton Architectural Press, Tullio De Mauro, Typology, Casabella, 1985.1&2.

[145] 张勃.汉传佛教建筑礼拜空间源流概述.北方工业大学学报，2003，12：62，79.

[146] Bron Taylor, Michael Zimmerman, Dee PEcolo. The Eneyelo Pedia of Religion and Nature. Lundon: Continuum, 2005：74.

[147] 冯世怀.寺院殿堂泥塑佛像的布局名称及艺术特色.古建园林技术，1994，04：291.

[148] 村上专精.日本佛教史纲.北京：商务印书馆，1981：12.

[149] 黄爱月.香积叙事：汉地僧院里的厨房与斋堂.台北：台湾"中央大学"出版社，2005：89.

[150] 吴庆洲.中国佛塔塔刹形制研究（下）.古建园林技术，1995，01：17.

[151] 樊天华.中国寺院建筑的空间表达.上海工艺美术，2009，02：49-51.

[152] Bertrand Russell.A History of Western Philosophy. London：George Allen and Unwin Ltd，1955：47-189.

[153] 王路.引导与端景——山林寺院的入口经营.新建筑，1988，04：75.

[154] Denise Manci Dutt，Ph.D.diss. An Integration of Zen Buddhism and the Study of Person and Environment. California Institute of Integral Studies，1983：43.

[155] 腾玥.中国古典园林空间尺度解析.上海：上海交通大学出版社，2004：92-94.

[156] 吴言生.禅诗的审美境界论.陕西师范大学学报（哲社版），2000，01：80.

[157] 陈传明.湖湘寺观园林的空间研究.长沙：中南林业科技大学出版社，2008：7，89.

[158] 娄飞.河南山林式佛教寺庙园林研究.武汉：华中农业大学出版社，2010：21.

[159] 魏德东.佛教的生态理念和实践.中国宗教，1999，02：16-17.

[160] 杨惠南.从境解脱到心解脱——建立心境平等的佛教生态学 [A].佛教与社会关怀学术研讨会论文集.台北：中华佛教百科文献基金会，1996：1-12.

[161] 李祥妹.中国人理想景观模式与寺庙园林环境.人文地理，2001，01：35-39.

[162] 陆琦.禅宗思想与文人园林.古建园林技术，2000，03：28，35-38.

[163] 王其钧.中国园林建筑语言.北京：机械工业出版社，2006：12.

[164] 康慧东.浅析宗教建筑外部空间的构成要素.福建建筑，2009，07：17，33-35.

[165] 陈大川，罗军强.岳麓山宗教史话.海口：海南出版社，2007：15.

[166] 李允鉌.华夏意匠.天津：天津大学出版社，2015：1.

[167] 周维权.山岳风景名胜区的建筑.建筑学报，1987，05：2-7.

[168] 侯幼彬.中国建筑美学.哈尔滨：黑龙江科学技术出版社，2000：77-110.

[169] 周维权.中国古典园林史.北京：清华大学出版社，1999：49.

[170] 张十庆.五山十刹图与南宋江南禅寺.南京：东南大学出版社，2000：89.

[171] 楼庆西.中国传统建筑装饰.北京：北京建筑工业出版社，1999：45.

[172] 辛德勇.唐代都邑的钟楼与鼓楼——从一个物质文化侧面看佛道两教对中国古代社会的影响.文史哲，2011，04：20-37.

[173] 严昌洪，蒲亨强.中国鼓文化研究.南宁：广西教育出版社，1997：1.

[174] 黄晔北，覃辉.钟鼓楼的发展.山东建筑大学学报，2008，02：117-119，162.

[175] 傅晶晶.中国古钟文化传播研究.厦门：厦门大学出版社，2009：46-58.

[176] 李德喜.鄂州西山灵泉寺重建山门、钟鼓楼及天王殿设计.华中建筑，2000，03：55-56.

[177] 高晓凤.观音堂和明清时期大同地区的观音信仰.山西大同大学学报（社会科学版），2009，05：35-38.

[178] 施植明，高小倩.异法门的禅宗寺院建筑形式研究：中台禅寺 [A].第三届中华传统建筑文化与古建

筑工艺技术学术研讨会暨西安曲江建筑文化传承经典案例推介会论文集 [C]. 古建园林技术，2010：10.

[179] 宗白华 . 艺境 . 北京：北京大学出版社，1999：38.

[180] 杜娟，童泽望 . 中国古代佛教建筑装饰图案内涵的哲学诠释 . 华中农业大学学报（社会科学版），2008，06：108-112.

[181] 冯博 . 中国佛教建筑中的象征文化研究 . 长沙：湖南大学出版社，2012：36.

[182] 李元 . 唐代佛教植物装饰纹样的艺术特色 . 文物世界，2010，06：8，13-16.

[183] 党家萱 . 唐代佛教植物装饰纹样研究 . 西北大学出版社，2009：53.

[184] 姜怀英 . 吴哥古迹保护的中国特色 . 中国文物报，2008，05：4.

[185] 彭燕凝 . 南北朝与隋唐时期佛教造像中龙纹研究 . 装饰，2012，05：104-105.

[186] 王吉 . 苏州地区佛教建筑空间和装饰研究 . 苏州：苏州大学，2009：30.

[187] 李旭，柳肃，彭志谋 . 衡山南岳庙木雕装饰艺术探析 . 装饰，2013，04：111-112.

[188] 龙燕 . 中国寺院建筑装饰之色彩研究 . 武汉：湖北工业大学出版社，2008：33.

[189] 张卫，喻金焰 . 佛教建筑与伊斯兰教建筑色彩初探 . 西安建筑科技大学学报（社会科学版），2009，01：54-58，65.

[190] 胡盈 . 南岳衡山风景区导游词英译实践报告 . 湖南大学，2014：58.

[191] 戒圆 . 湖南佛教的发源地——麓山寺 . 法音，1989，10：38-40.

[192] 胡薇 . 翻译目的论参照下的旅游翻译 . 湖南师范大学，2011：61.

[193] 吴中蓓 . 长沙开福寺比丘尼焰口仪式及音乐研究 . 中国艺术研究院，2005：34.

[194] 释净空 . 认识佛教 . 北京：线装书局出版社，2010：22.

[195] 王波 . 中国佛教建筑的时代特点与发展趋势展望 . 济南：山东大学，2009：115.

[196] 钱时惕 . 科学与宗教关系及其历史演变 . 北京：人民出版社，2002：64.

[197] 释济群 . 菩提路漫漫——汉传佛教的思考 . 北京：宗教文化出版社，2006：77.

[198] 余一明 . 旅游宗教文化的教育功能和教学艺术再探 . 经济与社会发展，2012，04：155.

[199] 叶小文 . 宗教问题怎么看怎么办 . 北京：宗教文化出版社，2007：3.

[200] 罗明 . 湖南清代文教建筑研究 . 长沙：湖南大学出版社，2014：231.

[201] 刘先觉 . 现代建筑理论 . 北京：中国建筑工业出版社，1999：57.

[202] 刘铨芝，吴让治 . 台湾寺院空间之研讨：以显宗寺院为题进行宗教空间现代化之初探 . 台南：成功大学，1986：34.

[203] 霍姆斯·维慈，王雷泉译 . 中国佛教的复兴 . 上海：上海古籍出版社，2006：223.

[204] GlennD，Paigeand Sarah Gilliatt.Nonviolent Ecology：The Possibilities of Buddhism，In Buddhism and Nonviolent Global Problem-Solving：Ulan Bator Explorations，1991，37.

致　谢

这本书的内容大多来自于我的博士学位论文《多元文化影响下的湖南古代佛教寺院建筑研究》。自攻读博士学位以来，有太多的人在学业和生活上给予我启迪与帮助。借此机会，向帮助和鼓励过我的所有人表达我的感激之情，并致以最真挚的谢意！

感谢我的导师柳肃教授，先生严谨的治学态度、敏锐的洞见、渊博的知识以及高度的智慧通过言传身教将使我终身受益。

感谢释佛光法师、释宗显法师、释紫详法师、释一正法师、朱理然道长、毛宗鸿道长等，在本人调研的过程中，他们从宗教界人士的角度对本人给予建议与帮助。

感谢王小凡教授、魏春雨教授、陈飞虎教授、张卫教授、徐峰教授、焦胜副教授等对本人研究的选题确定和深化给予的珍贵建议。

感谢张朵朵、何峰、罗明、龙玲、郭宁、郑瑾、宋盈、陈晓明、李雨薇、田长青、彭智谋、张星照、李哲、肖灿、苗欣等师友的帮助。

感谢广润师兄、广行师兄、李亮东老师、刘建立老师、胡老师、郑佳丽、陈俊、王婷婷、阿甘等同修善友提供的资料和宝贵建议。

感谢李泽宇、陈思慧旼、陈耀浩、沈洁等同学参与图纸和图表的整理及汇总工作。

感谢湖南省文物局、南岳区文物局、沅陵县文物局、张家界市文物局、蓝山文物稽查队等单位给予的无私帮助。

感谢南岳广济禅寺和浏阳宝盖寺的义工团队在研究期间给予的支持和鼓励。

最后将感谢献给我可亲可敬的家人，你们的支持是我努力的动力。

感恩你们！